HEINZ GARTMANN   RAUMFAHRTFORSCHUNG

RAUMFAHRTFORSCHUNG

von

Professor Dr. Heinz v. Diringshofen

Dipl.-Ing. Rolf Engel, Dr. Uwe T. Bödewadt und Dipl.-Ing. Kurt Hanisch

Heinz Hermann Kölle, Willy Ley, Professor Hermann Oberth

Professor Dr. Werner Schaub

Herausgegeben von

Dipl.-Ing. HEINZ GARTMANN

Mit 54 Abbildungen

VERLAG VON R. OLDENBOURG

MÜNCHEN 1952

Zusammengestellt unter Mitwirkung der „Gesellschaft für Weltraumforschung e. V." Stuttgart

INHALT

VORWORT

Obwohl die Phantasie der Menschen sich seit Jahrhunderten mit dem Sternenflug beschäftigt, ist die Raumfahrtforschung verhältnismäßig jung. Sie trennt sich gegenwärtig, um die Mitte des zwanzigsten Jahrhunderts, deutlich von der älteren Luftfahrtforschung, die sich allmählich den funktionalen Grenzen der irdischen Atmosphäre genähert hat. Praktisch vollzieht sich hier ein Übergang vom Luftfahrzeug zum Raumfahrzeug mit den bekannten Konsequenzen und neuartigen Problemen, die sich über fast alle Wissensgebiete erstrecken.

Als „Astronautik" ist die Raumfahrtforschung im engeren Sinne des Wortes nicht viel mehr als eine erweiterte äußere Ballistik, das heißt Bestimmung, Berechnung und Korrektur der Bahnen künftiger Raumfahrzeuge, die man nach den ersten Antriebsimpulsen keinesfalls sich selbst überläßt, sondern im Reich der Gestirne zu steuern gedenkt; daher die Bezeichnung „Astro-Nautik". Die Entwicklung hat diesen engen Rahmen gesprengt, so daß man heute unter Astronautik die Gesamtheit aller Aufgaben und Probleme versteht, welche laienhafte Wunschvorstellungen zur utopischen „Weltraumfahrt" machten, während man auf höherer Ebene bereits zwischen einem interplanetarischen, einem intergalaktischen und einem internebularen Raumflug unterscheiden könnte.

Diese Gliederung beschreibt zugleich die Grenzen, in denen sich die Raumfahrtforschung zu bewegen hat. Sie beginnt schon in unmittelbarer Nähe der Erdoberfläche, oberhalb der Grenzen der Atmosphäre, die wir nicht mehr topographisch, sondern bezüglich ihrer Funktionen für den Menschen und seine Maschinen definiert haben möchten; Mond, Mars und andere Planeten sind für den Raumfahrtforscher vorläufig noch „feindliches Ausland", das zu betreten der Phantasie vorbehalten ist; und Flüge durch die 100000 Lichtjahre weite Welt der Galaxis und die vielfach größeren Räume anderer Milchstraßen bleiben uns überhaupt verwehrt.

Die Geschichte von Wissenschaft und Technik enthält Einschnitte, deren Bedeutung zunächst gar nicht oder nur von einem kleinen Kreis unmittelbar Beteiligter erkannt wurde. In der Raumfahrtforschung fand solch ein Ereignis, das die realen Aussichten astronautischer Ideen förderte, am Nachmittag des 24. Februar 1949 auf dem amerikanischen Raketenversuchsplatz „White Sands Proving Grounds" in Neumexiko statt. An diesem Tage stieg dort die erste Doppelrakete mit flüssigen Treibstoffen auf. Sie bestand aus einer alten deutschen Rakete des Typs A 4, die im Kopfteil als Nutzlast eine kleinere amerikanische Rakete des Typs „WAC Corporal" trug. Dieses etwa 18 m lange und 12000 kg schwere Gebilde wurde „Bumper" genannt und stellte das erste Exemplar einer größeren Versuchsreihe mit Doppelraketen dar. In 35 km Höhe, wo der Treibstoff der A 4 planmäßig verbraucht war, löste sich die kleinere Rakete aus der großen und flog mit eigenem Antrieb und zunehmender Geschwindigkeit weiter empor. Auf diese Weise wurde eine Höhe von 403 km erreicht. Der Versuch leitete die Schaffung neuer, auffallend weitreichender Raketenversuchsstrecken ein, die schon über Tausende von Kilometern gehen. Gelegentlich wird er auch als der Beginn des eigentlichen Weltraumfluges bezeichnet.

Mit der Entwicklung der technischen Voraussetzungen ist die Aufgabe der Raumfahrtforschung nicht erschöpft. Es gibt kaum ein Wissensgebiet, das nicht daran beteiligt ist. Im Bereich der reinen Geisteswissenschaften und der allgemeinen Naturwissenschaften, auf dem Gebiet der Physik und Chemie, im Felde der Strahltriebwerke und Strahlfahrzeuge, in fast allen Disziplinen erheben sich auch Probleme der Raumfahrtforschung. Man denke außerdem an die notwendige Ausweitung mancher Verfahren der Mathematik, an die entsprechende Anwendung unserer Kenntnisse in der Astronomie und Astrophysik und an die einschlägige Bedeutung der Vorstellungen von Masse und Energie, Gravitation und Elektrizität, Raum und Zeit. Es war unmöglich, das gesamte in Betracht kommende Gebiet in einem Band mit der gebotenen Gründlichkeit zu behandeln, so daß notgedrungen einige unmittelbar anstehende und zum Zeitpunkt der Herausgabe aktuelle Themen herausgegriffen werden mußten.

Die Geschichte des Raumfahrtgedankens mit ihren philosophischen Hintergründen gehört zum Bereich der reinen Geisteswissenschaften. Die Bahnmechanik, ein Teilgebiet der angewandten Physik und Astronomie, nimmt innerhalb der Raumfahrtforschung eine eigene Stellung ein. Der Ingenieur muß sich mit den Gesetzen vertraut machen, welche die Bewegungen der Gestirne regieren, denn das Raumfahrzeug ist in der Himmelsmechanik ein künstlicher Weltkörper. Da bei allen technischen Bestrebungen trotz fortschreitender Ausnützung der Atomenergie noch die Flüssigkeitsraketen maßgeblich sein werden, bedürfen astronautische Flugaufträge einer Unterteilung, durch welche die Außenstation und das Satellitenfahrzeug notwendig werden. Auch Probleme der Biologie, Psychologie und Medizin sind von unmittelbarer Bedeutung, da die Bedingungen der Schwerefreiheit, die Wirkungen der kosmischen Ultrastrahlung und künstlicher außerirdischer Verhältnisse in bezug auf das „schwächste Glied" — den Menschen — zu klären sind. Schließlich verdient auch die Entwicklung und Tätigkeit der astronautischen Gesellschaften eine kurze Würdigung.

Es liegt in der Natur der Raumfahrtforschung, daß ihre konkreten Probleme faszinieren. Die internationalen Kongresse für Astronautik sind dafür beredte Zeugen. Und Professor Pascual Jordan, der die Schaffung des Raumschiffes als ein gesichertes Ereignis der nahen Zukunft ansieht, sagt zur allgemeinen Bedeutung der Raumfahrtforschung in unserer Zeit: „Wenn heute im Geröll der Trümmer, welche uns die Gewalt moderner Technik zeigen, jeder neue mühselige Tag die Versuchung zu endgültigem Ermatten wiederholen mag, so ist es dennoch eine Zeit voll Verlockung und Verheißung für den männlichen Geist, der über dem Brandgeruch der Zerstörung neue, nie erlebte Abenteuer wittert."

München, im Mai 1952   Heinz Gartmann

Die Geschichte des Raumfahrtgedankens

Von Willy Ley

In meiner Bibliothek befindet sich ein philosophisch gehaltenes Buch eines englischen Forschers, in welchem er an einer Stelle darüber klagt, daß es leider den Zeitgenossen nicht immer möglich ist, historisch wichtige Ereignisse sofort zu erkennen. Das Jahresereignis, so sagt er da dem Sinne nach, ist vielleicht ein Krieg, oder die Geburt eines Thronfolgers. Jahrzehnte später kann dann der Historiker feststellen, daß der Krieg das ihm zugrunde liegende Problem nicht löste und daß der Thronfolger nie den Thron bestieg, daß aber im gleichen Jahre eine die ganze Zivilisation beeinflussende Entdeckung oder Erfindung gemacht wurde.

An sich ist diese Bemerkung natürlich berechtigt, aber wie alle Verallgemeinerungen leidet sie darunter, daß es Ausnahmen verschiedener Art gibt. Erstens kommt es vor, daß selbst Historiker ein zeitlich zurückliegendes Ereignis nicht datieren können und sich mit „Sequenzen" zufrieden geben müssen („Friedrich der Große lebte später als Karl der Große, aber früher als Bismarck", um ein Beispiel zu geben, wo diese Schwierigkeit nicht besteht), und zweitens kommt auch das Umgekehrte vor. Als Friedrich Wöhler zum ersten Male den „organischen" Harnstoff aus „anorganischen" Chemikalien darstellte, wußten die Chemiker sofort, daß das wichtig war und daß damit zum mindesten für die Chemie eine neue Epoche begann.

Ein solches Ereignis, welches einen tiefen Einschnitt in die Weltgeschichte darstellt und dessen Bedeutung wenigstens von einer Fachgruppe sofort erkannt wurde, fand am 24. Februar 1949 statt. Der Ort war das Raketenprüffeld „White Sands", welches im amerikanischen Staate Neumexiko, nördlich von der Stadt El Paso (die in Texas ist), liegt. Am genannten Tage stieg von der mit Salbeigebüsch bestandenen Sandwüste eine A-4-Rakete auf, die im Kopfteil als Nutzlast eine kleine, nicht ganz 350 kg wiegende Flüssigkeitsrakete des Typs „WAC Corporal" trug. In etwa 30 km Höhe, kurz bevor der Brennstoffvorrat der A-4-Rakete erschöpft war, hob sich die kleinere Rakete aus der großen heraus und addierte ihre Eigengeschwindigkeit zu der, die sie bereits von der A-4 erhalten hatte.

Es war die erste Zweistufenrakete mit flüssigen Brennstoffen. Und die kleinere Rakete erreichte eine Gipfelhöhe von fast genau 400 km. Schon in 10 km Höhe ist die Luft nicht mehr atembar. In 100 km Höhe kann der Druck der dort noch vorhandenen Atmosphäre nur von besonders empfindlichen Instrumenten überhaupt festgestellt werden. In 200 km Höhe sprechen auch die besten Instrumente, die es jetzt gibt, nicht mehr an. In 400 km Höhe ist die Anzahl der noch vorhandenen Moleküle oder Einzelatome geringer als im besten „Vakuum", welches hier am Grunde des Luftmeeres im Laboratorium hergestellt werden kann.

Auf dem Gipfel ihres Fluges befand sich diese Rakete also außerhalb der Erdatmosphäre. Am 24. Februar 1949 wurde der erste Schritt in den Weltenraum getan.

Wir haben nun zweifellos einen Zeitpunkt erreicht, von dem aus man mit einiger Zufriedenheit in die Vergangenheit zurückblicken kann. Denn diese Rakete, die dort über Neumexiko über die „Grenze" der Erdatmosphäre hinausstieg, war nur in einem gewissen und engherzigen Sinne ein Ergebnis militärischer Forschung. Zwar zeigte das äußerliche Bild einige Uniformen und andere militärische Züge, da das Versuchsfeld „White Sands" ja schließlich der amerikanischen Armee gehört. Was aber die Bedeutung des Versuches angeht, so liegt er beinahe ausschließlich auf dem Gebiete der Weltraumfahrt, es war der augenfällige Beweis, daß mehrstufige Flüssigkeitsraketen so funktionieren, wie die Theoretiker es erhofft hatten. Eine weitere Stufe würde bereits eine kleine die Erde umkreisende unbemannte Weltraumstation ergeben. Andererseits war diese White-Sands-Rakete selbst in gerader Linie eine Verkörperung der Gedanken, welche vor fünfundzwanzig Jahren zum erstenmale in Professor Oberths Werk in einer Form kristallisiert wurden, welche das Raumfahrtproblem der Sphäre des Wunsches entrückte und es dem Ingenieur als Zukunftsprojekt zugänglich machte.

Innerhalb eines Vierteljahrhunderts von einem dünnen Büchlein zu einer 400-km-Rakete bedeutet einen Fortschritt, der jedem zeitgenössischen Geschichtsschreiber auffallen muß. Gerade für den Geschichtsschreiber ergibt sich aber der etwas mißliche Tatbestand, daß die Gesamtgeschichte nicht viel länger ist als etwa das Doppelte dieser 25-Jahr-Periode. Geschichtsschreiber der Philosophie teilen ihr Werk für gewöhnlich in zwei Teile, Philosophie bis zu Immanuel Kant und Philosophie nach Kant. Gleichermaßen muß man die Geschichte der Weltraumfahrt in „bis zu Oberth" und „seit Oberth" einteilen. Aber die Geschichte „seit Oberth" kann man heute noch nicht schreiben, und die Geschichte „bis zu Oberth" nimmt nur wenige Abschnitte ein.

Der erste wirkliche Vertreter der Weltraumfahrt war der alte Hermann Ganswindt, der vielbefehdete, oft verleumdete, großsprecherische und menschlich ungeschickte, im Grunde aber durchaus ehrliche „Edison von Schöneberg". Ganswindt behauptete im Gespräch, daß er schon als junger Mann über Raumschiffahrt nachgedacht hatte, und betonte dabei, daß das der Fall war, „bevor Jules Verne seinen Roman vom Kanonenschuß nach dem Monde schrieb". Nun wurde dieser Roman aber geschrieben, als Ganswindt neun Jahre alt war, — ich nehme an, daß Ganswindt den Roman in seiner deutschen Übersetzung las, und auch das nicht sofort nach Erscheinen, und daß er dann später das Jahr seiner Lektüre für das Erscheinungsjahr hielt. Auf jeden Fall konnte ich aus Dokumenten feststellen, daß Ganswindt im Frühjahr 1891 über seine Raumschiffpläne öffentlich gesprochen hatte. Ein Gemälde seines Raumschiffes, welches in seiner Wohnung über dem Klavier hing, war leider undatiert, mußte dem Aussehen nach aber auch um diese Zeit entstanden sein. Ganswindt hatte zwei Dinge richtig erkannt, nämlich daß nur das Rückstoßprinzip als Fortbewegungsmethode im leeren Raum in Frage kam und daß nach Aufhören des Antriebes sich das ganze Fahrzeug mit lebendem und totem Inventar im andrucklosen Zustande befinden mußte. Die vorgeschlagenen technischen Mittel waren aber primitiv, und die grundlegende Vorstellung des Massenverhältnisses fehlte ganz.

Der nächste Vertreter der Weltraumfahrt nach Ganswindt war der russische Schullehrer Konstantin Eduardowitsch Ziolkowsky, ein Jahr jünger als Ganswindt. (Ganswindt wurde am 12. Juni 1856 in Ostpreußen geboren; Ziolkowsky am 5. September 1857 in Ijewsk im Distrikt Rjasan.) Seine erste das Raumfahrtproblem betreffende schriftstellerische Arbeit wurde in einer russischen Zeitschrift im Jahre 1893 veröffentlicht, Ziolkowsky schrieb später, daß das Manuskript fast zwei Jahre bei der Redaktion herumlag, bevor der Redakteur sich zur Veröffentlichung entschloß. Erst zehn Jahre später vollendete Ziolkowsky dann eine etwas größere Arbeit, die dann auch sofort gedruckt wurde und die in der Hauptsache seinen Ruhm begründete. Der erste Artikel hatte lediglich den Titel „Zum Monde" getragen, der zweite hieß ausführlicher: „Erforschung der Weltenräume durch rückstoßgetriebene Geräte", ein Titel, den Ziolkowsky auch für weitere Veröffentlichungen beibehielt. Schon aus diesem Titel geht hervor, daß Ziolkowsky die Natur des Rückstoßprinzips richtig erkannt hatte, er war auch der erste, der von flüssigen Brennstoffen sprach, Ganswindt hatte an feste Sprengstoffe gedacht.

Der dritte Name in der Geschichte der Raumfahrt vor Oberth ist der des amerikanischen Physikprofessors Robert Hutchins Goddard, der am 5. Oktober 1882 im Staate Massachusetts geboren wurde. Man kann mit hoher Wahrscheinlichkeit annehmen, daß die beiden Autodidakten Ganswindt und Ziolkowsky zuerst an Raumfahrt dachten und dann hinterher auf das Rückstoßprinzip als Mittel zum Zweck verfielen. Der Physiker Goddard war am Rückstoßprinzip interessiert, wie ein frühes Patent vom Jahre 1914 beweist, und fand später, im Laufe theoretischer Untersuchungen, daß die Rakete fähig sein sollte, in den Weltraum vorzustoßen. Das Ergebnis seiner Arbeiten, meist Theorie mit wenigen Versuchen mit verschiedenen Pulversorten, war ein kurzes Werk von weniger als 100 Druckseiten, welches im Jahre 1919· von der Smithsonian Institution in Washington (D. C.) unter dem Titel *A Method of reaching Extreme Altitudes* (Eine Methode zur Erreichung äußerster Höhen) veröffentlicht wurde. In diesem Buche wies Goddard nebenher auf die Möglichkeiten flüssiger Brennstoffe hin, und in den darauffolgenden Jahren baute er die erste Rakete für flüssige Brennstoffe, die am 16. März 1926 bei Auburn im Staate Massachusetts eine Höhe von etwa dreißig Metern erreichte. Der erste Flüssigkeits-Raketenmotor, den Goddard zum Arbeiten brachte, ist mit dem Datum 1. November 1923 festgelegt.

Goddard arbeitete mit Benzin und flüssigem Sauerstoff und ist nie von dieser Kombination abgegangen. Sein Höhenrekord wurde am 31. Mai 1935 mit 2300 Metern erreicht; während des zweiten Weltkrieges war er hauptsächlich mit Startraketen beschäftigt. Aber die Sorte, die von der amerikanischen Armee und besonders von der Marine wirklich verwendet wurde, entstammte einem Laboratorium in Kalifornien. Goddard kann als Erfinder einer ganzen Reihe von Einzelheiten gelten, die Veröffentlichung erfolgte in einer langen Reihe von Patentschriften. Aber Goddards Name gehört weit mehr in die Geschichte der Rakete als in die Geschichte der Weltraumfahrt. Er war in der Hauptsache an instrument-

tragende Höhenraketen und an der unbemannten Mondrakete interessiert. Es
wird behauptet, daß er zwei Bücher über Weltraumfahrtsfragen geschrieben hat;
sie sind aber nicht veröffentlicht worden, und es ist nicht sicher, ob sie vollendet
wurden. Goddard starb am 10. August 1945 an den Folgen einer Halsoperation.

Zwei weitere Namen müssen hier noch genannt werden: der Franzose Robert
Esnault-Pelterie und der Deutsche Dr.-Ing. Walter Hohmann. Zwar fällt die
Veröffentlichung der Werke beider Männer in die Fünfundzwanzig-Jahr-Periode
zwischen Oberths Buch und der 400-km-Rakete, aber es kann kein Zweifel
bestehen, daß beide unabhängig mit ihren Arbeiten zu einem früheren Zeitpunkt
begannen. Dr.-Ing. Walter Hohmann (geb. 18. März 1880 in Hardheim/Oden-
wald) veröffentlichte sein Buch „Die Erreichbarkeit der Himmelskörper" im
Jahre 1925, schrieb mir aber seinerzeit, daß der Großteil der Gedankenarbeit
während des ersten Weltkrieges geleistet wurde und die Niederschrift des Werkes
in die Nachkriegsjahre fiel. Hohmanns Buch ist nicht leicht lesbar, hat aber
durch seine vornehme Sachlichkeit einen ganz eigenen Reiz, es befaßt sich ausschließlich mit Raumfahrttheorie und enthält keinerlei Konstruktionsvorschläge.

Robert Esnault-Pelterie (geb. 8. November 1881 in Paris) ist dem Historiker
der Technik besonders als einer der frühen Pioniere der Luftfahrt bekannt, da
er im Jahre 1903 ein Gleitflugzeug baute und drei Jahre später ein Motorflugzeug,
mit dem er im Frühjahr 1907 flog. (Esnault-Pelterie erhielt den französischen
Pilotenschein „No. 4".) Durch unermüdliche Tätigkeit erhielt er fast 200 Patente
für Einzelerfindungen, fast durchweg für Flugzeugzubehör. Seine Beschäftigung
mit dem Raumfahrtproblem reicht bis ins Jahr 1910 zurück, im Jahre 1912
hielt er seinen ersten Vortrag darüber vor der Französischen Physikalischen
Gesellschaft in Paris. Während der Jahre 1930 bis 1931 begann er, mit Raketen-
motoren zu experimentieren, wobei er zunächst Tetra-Nitromethan verwendete,
leider mit dem Ergebnis, daß er durch eine Explosion die Finger seiner linken
Hand einbüßte. Mit Regierungsgeldern arbeitend konstruierte er im Jahre 1939
einen Raketenmotor (für Benzin und flüssigen Sauerstoff) welcher einen Rückstoß von 300 kg für 55 Sekunden lieferte.

Soweit die „Geschichte".

Vor dieser Geschichte aber liegt eine lange Vorgeschichte des Raumfahrtgedankens, mit der es seine besonderen Schwierigkeiten hat. Die Worte, die man
als Motto dieser Vorgeschichte voranschicken könnte, finden sich in einer von
Goethes kleineren Schriften. Die Schrift selbst handelt von einem ausgestorbe-
nen Großsäugetier, dem berühmten südamerikanischen „Riesenfaultier" Mega-
therium, welches damals gerade bekanntgeworden war. Goethes Gedanken
schweiften ab, es schien da eine Möglichkeit zu bestehen, daß eine Tierart sich
in eine andere verwandeln könne. Nur der Chevalier de Lamarck hatte schon
etwas Ähnliches vermutet, und Goethe fand das Ganze noch etwas kühn. Zum
Glück hatte er einen Ausweg, der dem Chevalier de Lamarck nicht offenstand, —
er war ein Poet. Und so schrieb er denn, daß er bei diesen Ausführungen „einigen
poetischen Ausdruck" gebrauchen wolle, „da überhaupt Prosa wohl nicht hin-
reichen möchte".

Die Schwierigkeit mit der Vorgeschichte der Weltraumfahrt ist, daß sie durchweg und ausschließlich aus „einigem poetischen Ausdruck" besteht. Nun spiegelt sich natürlich das Wissen einer Zeit auch in der Romanliteratur wider, aber nur in dem seltenen Falle, wo ein Wissenschaftler nebenher Romane schreibt (ich denke hier in erster Linie natürlich an Kurd Laßwitz, aber auch an den alten Jacques Boucher de Crèvecour de Perthes), kann man sicher sein, daß der Spiegel ohne wesentliche Trübungen ist. In allen anderen Fällen muß man in der Geschichte der Wissenschaft selbst nachschlagen, um, mit Glück, einigermaßen feststellen zu können, ob der in Frage kommende Schriftsteller etwas nicht wissen konnte, oder ob er es einfach nicht wußte oder aber, ob er des „poetischen Ausdrucks" halber es einfach vernachlässigte.

Die Gesamtzahl der in Frage kommenden Werke ist nicht sehr groß. Bis zum Jahre 1900 handelt es sich um vielleicht sechzig Bücher, die in deutscher, französischer und englischer Sprache vorliegen, mit einigen wenigen Büchern in Latein. Und von diesen sechzig sind noch gute zwanzig Übersetzungen aus einer dieser Sprachen in eine andere von ihnen. Andere Sprachen als die genannten scheinen vor 1900 keine Originalbeiträge geliefert zu haben. Vom Standpunkt des Literaturhistorikers sind die Romane, die uns hier interessieren, eine Unterabteilung einer größeren Gruppe, die man als die „wunderbaren Reisen" bezeichnen kann, für die als typisches Beispiel die mittelalterliche Sage vom Herzog Ernst angeführt werden kann.

Es ist nun von großer Wichtigkeit, daß in der ältesten im Gesamtumfang erhaltenen „wunderbaren Reise", nämlich der Odyssee, die Weltraumfahrt *nicht* vorkommt. Die Odyssee enthält sonst alles, was man damals zu wissen glaubte, und ich kann mich daran erinnern, daß ich mich schon als Schüler darüber wunderte, warum eigentlich Odysseus nicht an einen Eisberg gerät. (Ich weiß jetzt, daß die älteste literarische Erwähnung eines Eisberges sich in der irländischen Sage von St. Brendan findet.) Der Grund, warum Odysseus kein Eisbergabenteuer zu bestehen hat, ist ganz einfach der, daß weder die Griechen der homerischen Zeit noch die Phönizier, von denen sie viele dieser Geschichten hatten, von Eisbergen etwas wußten. Gleichermaßen blieb dem „Dulder" auch der Kraken, das geronnene Meer, der Magnetberg und die Sargassosee erspart, und er braucht es nicht mit dem fliegenden Holländer aufzunehmen, — alle diese Sagen existierten damals nicht. Und aus genau dem gleichen Grunde wird auch sein Schiff nicht vom Sturm zum Monde geweht, denn die Weltkörpernatur des Mondes wurde erst erkannt, nachdem die Odyssee abgeschlossen war.

Wir können hier direkt von der Geschichte der astronomischen Wissenschaft her schließen. Um den Gedanken der Weltraumfahrt entstehen zu lassen, mußte zunächst einmal die Idee anderer Weltkörper Fuß fassen. Erst um die Zeit des Pythagoras rangen sich einige wenige Geister dazu durch, die Erde als frei im Raume schwebende Kugel anzusehen, und selbst dann schien es noch lange fraglich, ob die *planetes*, die „Wanderer", materieller Natur waren oder nicht. Man konnte sehr leicht den Standpunkt einnehmen, daß sie lediglich „Lichter" waren, aber es gab da eine augenfällige Ausnahme: den Mond. Wegen seiner scheinbaren Größe, seines Phasenwechsels, der den Gedanken einer von der Sonne beschienenen materiellen Kugel nahelegte, und nicht zuletzt auch, weil der Erdschatten auf ihn fallen konnte, mußte wenigstens der Mond als ein solider Körper angesprochen werden.

Folgerichtig (möchte man fast sagen) wurde das erste astronomische Buch, welches nicht „Positionsastronomie" war, über den Mond geschrieben. Sein Verfasser war der Grieche Plutarch, aber das Buch wird gewohnheitsmäßig mit seinem lateinischen Titel *De Facie in Orbe Lunae* genannt. In der klassischen Form des Gespräches gehalten, faßte es alle die Ideen zusammen, die in den verschiedenen Philosophenschulen über die Natur des Mondes kursierten. Plutarch akzeptierte die Aussage des Anaxagoras, daß der Mond wohl größer sei als der ganze Peleponnes. Die anderen Gestirne mögen wohl in der Hauptsache „Licht" sein, der Mond aber ist „erdiger Natur". Demgemäß hat er Landschaften und Täler und schattenwerfende Berge. Seine Einwohner sind jedoch nicht materieller Natur im gewöhnlichen Sinne, sie sind „Dämonen", und gelegentlich kommen einige von ihnen zur Erde, der Dämon des Sokrates war einer von ihnen und das Orakel von Delphi wohl ein anderer. Dadurch, d. h. durch Plutarchs Schrift, war der Mond als Weltkörper in unserem Sinne für den Gebildeten festgelegt[1]).

Folgerichtig — und hier ist das Wort nun wirklich unabwendbar — folgerichtig wurde die erste Phantasie einer Weltraumreise die Geschichte einer Mondreise. Das Entstehungsjahr war 160 n. Chr., also 40 Jahre nach Plutarchs Tode. Eigentlich sind es zwei Mondflugphantasien, beide von dem Satiriker Lukian von Samosate geschrieben. Die erste heißt „Wahre Geschichte" und wird für gewöhnlich mit dem lateinischen Titel *Vera historia* genannt und manchmal sogar zitiert. Die zweite heißt, nach ihrem Helden, „Ikaromenippus". Beide haben es gemeinsam, daß der Mond „erdiger Natur" ist, und beide haben es auch gemeinsam, daß einfach angenommen wird, daß die Atmosphäre bis zum Monde reiche, daß also die Mondreise einfach ein „Flug" im Sinne des Vogelfluges sein kann. Der Unterschied zwischen den beiden Phantasien besteht darin, daß die Mondreise der *Vera historia* zufällig erfolgt, während der Flug des Ikaromenippus ein absichtlicher und vorbereiteter Flug ist. Ikaromenippus übt sich im Fliegen mit zwei Vogelschwingen, eine vom Geier, die andere vom Adler. Nach einiger Zeit beherrscht er die Kunst genügend, um zum Monde zu fliegen. Die Götter lassen das noch zu, als er aber zu den Sternen will, nehmen sie ihm die Flügel weg.

In der *Vera historia* wird ein Schiff, welches sich westlich der Säulen des Herkules, also im Atlantischen Ozean, befindet, von einem Sturmwinde gepackt und emporgewirbelt. Sieben Tage lang treibt das Schiff in der Luft herum, dann landet es auf dem Monde. Die Reisenden stellen zu ihrer Freude fest, daß die Mondbewohner griechisch sprechen, — kein Wunder, denn ihr König ist Endy-

---

[1]) Der in manchen populären Büchern erwähnte alte Philosophenstreit über die „Mehrheit der Welten" hat nichts damit zu tun, ob man den Mond für „erdig" oder als „Licht" ansehen wollte. Bei jenem Streit drehte es sich nicht um Weltkörper in unserem Sinne, sondern um in Kristallkugeln eingeschlossene ganze Ptolemäische Weltsysteme, und die Frage war erstens, ob es mehrere solcher Systeme gab, und zweitens, ob sie, falls es mehrere gab, voneinander verschieden sein könnten. Es scheint, als ob sich diese Diskussion zu Plutarchs Zeiten bereits totgelaufen hatte, sie lebte aber im späten Mittelalter aus theologischen Gründen noch einmal auf. Natürlich fand sie keine rein logische Lösung, die Lösung erfolgte durch die Erfindung des Fernrohres, welches bewies, daß die Voraussetzungen unzutreffend waren.

mion, der gerade Vorbereitungen zu einem Kriege mit der Sonne trifft. Die
Schilderung der Riesenarmee, mit ihren auf dreiköpfigen Geiern reitenden Krie-
gern, ihren Schwadronen von „Kohlvogelreitern" und Bataillonen von Riesen-
spinnen nimmt einen Großteil des Buches ein.

Plutarchs philosophische Diskussion und Lukians Phantasien regten nicht nur
viele spätere Schriftsteller an, sie waren geradezu Schnittmuster für spätere Erzählungen, von den Monddämonen bis zu den Flugübungen mit natürlichen oder
künstlichen Schwingen. Aber durch das ganze Mittelalter hindurch wurde das
Thema nicht aufgegriffen, obwohl gerade im Mittelalter viele „wunderbare Reisen",
wie eben die des Herzogs Ernst, entstanden. Nur spät und in großen Abständen
kann man einen leisen Anklang finden. In Miguel de Cervantes' *El ingenioso
hidalgo Don Quixote de la Mancha* (der erste Teil erschien 1605, der zweite zehn
Jahre später) findet sich eine Bemerkung über einen Flug eines „Torralave"; sie
bezieht sich auf eine ältere Erzählung eines „Carlo Famoso" über die Abenteuer
und Wundertaten des Torralba, „grande hombre y nigromente medico". Auch
in Ariostos *Orlando furioso* (begonnen 1503, erschienen 1516) kommt ein Mond-
besuch mit übernatürlicher Hilfe vor. Aber das waren nur so Nebenbemerkungen,
das Raumfahrtthema selbst, und zwar fast durchweg in der Form der Mondreise,
wurde erst nach 1600 wirklich in die Literatur eingeführt. Der Grund für diese
spezielle „Renaissance" war technischer Natur, etwa um dieses Jahr hatte man
in Holland das Fernrohr erfunden, und Galileo Galilei hatte es nachgebaut und
unter dem klaren Himmel Italiens für astronomische Zwecke gebraucht. Sein
„Sternenbote" (*Siderius Nuncius*, 1610) berichtete von seinen Entdeckungen.
Anaxagoras hatte Berge auf dem Monde vermutet, Plutarch hatte ihre Existenz
logisch angenommen, Galilei hatte sie *gesehen*!

Man erinnerte sich an Lukian und las ihn wieder, und nicht nur als Sprach-
übung. Für die weniger Gebildeten wurde er (unter anderem von Johannes Kepler) ins Lateinische übertragen, und für die noch weniger Gebildeten erschienen
sogar Übersetzungen in die Vulgärsprachen, die erste englische z. B. im Jahre
1634[1]). Und im gleichen Jahre erschien auch in Frankfurt Keplers nachgelassener
„Mondtraum"[2]). Das Buch ist schwer zu datieren und auch schwer in einigen
kurzen Sätzen zu beschreiben. Was die Datierung angeht, so weiß man, daß
Kepler in Jahre 1609 mehrere Unterhaltungen mit einem Freunde hatte, die das
Buch beeinflußten, aber Teile können früher geschrieben sein. Und auf Grund
von Galileos Beobachtungen arbeitete Kepler es stellenweise um, bis zu seinem
1630 erfolgten Tode. Inhaltlich ist es teils eine leichtverhüllte Autobiographie,
teils eine direkte Mondbeschreibung, wobei „einiger poetischer Ausdruck" dort
nachhilft, wo die Astronomie noch Lücken lassen mußte.

Sachlich war Kepler den Alten darin überlegen, daß er eine gute Vorstellung
von der wirklichen Mondentfernung hatte; *quinquaginta millibus miliarium Ger-*

---

[1]) Griechische Ausgaben erschienen 1496, 1503, 1522, 1526 und 1535; griechisch-latei-
nische 1615 und 1619; lateinische 1475, 1493, 1543, 1549 und Keplers 1634.

[2]) *Joh. Keppleri Mathematici olim imperatorii SOMNIUM, seu Opus posthumum de
astronomia lunari.* Das Buch wurde zum zweiten Male in der lateinischen Gesamtausgabe
Keplers im Jahre 1870 gedruckt und 1898 von Dr. Ludwig Günther ins Deutsche übersetzt.

manicorum schrieb er, fünfzigtausend deutsche Meilen, was, wenn man die deutsche
Meile zu 7,5 km einsetzt, etwas zu hoch ist. Auch seine Logik war besser. Falls
der Mond, was man annehmen konnte, seine eigene Atmosphäre hatte, so war
das doch nicht die gleiche wie die Erdatmosphäre, sie mußten voneinander durch
leeren Raum getrennt sein. Diesen leeren Raum konnten nun Menschen nicht
überwinden, aber auf dem Monde, da lebten Dämonen, und die konnten die Reise
unternehmen, falls sie dabei nicht ins Sonnenlicht gerieten, d. h. also während
einer Sonnen- oder Mondfinsternis. Und unter Umständen konnten sie sogar
einen Menschen mitnehmen. Natürlich spielte Kepler hier mit Ideen, er hatte
von Plutarch die „Dämonen" übernommen, sprach aber in Wirklichkeit vom
„Geiste" der Astronomie, der sich während einer Verfinsterung am freiesten ent-
falten kann.

Die von Galilei zuerst gesehenen „Mondkrater" hielt Kepler für künstliche
Gebilde, Wallstädte der Mondbewohner (er nannte sie in Anlehnung an Lukian
„Endymioniden"), in deren Schatten sie vor den brennenden Sonnenstrahlen
Schutz finden. Die Endymioniden sind zweifellos intelligent, da sie ja Städte
bauen, der Gestalt aber nach sind sie schlangenförmig, — Kepler war der erste
Schriftsteller, der für nichtirdisches intelligentes Leben eine nichtmenschliche
Gestalt erfand.

Keplers *Somnium* gehört sowohl zur astronomischen Fachliteratur als auch
zur phantastischen Literatur, übte aber allen seinen Einfluß auf dem letzteren
Gebiete aus, und zwar hauptsächlich in England. Bevor ich aber darauf eingehe,
will ich noch schnell eine Nebenlinie zu Ende führen, die auch auf das *Somnium*
zurückgeht. Im Jahre 1638 erschien in London die erste Auflage eines oft nach-
gedruckten Buches des Bischofs John Wilkins. Es war an sich ein Buch über
den Mond, aber der Bewohnbarkeitsfrage und anderen „philosophischen Gedanken" wurde ein breiter Raum gewidmet, und Bischof Wilkins dachte auch über
die Frage der Mondreise nach, die er auch für einen „Flug" hielt. Und er zählte
dann auf, wie man wohl fliegen könne. Erstens mit Hilfe von Geistern oder
Engeln, zweitens mit Hilfe von Vögeln, drittens mit Hilfe von Flügeln, die am
Menschenkörper angebracht werden, und viertens mit Hilfe eines fliegenden
Wagens, den man wohl bald erfinden werde. Dreihundert Jahre trüber Erfahrungen haben uns gelehrt, daß nur die vierte Methode überhaupt Erfolg verspricht,
aber die Aufzählung des Bischofs Wilkins kann gut für eine Einteilung der Literatur gebraucht werden.

Kepler hatte die erste Methode gewählt und fand darin einige Nachfolger, am
bedeutendsten unter ihnen den Jesuitenpater Athanasius Kircher mit seinem
Buche *Itinerarium Exstaticum quo Mundi Opificium*, welches zuerst im Jahre 1656
gedruckt wurde. Die zweite Auflage von 1660, mit dem kürzeren Titel *Iter Exstaticum Coeleste*, ist jedoch weit besser bekannt und wird für gewöhnlich unter
dem Titel „Ekstatische Reise" zitiert. Kircher (oder vielmehr Hauptcharakter
„Theodidactus") wurde von dem Engel Cosmiel durch das Sonnensystem, von
Planet zu Planet geführt, wobei die Beschreibungen der Planeten zum kleinen
Teil der neuen Astronomie und zum größeren Teil der alten Astrologie entstamm-
ten. Neues brachte das Buch nicht, da es zudem noch mit verständlicher Vorsicht (gerade um diese Zeit standen die nun fernrohrbewaffnete Astronomie und

der Vatikan nicht auf freundlichem Fuße) geschrieben ist. Eine spätere französische Nachahmung der Ekstatischen Reise Kirchers ist Marie-Arne de Roumiers
Les Voyages de Milord Céton dans les sept Planettes: ou le Nouveau Mentor, im
Jahre 1765 veröffentlicht, aber auf 1640 rückverlegt und im allgemeinen so unbedeutend, wie eine Nachahmung nur sein kann. Kurz zuvor hatte Voltaire
wenigstens das Thema der Rundreise für sein *Micromégas* übernommen, welches
natürlich eine Satire ist. Auch einige englische Weltraumreisen mit Hilfe von
Engeln aus der gleichen Periode sind satirisch gehalten.

Die Bücher also, welche die erste Methode des englischen Bischofs gebrauchen,
gehören (mit Ausnahme des *Somnium*) streng genommen nicht in die Vorgeschichte des Raumfahrtgedankens. Von der dritten Methode (Flügel am Menschenkörper) kann ich zu meiner Freude mitteilen, daß sie von Romanschrift-
stellern nach Lukian nur zu Flügen auf der Erde, und zwar fast immer in das
damals kaum bekannten Gebiet der Südsee, verwendet wurden. Die zweite
Methode jedoch, die den Menschen von Vögeln tragen läßt, beherrschte das Gebiet für eine ganze Weile. Es ist das an sich sonderbar, denn die existierende
astronomische Wissenschaft unterstützte solche Vorstellungen durch ihre Aussagen durchaus nicht. Galilei selbst hatte zuerst auf dem Monde eine Atmosphäre angenommen, diese Ansicht aber später widerrufen. Kepler sprach zwar
von einer Mondatmosphäre, bezeichnete sie aber als separat von der Erdatmosphäre. Und das nur wenig später, nämlich im Jahre 1651, erschienene Buch
Almagestum Novum von Giovanni Battista Riccioli sagte ausdrücklich, daß der
Mond eine Wüste sein müsse, denn es gäbe bestimmt keine großen Wasserbecken
und die Atmosphäre müsse sehr dünn sein.

Solche Kleinigkeiten konnten aber vorläufig den „poetischen Ausdruck" und
die bereits bestehende Mode nicht stören, es mag auch dazu beigetragen haben,
daß zum mindesten das Modell für viele solcher Bücher sich lange Zeit hindurch
sehr gut verkaufte. Dies Modell war im gleichen Jahre (1638) erschienen wie das
Mondbuch des Bischofs Wilkins, und sein Verfasser war ein anderer englischer
Bischof mit Namen Francis Godwin. Francis Godwin hatte einen „fliegenden
Wandersmann" (so der deutsche Titel[1]) erfunden, den er Domingo Gonsales
(oder Gonzales) nannte und zu dem aller Wahrscheinlichkeit nach Kepler selbst
Modell gestanden hatte, wenigstens für einige Abenteuer. „Gonzales" schiffte
sich angeblich nach Niederländisch-Indien ein, wurde krank und kam auf der
Rückreise nur bis St. Helena. Dort beobachtete er eine Art großer Schwäne, die

---

[1] Der Originaltitel lautete *The Man in the Moone or a Discourse of a Voyage thither
By Domingo Gonsales, The speedy Messenger* (Der Verfasser nannte sich nicht auf dem
Titelblatt der ersten Ausgabe.) Zehn Jahre später, 1648, erschien eine französische Aus-
gabe *L'Homme dans la Lune, ou le Voyage chimérique fait au monde de la lune nouvelle-
ment découvert par D Gonzales, mis en notre langue par J B D* (Jean Baudoin) und
vier Jahre nach der französischen die deutsche Ausgabe „Der fliegende Wandersmann".
Eine weitere französische Ausgabe erschien 1666, diese wurde sowohl von Edgar Allan
Poe als auch von Jules Verne benutzt, welche beide glaubten, daß es ein französisches
Buch sei. In Deutschland nahm man vielfach den Titel ernst und glaubte, daß ein
Spanier mit Namen Domingo Gonzales der Verfasser sei. Die letzte englische Ausgabe
(abgesehen von kürzlichen Neudrucken) erschien 1768, zwischen 1638 und 1768 liegen
etwa fünfundzwanzig Ausgaben des Buches in vier verschiedenen Sprachen.

er „gansas" nannte. (Ein zeitgenössischer englischer Ritter, Sir Hamon l'Estrange, berichtet in seinem Buch, daß im Jahre 1638 ein Dodo von der Insel Mauritius in London für Geld gezeigt wurde. Vielleicht wurde des Bischofs Phantasie von diesem allerdings nicht flugfähigen Riesenvogel von einer tropischen Insel angeregt.) Diese „gansas" erwiesen sich als zähmbar, und „Gonzales" gedachte mit ihrer Hilfe von der einsamen Insel zu entkommen. Er baute ein Gestell mit einem Sattel, an welches eine Anzahl der Vögel „angeschirrt" wurden. Aber dann sah er zu seiner größten Überraschung, daß die Vögel nicht dem Festlande, sondern dem Monde zuflogen, und schloß, daß die „gansas" wohl periodisch zum Monde ziehen, so wie andere Vögel nach Süden. Zuerst war er ängstlich, fand dann aber die Luft über der Wolkenzone so mild und lieblich, daß sie Speise und Trank ersetzte. Zwölf Tage später trafen sie auf dem Monde ein, — Bischof Godwin gab einige Zahlen an, aus denen sich die Mondentfernung als 50 000 Meilen errechnen läßt, sprach aber von englischen Meilen, während Kepler ausdrücklich von deutschen Meilen gesprochen hatte. Was den Mond selbst anging, so hatte Kepler auch nicht recht, er war von Menschen bewohnt und ein wahres Paradies.

Man kann nicht feststellen, ob Godwin da bewußt von dem, was er selbst für wahr hielt, abwich, oder ob er Keplers weit realistischere Darstellung zusammen mit dem kopernikanischen System und dem damals neuen Gregorianischen Kalender ablehnte.

Es wäre durchaus nicht schwer, ein ganzes langes Kapitel über den Einfluß dieses Buches auf die englische Literatur zu schreiben; da das aber nicht hierher gehört, will ich nur ein einziges Beispiel geben, das mir selbst am besten gefällt, nämlich den Aufruf des „Dichters" William Meston an seine Muse:

> Come on thou Muse . . .
> Soaring in high Pindarick Stanzas
> Above Gonzales and his Ganzas . . .

Auf jeden Fall wurde im Jahre 1706 aus dem *Man in the Moone* eine Operette mit dem Titel *Wonders in the Sun*, und 1727 erschien eine auch heute noch amüsante Satire mit dem Titel *A Voyage to Cacklogallinia*, angeblich von einem „Kapitän Samuel Brunt" geschrieben. Wer der Verfasser war, ist bis heute unbekannt, im Stil bestehen Ähnlichkeiten sowohl mit Jonathan Swift („Gulliver") als auch mit Daniel Defoe („Robinson"), und das Buch ist beiden zugeschrieben worden, wohl zu Unrecht.

„Kapitän Brunt" entdeckte, irgendwo in der Südsee, eine Rasse intelligenter Vögel, mit einem König und Dienern, ganz wie die englische Gesellschaft, für die er schrieb. Auch in Cacklogallinia wurden die Reichen und Vornehmen in Sänften getragen: „Können sie denn nicht fliegen, da sie doch Vögel sind? O gewiß, aber unsere Lords und Ladies können auch laufen und werden doch getragen." Das Hauptziel der Satire war das Börsenwesen und der Handel mit Wertpapieren, und als jemand den Gedanken aufbrachte, daß es in den Mondbergen Gold geben müsse, begann sofort ein schwunghafter Handel mit Kuxen und Bohranteilen der Mondminen. Nach einer Weile mußte dann aber jemand wirklich zum Monde gehen, und ein Bevollmächtigter des Königs begann, sich und seine Sänftenträger langsam an die dünne Luft der oberen Atmosphäre zu gewöhnen. Kapitän Brunt nahm selbst an der Mondreise teil, da die Vorversuche ergeben hatten, daß es oberhalb der Wolkenzone keine Schwerkraft mehr gab (ein sonderbarerweise auch heute noch in Laienkreisen häufig bestehender Trugschluß) und die Reise deswegen mühelos wurde, nachdem nur erst die erste schwierige Etappe überwunden war. Aber die Mondbewohner, die wieder als die Geister Abgeschiedener und als „Dämonen" geschildert wurden, haben an materiellen Dingen kein Interesse und schicken die zwei Sorten Erdbewohner (d. h. die Vögel und den Mann) unverrichteterdinge zur Erde zurück. —

Und nun kommen wir zur vierten Methode des Bischofs Wilkins, dem technischen Mittel, welches er den „fliegenden Wagen" nannte. Daß diese Methode erst verhältnismäßig spät und anfänglich als Satire auftritt, erklärt sich dadurch, daß es ja auch das erdgebundene Gegenstück zum „fliegenden Wagen" nicht gab. Der gewöhnliche Wagen wurde von Pferden gezogen, das fliegende Gestell logischerweise von Vögeln. Sich ein fliegendes Gestell ohne tierische Antriebskraft vorzustellen, gelang nur auf dem Umwege über das Schiff, welches vom Winde getrieben wird. Wie schwer es gewesen sein muß, gedanklich von der Vorstellung des Muskelantriebes, ob tierisch oder menschlich, abzukommen, wird auch durch das gewaltige Aufsehen bewiesen, welches die Erfindung eines Holländers um jene Zeit (vor rd. 250 Jahren) hervorrief. Diese Erfindung bestand ganz einfach darin, einen Wagen mit Segeln auszustatten. Man sollte annehmen, daß dieser Gedanke für küstenbewohnende Völker so nahelag, daß seine Durchführung nur so nebenher als Neuigkeit erzählt wurde, — es wurde fast als Weltwunder angesehen.

Wahrscheinlich die ersten „fliegenden Wagen" im Sinne Wilkins wurden von Cyrano de Bergerac „erfunden", dessen *Histoire comique ou Voyage dans la Lune* zum ersten Male „sans privilège" im Jahre 1650, offiziell dann 1656 erschien und in zwanzig Jahren siebenmal nachgedruckt und mindestens zweimal übersetzt wurde. Cyrano machte seinen ersten „Versuch", indem er Flaschen voll mit Morgentau an seinen Gürtel band, auf Grund der Beobachtung, daß die Sonne den Tau „an sich zieht"[1]. Da er zu schnell aufstieg, fing er an, seine Flaschen nach und nach zu zerschlagen. Aber er war zu vorsichtig, er kam wieder zur Erde zurück, die sich inzwischen jedoch gedreht hatte, so daß er in Kanada landete, wo man zu seinem Glück französisch sprach. Dort baute er eine andere „Maschine", deren Einzelheiten schnell übergangen wurden und die nicht recht funktionierte. Cyrano schmierte seine Wunden und Hautabschürfungen mit Knochenmark ein und gedachte zu ruhen, als er entdecken mußte, daß die Soldaten Raketen und Schwärmer und andere Feuerwerkskörper an seine kostbare Maschine anbanden, um sich einen Spaß zu machen. Er rannte zu seiner Maschine, gerade als die Raketen Feuer fingen und ihn aufwärts trugen. Als er sich über den Wolken befand, waren sie alle ausgebrannt, und die Maschine fiel zur Erde zurück, aber Cyrano selbst wurde vom Monde angezogen, „da ja doch der Mond Knochenmark an sich zieht, wie man weiß". Glücklicherweise fiel er in die Krone

---

[1] Manche meiner Leser werden vielleicht überrascht feststellen, daß sie die „Methoden" Cyranos ebenso kennen wie die Beschreibungen Lukians, und zwar aus den Geschichten des Freiherrn von Münchhausen. Diese entstanden eben später, und weder der „Freiherr" noch sein „Chronist" waren von Skrupeln geplagt.

eines großen Apfelbaumes, so daß er bösen Verletzungen entging, traf dann Domingo Gonzales, der sich ihm als Führer anbot, und wurde schließlich zum Gericht geschleppt, da er den Mondbewohnern „vorlog", daß auch die Erde bewohnt sei.

Man kann deutlich erkennen, daß die Zeit für ernste Spekulationen über einen „fliegenden Wagen" noch nicht reif war. Ich will lediglich noch zwei ähnliche Romane anführen, da sie so gut wie unbekannt sind. Ein im Jahre 1708 anonym in Paris gedruckter Roman *Furetiriana* übernahm die Raketen von Cyrano für den Aufstieg, die Rückkehr wurde mittels eines Fallschirms bewerkstelligt. Ein englisches Buch *A Trip to the Moon* (1728, unter dem Pseudonym Murtagh McDermot veröffentlicht) benutzte Pulverantrieb in mehr geschützähnlicher Weise. Der Held baute ein „Schiff", aus zehn ineinandergeschachtelten hölzernen Rümpfen bestehend („der äußerste stark mit Eisen beschlagen"), und placierte es über eine Grube, in der 7000 Fässer mit Kanonenpulver aufgestapelt waren.

Der nächste „fliegende Wagen" hatte aber schon einen gewissen wissenschaftlichen Hintergrund. Etwa im Jahre 1760 hatte der Jesuitenpater Francesco de Lana-Terzi theoretisch den Luftballon erfunden. Er machte lediglich den durch mangelnde chemische Kenntnisse seiner Zeit bedingten Fehler, daß er nicht ein leichtes Traggas in eine Hülle einschließen wollte, sondern luftleer gepumpte Kugeln zum Auftrieb benutzen wollte. Diese rein theoretische Arbeit de Lana-Terzis führte zwar nicht direkt zur wirklichen Erfindung des Luftballons, erzeugte aber zwei Literaturwerke, eins in deutscher Sprache und teilweise in „Versen", ein in lateinischen Versen, das letztere von einem Italiener gedichtet. Das deutsche, 1744 erschienen, war von Eberhard Christian Kindermann und hieß „Die Geschwinde Reise auf dem Lufft-Schiff nach der obern Welt, welche jüngsthin fünff Personen angestellet". Es ist jetzt außerordentlich selten und sollte einmal von jemand im Faksimiledruck neu herausgegeben werden, im Text wird Lana-Terzis Luftschiff eine Marsreise zugemutet. Der Italiener dagegen, Bernardo Zamagna (1768, der Titel lautete *Navis Aeria*), warnte ausdrücklich dagegen, zu hoch zu steigen, da die Luft bald zu dünn werde, um atembar zu sein.

Dann gab es für eine Weile keine Raumfahrtsromane aus guten wissenschaftlichen Gründen. Zunächst einmal war die Ansicht des durch seine Kometenberechnungen berühmten Engländers Dr. Edmond Halley, welche die Grenze der Atmosphäre mit 72 Kilometern annahm, allgemein bekanntgeworden. Die Lufthülle hatte also eine Begrenzung erfahren. Dann hatten die meisten Gebildeten zum mindesten eine Popularisation der Werke Sir Isaac Newtons gelesen, aus denen hervorging, daß die „Schwerezone" der Erde die ihr zugeschriebene Begrenzung *nicht* besaß. Und den Astronomen war es gelungen, die Entfernung der Sonne (allerdings immer noch mit einem Fehler von etwa 15% des wahren Wertes) festzustellen, woraus sich mit ähnlicher Genauigkeit auch die Entfernungen der anderen Planeten ergaben, die nun plötzlich weit von der Erde abgerückt waren. Und der nächste andere Weltkörper, eben der Mond, dessen Entfernung man seit Kepler kannte, war endgültig als luftlos erkannt worden.

Aus dem ganzen Zeitintervall zwischen dem Buche des braven Herrn Kindermann und dem Jahre 1865, in welchem die ersten modernen Raumfahrtsromane erschienen, sind nur zwei kurze Schriften zu nennen, eine sehr bekannt, die andere kaum. Die kaum bekannte befindet sich als Einschiebsel in dem Buche *Le Philo-*

sophe sans Prétention, welches Louis-Guillaume de la Follie im Jahre 1775 veröffentlichte. Es ist die Geschichte eines „Philosophen" vom Planeten Merkur, welcher eine „elektrische Maschine" erfunden hat, die fliegt. Die anderen Philosophen wollen das nicht glauben, und ihr Sprecher erbietet sich, mit der Maschine zur Erde zu fliegen, falls sie funktioniert. Da sie es tut, muß er sein Wort halten und dann auf der Erde verbleiben, da bei der Landung ein Maschinenteil bricht, den die Erdmenschen nicht herstellen können. Die andere, sehr bekannte Geschichte ist *The Unparalleled Adventure of One Hanns Pfaall* von Edgar Alan Poe, zum ersten Male 1835 in der Zeitschrift *Southern Literary Messenger* erschienen. Angeblich wird in ihr, wie bekannt, ein Mondflug mit einem Luftballon ausgeführt. Es ist eine von Poes schwächsten Geschichten, wahrscheinlich weil sie ursprünglich durchweg als amüsante Spottgeschichte geplant war und Poe dann beim Schreiben plötzlich anfing, ernsthaft zu werden, so daß er zum Schluß wohl selber nicht wußte, ob er den Leser mit einer ausgemachten Lügengeschichte lediglich unterhalten oder ihn durch seine Darlegungen fesseln wollte.

Etwa um diese Zeit erschien aber ein wissenschaftliches Buch, das anzudeuten schien, daß der doch wohl immer noch vorhandene Wunsch zur Weltraumfahrt nicht so ganz und gar hoffnungslos war. Ich meine Chladnis *Über-Feuer-Meteore*, in dem bewiesen wurde, daß der alte Volksglaube an „vom Himmel gefallene Steine" kein sinnloser Aberglaube war. Steine, oder auch Eisenmassen, fielen tatsächlich aus dem Weltenraum, und da aus dem Weltenraum etwas ankommen konnte, so bestand immerhin die Möglichkeit, etwas in den Weltenraum hinauszuschicken, es war ganz eine Frage glücklicher Entdeckungen.

Daß Chladni so das Denken beeinflußte, geht daraus hervor, daß in allen sechs Raumfahrtromanen, die plötzlich im Jahre 1865 erschienen, Meteoriten entweder eine Rolle spielen oder doch wenigstens erwähnt werden. In zweien der sechs Erzählungen sind die Meteoriten Nachrichtengeschosse außerirdischer Intelligenzen. Drei von diesen sechs Romanen sind zu unwichtig, um hier besprochen zu werden. Die anderen drei aber teilten unter sich die drei technischen Ideen, die von da an das Feld beherrschten, auf. Sie waren *De la Terre à la Lune* von Jules Verne, *Voyage à la Lune* von einem anonymen Verfasser und *Voyage à Vénus* von Achille Eyraud.

Die Grundidee in Jules Vernes Roman war, daß ein Körper, der aus dem Weltenraum zur Erde fällt, mit einer Geschwindigkeit von 11,2 km/s auf den Boden aufschlagen würde, wenn man den Luftwiderstand vernachlässigt und annimmt, daß außer der Erdschwerkraft kein anderes Schwerefeld auf den Körper eingewirkt hat und daß seine Originalgeschwindigkeit relativ zur Erde ursprünglich gleich Null war. Demgemäß würde ein Körper, dem man diese Geschwindigkeit von 11,2 km/s erteilt, das Schwerefeld der Erde überwinden können. Um jene Zeit nun war eine Kanonenkugel das Schnellste, was die Technik schaffen konnte, folgerichtig wurde aus der Grundidee die Geschichte eines übergewaltigen Kanonenschusses. Daß der Luftwiderstand (und besonders der Luftwiderstand im Kanonenrohr) das Experiment vereitelt hätte, ist relativ unwichtig.

Was Jules Verne wirklich sagen wollte, war, daß die ganze Weltraumfahrt eine Geschwindigkeitsfrage war, — das Publikum kam leider zu der Schlußfolgerung, daß es eine Frage großer Kanonen sein müsse.

In dem Roman des anonymen Verfassers wurde die zweite Denkmöglichkeit bearbeitet. Die Reise zum Monde wurde durch die Schwerkraft verhindert, aber wir kennen eben nur die „positiv-schweren" Stoffe; falls man einen „negativ-schweren" Stoff finden könnte, der von der Schwerkraft abgestoßen wird, so würde das das Problem lösen.

Und in Achille Eyrauds Roman wurde eine dritte Möglichkeit erörtert. Der Schwerpunkt des Problems, so wie es dort gesehen wurde, lag in der Tatsache, daß die ganze Reise, abgesehen von Aufstieg und Landung (es handelte sich, wie der Titel besagte, um eine Venusreise), in einem Vakuum vor sich gehen würde. Also mußte man eine Antriebsmaschinerie haben, die im Vakuum effektiv sein kann; Eyraud ließ seinen Helden einen *moteur à réaction* erfinden! Lange Jahre hindurch kannte ich Eyrauds Roman nur durch ein kurzes Resümee in einem von Camille Flammarions Büchern, erst kürzlich glückte es mir, in der Kongreßbibliothek in Washington ein Exemplar zu finden. Als ich es las, sah ich zu meiner großen Überraschung, daß Eyraud die gleiche „Erfindung" gemacht hatte, die 1927 von Franz Abdon Ulinski als wirklich bestehende Neuigkeit angekündigt wurde. Eyraud wollte das rückstoßerzeugende Mittel (in seinem Falle Wasser) in gewisser Entfernung auffangen und wieder in den Kreislauf des Motors zurückführen! Er wußte wohl, daß der Rückstoß im leeren Raume wirksam ist, verstand aber nicht das Gesetz von der Erhaltung des Schwerpunktes.

Ehe noch weitere Raumfahrtromane erschienen, gab die Fachastronomie etwaigen anderen Dichtern einen Hinweis auf ein dankbares Ziel für eine Weltraumfahrt. Im Jahre 1877 kam der Planet Mars der Erde besonders nahe und diese Annäherung, in einer für Beobachtungen günstigen Stellung am Himmel, zeitigte zwei Entdeckungen. Asaph Hall in Amerika entdeckte, daß Mars zwei winzige Monde hat, die ihn in großer Nähe umkreisen. Und Giovanni Virginio Schiaparelli in Italien sah zum ersten Male die „Kanäle".

Es war beinahe eine Wiederholung der Bestätigung der Mondberge durch Galilei. Die allgemeine Erdähnlichkeit des allerdings weit kleineren Planeten war bereits aus teleskopischen Beobachtungen bekannt, und Naturphilosophen (einschließlich Kant) hatten vermutet, daß Mars menschenähnliche Bewohner haben möge. Nun schien Schiaparellis Fernrohr den Beweis zu liefern. Diese feinen schwarzen Linien konnten sehr wohl Bewässerungskanäle sein, die das auf dem Mars kostbare Wasser von den Polarmeeren den Zivilisationszentren zuführten. Natürlich sahen die irdischen Beobachter nicht die Kanäle selber, sondern die von ihnen hervorgerufenen Vegetationsstreifen in der Marswüste. Man konnte glauben, daß man hier, wenn auch nicht die vermuteten Marsbewohner, so doch wenigstens ihre Werke sah.

Was es eigentlich mit diesen Kanälen auf sich hat, ist bis heute ungeklärt. Viele Astronomen glaubten sie als optische Täuschungen abtun zu können, aber gerade einer von denen, die diesen Standpunkt einnahmen, begann vor wenigen Jahren selbst Kanäle zu sehen und erklärt nun, daß er zwar nicht weiß, was sie sind, daß er aber sicher ist, daß sie sind.

Die astronomischen Ergebnisse des Jahres 1877 hatten es nun zur Folge, daß die Mehrzahl der später geschriebenen Raumfahrtromane sich auf den Mars bezogen. Der erste Marsroman, welcher schon im Jahre 1880 folgte (1882 in der deutschen Ausgabe), war *Across the Zodiac* von dem Engländer Percy Greg. In der Form der in der englischen Literatur häufigen Rahmenerzählung gehalten — ein Engländer sieht in der Südsee einen Meteoriten einschlagen, besucht die Einfallsstätte und findet unter den Trümmern eine starke Metallkiste, die ein Manuskript enthält, welches dann die eigentliche Erzählung darstellt —, wurde dort versucht, eine von der irdischen abweichende Gesellschaftsordnung darzustellen. Wieweit das dem Autor glückte oder nicht glückte, gehört nicht hierher, interessant ist die Reisemethode. Greg sagte sich, daß die Schwerkraft eben eine Kraft ist, und verglich sie mit dem elektrischen Strom. Schwerkraft war, beispielsweise, ein positiver Strom. Wo lag das Gegenstück, der negative Strom? Die Voraussetzung ist natürlich, daß es dem Romanhelden glückte, dieses Gegenstück, welches *Apergie* genannt wird, zu entdecken.

Die gleiche Apergie, sogar mit demselben Namen, tauchte dann 1894 in dem Roman *A Journey in Other Worlds* von John Jacob Astor (einem Mitglied der bekannten Familie) auf, in welchem eine Reise zum Jupiter und zum Saturn geschildert wird. Literarisch gesehen erinnert dieser Roman an die bekannten „Gewölle" der Eulen, die zwar eine gewisse äußere Form haben, aber lediglich aus unverdaulichen und unverdauten Überbleibseln der letzten Nahrungsaufnahme bestehen. Auf dem Jupiter herrscht eine „Devonzeit" mit einer Fauna, die mit der Devonzeit aber auch gar nichts zu tun hat, sondern primitive Reptile, hochentwickelte Reptile, späte und hochentwickelte Säugetiere und konstruktiv unmögliche Rieseninsekten wahllos zusammenrührt, auf dem Saturn dagegen finden sich die Geister der Abgeschiedenen, die „Wunder" demonstrieren und „wissenschaftlich" erklären. —

Chronologisch folgte auf diesen wahrscheinlich schlechtesten der auf jeden Fall beste Raumfahrtsroman der Weltliteratur, Kurd Laßwitz' *Auf zwei Planeten.* Er wurde im November 1895 begonnen, am 11. April 1897 beendet und erschien Ende Oktober des gleichen Jahres. Innerhalb von zehn Jahren wurde er in neun andere Sprachen übersetzt (ins Schwedische, Norwegische, Dänische, Holländische, Spanische, Italienische, Tschechische, Polnische und Ungarische) und ist im Jahre 1948 anläßlich des hundertsten Geburtstages des im Jahre 1910 verstorbenen Verfassers von seinem Sohne Dipl.-Ing. Erich Laßwitz erneut herausgegeben worden.

Laßwitz' Roman nimmt nicht nur als Literaturwerk eine Sonderstellung ein, was die Geschichte des Raumfahrtgedankens betrifft, so ist er ein Verbindungsglied, jenen internationalen Brücken vergleichbar, deren jedes Ende einem anderen „Gebiet" angehört. Er gehört nämlich in meiner eigenen Einteilung sowohl zur „Vorgeschichte" als auch zur „Geschichte" des Raumfahrtgedankens, sowohl in das Gebiet der Literatur als in das der Wissenschaft. Ich habe zu Anfang dieses Kapitels eine ganze Weile geschwankt, ob es nicht vielleicht richtiger wäre, Laßwitz mit Ganswindt und Ziolkowsky in die Frühgeschichte der Raumfahrt einzuordnen.

In dem Roman wird bekanntlich die Erde von den Marsbewohnern erreicht, als logische Schlußfolgerung aus jenen Gedanken über ihre höher entwickelte Technik, die sich durch das „Kanalnetz" anzukündigen schien. Die Entdeckung der Marsbewohner durch die Menschen erfolgt demnach auf unserem eigenen

Planeten im Verlaufe einer Nordpolexpedition. Die drei Polarforscher sind dann
Gäste der Martier auf ihrer Polinsel, und nachdem der gegenseitige Sprachunter-
richt Früchte getragen hat, bittet einer von ihnen den Kapitän eines martischen
Raumschiffes um eine Erklärung des Prinzips. Was dann folgt, ist eine Erklärung
und nicht, wie in den meisten Romanen „vor Oberth", eine Sammlung von Aus-
flüchten. Der Einfachheit halber läßt Laßwitz seine martischen Raumschiffe
von einer „Außenstation" oberhalb der Atmosphäre abreisen, das ist noch ein
literarischer Trick, wenigstens in der im Roman vorliegenden Form. Was aber
hinterher folgt, ist wirkliche Erklärung. Das Schiff, das, sagen wir, von der Erde
abreiste, hat immer noch die Erdgeschwindigkeit, auch die Bewegungsrichtung
zu einem gewissen Grade. Worauf es ankommt, ist, daß das Schiff zwar vom
Schwerefelde der Erde unabhängig ist, sich aber immer noch im Sonnenschwere-
felde befindet. Es ist zu einem selbständigen Planeten geworden, welcher, um
zu einem Ziele zu gelangen, seine Bahnelemente ändern muß. Und diese Änderung
erfolgt durch das Rückstoßprinzip. —

Mit Laßwitz haben wir nun auch rein chronologisch die Ära der frühen Geschichte
erreicht, und was von der Vorgeschichte nun noch zu sagen ist, ist naturgemäß
etwas antiklimaktisch. Die Hauptgedanken waren erschöpft, entweder besuchten
Menschen andere Weltkörper, oder außerirdische Intelligenzen besuchten die
Erde. Die technischen Möglichkeiten waren auch erschöpft, der Held entweder
erfand einen *moteur à réaction* (ich gebrauche den französischen Ausdruck nicht
nur aus historischen Gründen, sondern auch weil er so schön generell ist, ohne
technische Einzelheiten anzudeuten) oder aber er lernte es, irgendwie die Schwerkraft aufzuheben. Es ist unter diesen Umständen nur naturgemäß, daß man bei
jedem folgenden Roman — ich spreche jetzt von der Periode von 1900 bis etwa
1925 — mehr und mehr Züge von mehr und mehr Vorläufern auffinden kann.
Manche sind überhaupt nicht nennenswert. Und einige direkte Plagiate unter-
liefen auch.

Der einzige wirklich originale Kopf jenes Zeitabschnittes war der Engländer
Herbert George Wells, besser gesagt der *junge* H. G. Wells, denn das meiste seiner
späteren Produktion zeigte wenig Dauerwert. Sein erster Raumfahrtroman war
The War of the Worlds, zuerst 1898 erschienen und seitdem mindestens zwanzig-
mal nachgedruckt. Mit Hilfe von Riesengranaten erreichen die Marsbewohner
die Erde, um sofort die Menschen anzugreifen, allem Anscheine nach wollen sie
die Erde kolonisieren und als Vorbereitung dafür die irdischen Lebensformen
ausrotten. Und obwohl die höchste irdische Lebensform den Waffen der Marsbewohner schnell und fast hilflos erliegt, so verlieren doch die Marsbewohner den
Krieg sehr schnell, da sie von der niedrigsten irdischen Lebensform, den Bazillen,
abgetötet werden. Daß dieser Roman, zu einer Rundfunksendung umgearbeitet,
Jahrzehnte später eine Panik in Amerika hervorrief, ist allgemein bekannt,
weniger bekannt ist, daß im Jahre nach seinem Erscheinen in Amerika ein „zweiter Band" erschien. Sein Verfasser war der Astronom Garret P. Serviss, und der
Roman war die Geschichte des Gegenangriffes der Erde, mit Thomas Alva Edison
als Mittelpunkt der irdischen Organisation. Dieser Roman, *Edison's Conquest of
Mars*, erschien in einer heute nicht mehr existierenden New Yorker Abendzeitung
und wurde vor drei Jahren in Buchform neugedruckt, lediglich, um ihn der Ver-

gessenheit zu entreißen. Da die Zeitung nicht mehr existierte, mußte der Herausgeber die wahrscheinlich einzigen erhaltenen Zeitungsbände aus den Kellern der Kongreßbibliothek heraussuchen[1]).

Wells' zweiter Raumfahrtroman war *The First Men in the Moon* (erste englische Ausgabe 1901, die ersten deutschen Ausgaben *beider* Romane erschienen im gleichen Jahre), und er war ein direktes Ergebnis der Neuausgabe von Keplers *Somnium*. Der Mond wurde als ein von zahllosen Höhlungen durchzogener Weltkörper geschildert, bewohnt von gewaltigen Insekten, deren Organisation der der Termiten nachgebildet war. Die beiden den Mond besuchenden Erdmenschen wurden von den Rieseninsekten gefangengenommen, später gelang es aber einem der beiden zu entkommen. Zum Zwecke der Raumreise ließ Wells seinen Ingenieur Cavor eine Substanz erfinden, die die Eigenschaft hatte, einen „Schwereschatten" zu erzeugen, so daß ein über einer Cavoritplatte befindlicher Körper kein Gewicht hatte. Wells dachte sich die Reise so, daß das Fahrzeug, da gewichtslos, zunächst aus der Atmosphäre herausgedrückt werden würde und daß dann, im Raume, die Reisenden alle Schwerefelder abschirmen würden, außer dem des Zielplaneten. Abgesehen davon, daß Wells „Masse" und „Gewicht" nicht klar geschieden hielt, übersah er folgendes: da ja über einer Cavoritplatte das Schwerepotential „Null" herrscht, so kann ein Körper nicht ohne Arbeitsaufwand auf die Platte gehoben werden. Man könnte nun den Körper auch auf das Nullpotential bringen, indem man ihn senkrecht von der Erde weghebt, bis zu einer praktisch unendlichen Entfernung. Der benötigte Arbeitsaufwand *ist in beiden Fällen gleich.*

Ich will nur noch einen einzigen anderen Roman nennen, nicht weil er eine besonders anerkennenswerte dichterische Leistung darstellt, sondern weil sein Verfasser fast damit in die Raketentheorie geriet. Ich meine den Roman *Der Stern von Afrika* von Bruno H. Bürgel, 1920 in Berlin erschienen. Bürgel ließ ihn im Jahre 3000 spielen und hatte die Grundsituation, daß das Sonnensystem in eine kosmische Staubwolke geraten war, die durch teilweise Abschirmung der Sonnenstrahlung eine Eiszeit hervorrief. Ein Gelehrter kam dann auf den Gedanken, mit einer der kürzlich erfundenen „Fluggranaten" (d. h. Raketenflugzeugen) zum Monde zu Studienzwecken zu fliegen. Was die astronomisch-geologische Situation anbetraf, so griff Bürgel der Fachwissenschaft vor: eine kosmische Staubwolke als mögliche Eiszeitursache (natürlich auf die vergangene Eiszeit bezogen) wurde bald danach von Professor Friedrich Nölke mathematisch untersucht. Und die Idee einer Mondfahrt mit einem Raketenflugzeug klingt recht modern, aber Bürgel vergriff sich da, denn er wußte nicht, daß eine reine Rakete eine solche Reise ausführen könnte. Er beschrieb deswegen das Ganze als einen „Flug", wobei die Staubteilchen seiner kosmischen Wolke als tragendes Medium für die Flügel seiner Fluggranate wirken sollten. Tatsächlich wählte er

---

[1]) In der Zeit von 1900 bis 1909 erschienen in Deutschland fünf phantastische Romane, alle mit Edison als dem Helden. Sie waren durchweg Plagiate schlimmster Art, angeblich Übersetzungen aus dem Amerikanischen. Als Verfasser wurde ein „John Merriman" genannt, der jedoch in amerikanischen Katalogen unauffindbar ist. Ich bemerke dies hier nur, um dem möglichen Trugschluß vorzubeugen, daß vielleicht „John Merriman" mit Garret P. Serviss identisch ist. Serviss hat aber im Jahre 1909 noch einen weiteren Raumfahrtsroman in New York veröffentlicht, betitelt *A Columbus of Space.*

den Raketenantrieb lediglich deshalb, weil Propellerflugzeuge für eine solche
lange Reise nicht schnell genug sein konnten. Und er schrieb seiner „Fluggranate"
eine Geschwindigkeit von 500 km/h zu! Wenn man Bürgels Roman heute liest,
so hat man das Gefühl zuzusehen, wie jemand haarscharf an einer Zielscheibe
vorbeischießt. Und als drei Jahre nach Erscheinen des Buches Professor Oberths
Arbeit erschien, muß Bürgel selbst wohl ähnlich zumute gewesen sein.

Natürlich bedeutete das Erscheinen der *Rakete zu den Planetenräumen* nicht
das Ende der Romanliteratur über die Weltraumfahrt. Im Gegenteil! Aber es
bestand nun der grundlegende Unterschied, daß nicht nur die astronomischen
Voraussetzungen, sondern auch die technischen Mittel von der Wissenschaft
geborgt werden konnten. Und aus diesem Grunde gehören die nach Oberth erschienenen Romanwerke zwar zur Literaturgeschichte, aber nicht mehr in die
Vorgeschichte des Raumfahrtgedankens, welche mit Laßwitz ihren Höhepunkt
und auch ihren Abschluß erlebte.

Literaturhinweise

Eine vollständige Literaturgeschichte der „kosmischen Reisen" gibt es leider noch
nicht, obwohl mehrere Vorstudien und Einzelabhandlungen über bestimmte Gebiete
vorliegen. Die nachfolgende kurze Auswahl ist auf Arbeiten beschränkt, die in Buchform
erschienen und welche ein nicht zu enges Gebiet behandeln.

Allott, Kenneth: *Jules Verne*, New York 1941. (Eine Biographie Jules Vernes in
englischer Sprache, die auch allgemein auf die entsprechende Literatur des neun-
zehnten Jahrhunderts eingeht.)

Bailey, J. O.: *Pilgrims Through Space and Time*, New York 1947. (Behandelt hauptsächlich die Werke von Jules Verne und Herbert George Wells, geht aber auch auf
andere in englischer Sprache vorliegende Bücher ein.)

Flammarion, Camille: *Les mondes imaginaires et les mondes réels*, erste Ausgabe
Paris 1865. (Eine vollständige Übersicht über alle astronomischen, philosophischen,
theologischen und belletristischen Bücher, die sich mit dem Mond und den Planeten
befaßten. Flammarion fügte jeder Neuauflage Zusätze hinzu, so daß die späteren
Auflagen um so vollständiger sind, je später sie erschienen.)

Gove, Philp B.: *The Imaginary Voyage in Prose Fiction*, New York (Columbia Uni-
versity) 1941. (An sich recht langweilig geschrieben, aber das Buch enthält eine
recht vollzählige Liste aller einschlägigen Literaturwerke.)

Günther, Ludwig: *Keplers Traum vom Mond*, Leipzig 1898. (Übersetzung des
Somnium mit Keplers umfangreichen „Notizen" und einer Abhandlung über ähnliche Literaturwerke.)

Nicolson, Marjorie Hope: *Voyages to the Moon*, New York 1948. (Eine ausgezeichnete Arbeit, die den Zeitraum von Lukian bis zur Erfindung des Luftballons umfaßt,
mit einem zusätzlichen Kapitel über einige besonders wichtige spätere Bücher.
Dieses zusätzliche Kapitel behandelt nur Werke in englischer Sprache, der Haupt-
teil des Buches die Literatur aller Nationen.)

Popp, Max: *Julius Verne und sein Werk*, Hartleben 1909. (Das Buch enthält auch
Kapitel über andere Literatur, die den „Jules Verniaden" ähnelt. Dr. Popp beschränkte sich auf Werke in deutscher Sprache, sowohl Originale als auch Übersetzungen.)

Die himmelsmechanischen Grundlagen der Raumfahrt

Das Zweikörper-Problem und die lösbaren Fälle des Dreikörper-Problems

Von Prof. Dr. Werner S c h a u b

Die Raumfahrt ist, wenn sie erst einmal verwirklicht ist — sei es auch nur mit unbemannten Raketen — ein Problem der Himmelsmechanik. Da es nicht nur darauf ankommt, Raketen weit in den Raum hinauszuschicken, sondern sie auch zur Erde zurückzuführen, ist es notwendig, daß der Ingenieur mit den Gesetzen vertraut ist, welche die Bewegung eines Himmelskörpers regieren. Sobald die Rakete einen bestimmten Bannkreis um die Erde verläßt, ist ihr weiteres Schicksal nach den Gesetzen des Dreikörper-Problems zu behandeln, da sie stets unter dem Einfluß von mindestens zwei Körpern steht, Erde-Sonne oder Erde-Mond.

Im folgenden wird zunächst das Zweikörper-Problem als Grundlage für alles weitere behandelt. In der allgemeiner bekannten Form wird die Bewegung des einen Körpers immer auf den anderen als den ruhenden bezogen (relative Bewegung), und zwar deshalb, weil im allgemeinen die relative Bewegung die allein beobachtbare ist. Für ein tieferes Verständnis des ganzen Sachverhaltes ist aber auch das Studium der absoluten Bewegung beider Körper in bezug auf ihren gemeinsamen Schwerpunkt als ruhenden Pol erforderlich. Diesen Fragen ist der zweite Teil gewidmet. Im dritten Teil werden die im Sinne des Zweikörper-Problems streng lösbaren Fälle des Dreikörper-Problems behandelt, da wahrscheinlich gerade diese einmal für die Raumfahrt eine besondere Bedeutung gewinnen werden. Diese Fälle führen zum Schluß zu einer allgemeinen Betrachtung über die Struktur des uns umgebenden Raumes mit den sich daraus ergebenden Folgerungen. Diese Struktur, die sich in der Form eines Schichtlinienbildes darstellen läßt, muß der kennen, der den Raum bereisen will, wenn auch nur mit unbemannten Raketen.

1. Definitionen

Zum Studium der Bewegung einer Masse m unter dem Einfluß einer Kraft K geht man von der sog. Bewegungsgleichung aus. Unter Bewegungsgleichung versteht man die mathematische Formulierung des Zusammenhanges zwischen Ursache und Wirkung. Die Ursache ist dabei stets eine Kraft K, die Wirkung ist letzten Endes die Bahn, welche die Masse beschreibt. Allerdings ist ein solcher Zusammenhang in den meisten Fällen nicht unmittelbar gegeben, da im allgemeinen a priori nicht einzusehen ist, welche Bahn ein Körper unter dem Einfluß einer Kraft beschreiben wird. Vielmehr tritt als unmittelbar und direkt beobachtbare Wirkung einer Kraft nur die von ihr an der Masse erzeugte Beschleunigung in Erscheinung.

Wir wissen, daß ein Körper, der dem Einfluß äußerer Kräfte entzogen ist, entweder im Zustand der Ruhe verharrt, oder sich mit gleichförmiger Geschwindig-

·keit v bewegt. Unter Geschwindigkeit versteht man die Wegänderung in der Zeiteinheit. Legt also der Körper in der sehr kleinen Zeit dt den sehr kleinen Weg ds zurück, dann hat er die Geschwindigkeit:

$$v = \frac{ds}{dt}. \tag{1}$$

Will man ihn beschleunigen, d. h. seine Geschwindigkeit ändern — wir betrachten hier zunächst nur die geradlinige Bewegung — so muß man eine Kraft auf ihn ausüben. Wirkt diese Kraft über eine sehr kleine Zeit dt, so ändert sie die ursprüngliche Geschwindigkeit um den sehr kleinen Betrag dv. Auf die Zeiteinheit umgerechnet beträgt dieser Geschwindigkeitszuwachs:

$$b = \frac{dv}{dt}. \tag{2}$$

Man nennt b die Beschleunigung unter dem Einfluß der Kraft K, sie ist der Geschwindigkeitszuwachs pro Zeiteinheit.

Unter Beachtung der Gl. (1) kann man die Beschleunigung (2) auch in folgender Form schreiben:

$$b = \frac{dv}{dt} = \frac{d}{dt}\left(\frac{ds}{dt}\right) = \frac{d^2s}{dt^2}, \tag{3}$$

wobei wieder eine geradlinige Bewegung vorausgesetzt wird. Bei einer krummlinigen muß außer der Größe von Geschwindigkeit und Beschleunigung auch noch deren Richtung berücksichtigt werden, und schon die bloße Richtungsänderung einer dem Betrage nach gleichförmigen Geschwindigkeit ergibt eine Beschleunigung, die einen Kraftaufwand erfordert, wie wir später noch sehen werden.

Wenn der geradlinige Weg s eines Körpers formal als Funktion der Zeit gegeben ist:

$$s = f(t), \tag{4}$$

so ist die Geschwindigkeit gleich der ersten, die Beschleunigung gleich der zweiten Ableitung nach der Zeit, also leicht zu finden.

2. Das Grundgesetz der Mechanik

Wir wissen aus der Erfahrung, daß die Kraft K, die einem Körper der Masse m eine Beschleunigung erteilt, proportional der Masse und der Beschleunigung ist. Die gleiche Kraft erzeugt an der doppelten Masse die halbe, an der halben Masse die doppelte Beschleunigung wie an der ganzen Masse. Will man anderseits an derselben Masse die doppelte Beschleunigung erzeugen, so muß man auch die doppelte Kraft aufwenden. Die Beschleunigung hat immer die Richtung der sie erzeugenden Kraft. Wir formulieren das zu dem Gesetz:

$$K = m \cdot \frac{dv}{dt}. \tag{5}$$

In dieser sog. Newtonschen Bewegungsgleichung steht links die Ursache, die Kraft K, rechts die ebenfalls beobachtbare Wirkung, die Beschleunigung dv/dt. Sie ist also im allgemeinen immer sofort anzugeben, und sie bestimmt eindeutig die Bewegung des Körpers unter dem Einfluß der Kraft K. Um diese aber daraus herzuleiten, d. h. um den Weg s als Funktion der Zeit t in der Form der

Gl. (4) zu finden, muß die Bewegungsgleichung zweimal integriert werden. Die Aufgabe ist in allgemeineren Fällen wesentlich schwieriger als die umgekehrte der Bestimmung der Geschwindigkeit und der Beschleunigung bei gegebener Bahn. Man kann aber schon durch eine einfache Rechnung aus der Bewegungsgleichung (5) zwei weniger allgemeine Gesetze ableiten. Dazu multiplizieren wir die Gl. (5) beiderseits mit der Zeit dt und erhalten:

$$K dt = m dv. \qquad (6)$$

Das Produkt links aus Kraft und Zeit nennt man den Impuls, den man der Masse erteilt hat. Er ist die Ursache, welche die Wirkung $m dv$, d. i. das Produkt aus Masse und Geschwindigkeitszuwachs, hat. Wenn K konstant ist, kann man die Gl. (6) durch Integration auf die Form bringen:

$$K (t_2 - t_1) = m (v_2 - v_1). \qquad (6a)$$

Die Größe mv heißt die Bewegungsgröße, und der Impuls ist gleich deren Änderung. Es sei hier darauf hingewiesen, daß man in der Literatur häufig auch, nicht ganz korrekt, die Größe mv als Impuls bezeichnet.

Ein für uns noch wichtigeres Gesetz findet man, wenn man die Gl. (5) beiderseits mit dem Weg ds multipliziert. Dann wird:

$$K ds = m \frac{ds}{dt} dv = m v dv. \qquad (7)$$

Das links stehende Produkt aus Kraft und Weg nennt man die Arbeit der Kraft längs des Weges ds. Durch diesen Arbeitsaufwand wird die Energie des Körpers vermehrt, und zwar nach Gl. (7) um den Betrag $m v dv$. Eine bekanntere Form nimmt das Gesetz (7) wieder an, wenn man es integriert, wobei der Einfachheit halber wieder K als konstant angenommen werden soll. Es wird dann:

$$K (s_2 - s_1) = \frac{1}{2} m (v_2^2 - v_1^2). \qquad (7a)$$

Die Größe $\frac{1}{2} m v^2$ ist bekannt unter dem Namen lebendige Kraft oder kinetische Energie. Diese wird also durch den Aufwand von Arbeit verändert, natürlich, da der Körper m durch die Kraft K nach Gl. (5) beschleunigt, d. h. seine Geschwindigkeit verändert wird. Die Gln. (7) und (7a) sind das Gesetz von der Erhaltung der Energie, der sog. Energiesatz.

Da die Gesetze (6) und (7) aus der allgemeinen Bewegungsgleichung (5) folgen, müssen sie bei der Bewegung einer Masse unter dem Einfluß der Kraft erfüllt sein. In der Form (7) bzw. (7a) werden wir sie später noch benutzen.

3. Die Darstellung in Koordinaten

Die bisher gebrauchte Schreibweise ist völlig unmißverständlich nur für eine geradlinige Bewegung, wo die Richtung der Geschwindigkeit und Beschleunigung ein für allemal festliegt. Um eine krummlinige Bewegung auf die Behandlung von geradlinigen zurückzuführen, führt man ein Koordinatensystem ein. Dieses besteht im besonderen Falle aus zwei im Punkt O, dem Ursprung oder Nullpunkt, aufeinander senkrecht stehenden Geraden (Abb. 1), den sog. Achsen, die wir mit x und y bezeichnen. Jeder Punkt P einer Bahnkurve S ist dann durch die beiden Koordinaten x und y eindeutig festgelegt, die Bahnkurve selbst durch eine

Gleichung $y = \mathrm{f}\,(x)$. Einem sehr kleinen Bahnstück $\mathrm{d}s$ entspricht ein Zuwachs $\mathrm{d}x$ von x und $\mathrm{d}y$ von y, so daß immer:

$$(\mathrm{d}s)^2 = (\mathrm{d}x)^2 + (\mathrm{d}y)^2.$$

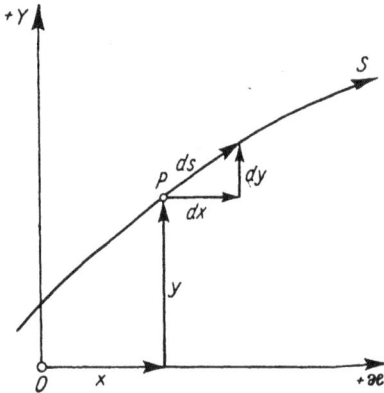

Abb. 1.

Die Bahngeschwindigkeit $\mathrm{d}s/\mathrm{d}t$ zerlegen wir in zwei Komponenten $\mathrm{d}x/\mathrm{d}t$ und $\mathrm{d}y/\mathrm{d}t$ parallel zu den Koordinatenachsen, so daß wiederum:

$$\left(\frac{\mathrm{d}s}{\mathrm{d}t}\right)^2 = \left(\frac{\mathrm{d}x}{\mathrm{d}t}\right)^2 + \left(\frac{\mathrm{d}y}{\mathrm{d}t}\right)^2.$$

Wir denken uns dadurch die ganze Kurve in eine Treppe mit den unendlich kleinen Stufen $\mathrm{d}x$ und $\mathrm{d}y$ zerlegt. Die Beschleunigung (3):

$$b = \frac{\mathrm{d}v}{\mathrm{d}t}$$

hat dann ebenfalls zwei aufeinander senkrecht stehende Komponenten, die wir nun, da die Projektionen des Punktes P auf die Achsen geradlinige Bewegungen ausführen, in der Form schreiben können:

$$b_x = \frac{\mathrm{d}^2 x}{\mathrm{d}t^2}; \quad b_y = \frac{\mathrm{d}^2 y}{\mathrm{d}t^2}.$$

Statt der Bewegungsgleichung (5) ergeben sich dann deren zwei:

$$K_x = m\,\frac{\mathrm{d}^2 x}{\mathrm{d}t^2}; \quad K_y = m\,\frac{\mathrm{d}^2 y}{\mathrm{d}t^2}, \tag{8}$$

wo nun K_x und K_y die rechtwinkligen Komponenten der Kraft K parallel zu den Koordinatenachsen sind, wieder so, daß:

$$K^2 = K_x{}^2 + K_y{}^2.$$

Die zweimalige Integration der Bewegungsgleichungen (8) ergibt dann die Bahnkurve in der Form:

$$x = \mathrm{f}\,(t); \, y = \mathrm{f}\,(t).$$

Wenn man eine dieser Gleichungen nach t auflöst, etwa:

$$t = \varphi\,(x)$$

und diesen Wert in die andere Gleichung einsetzt, so erhält man die Bahnkurve auch in der Form:

$$y = \mathrm{f}\left\{\varphi\,(x)\right\} = \mathrm{F}\,(x).$$

4. Zentralkräfte

Wir wollen hier eine besondere Klasse von Kräften betrachten, die man unter dem Namen Zentralkräfte zusammenfaßt. Unter einer Zentralkraft versteht man eine Kraft, die immer nach einem festen Zentrum oder von ihm fort gerichtet ist, und deren Größe im besonderen Falle nur von der Entfernung r vom Kraftzentrum abhängt. In der einfachsten Form ist sie darstellbar als spezielle rationale Funktion durch:

$$K \equiv m\,b = m\,c\,r^n, \tag{9}$$

wo m die Masse, b die sog. Zentralbeschleunigung, c eine Konstante ist, positiv bei abstoßender, negativ bei anziehender Kraft, und wo n jede beliebige Zahl sein kann. Die Zentralbeschleunigung ist dann selbst auch proportional zu r^n:

$$b = c\, r^n \qquad\qquad (10)$$

Eine Zentralkraft ist z. B. die elastische Kraft eines gespannten Gummifadens, eine Zentralkraft ist auch die Schwerkraft.

Die Zerlegung solcher Kräfte nach einem rechtwinkligen Koordinatensystem ist unzweckmäßig. Als Bestimmungsstücke für einen Punkt P benutzen wir hier seine Entfernung r von einem festen Punkt O und die Richtung φ dieses sog. Radiusvektors, ausgedrückt durch den Winkel φ gegen eine feste Richtung X. Der Zusammenhang dieser sog. Polarkoordinaten mit den oben benutzten rechtwinkligen Koordinaten ist aus Abb. 2 sofort abzulesen:

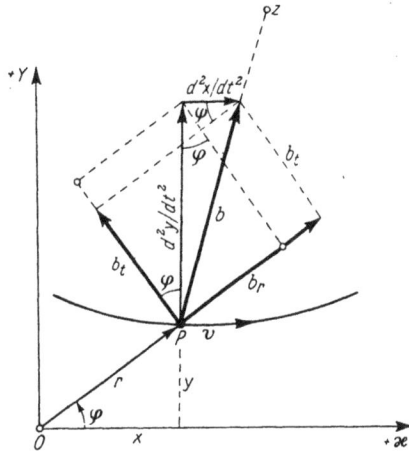

Abb. 2.

$$x = r\cos\varphi;\; y = r\sin\varphi, \qquad (11)$$

Wenn man die Gln. (11) nach der Zeit differenziert, so erhält man offenbar die rechtwinkligen Komponenten der Bahngeschwindigkeit v. Bedenkt man, daß x, y, r und φ Funktionen der Zeit sind, so wird:

$$\frac{dx}{dt} = \frac{dr}{dt}\cos\varphi - r\sin\varphi\,\frac{d\varphi}{dt}$$
$$\frac{dy}{dt} = \frac{dr}{dt}\sin\varphi + r\cos\varphi\,\frac{d\varphi}{dt}. \qquad (12)$$

Von den hier auftretenden Größen bedeuten:

dr/dt die Komponente der Bahngeschwindigkeit v in Richtung des Radiusvektors, wir nennen sie die Radialgeschwindigkeit,

$r\,(d\varphi/dt)$ die Komponente der Bahngeschwindigkeit v senkrecht zur Richtung des Radiusvektors r, wir nennen sie die Transversalgeschwindigkeit.

Die Beschleunigung b, die nach dem Kraftzentrum Z oder von ihm fort gerichtet ist, zerlegen wir ebenfalls nach der Richtung des Radiusvektors r und senkrecht dazu in die Radialbeschleunigung b_r und in die Transversalbeschleunigung b_t. Diese drücken wir durch die rechtwinkligen Komponenten der Beschleunigung, d^2x/dt^2 und d^2y/dt^2, aus. Aus Abb. 2 liest man unschwer ab:

$$b_r = \frac{d^2x}{dt^2}\cos\varphi + \frac{d^2y}{dt^2}\sin\varphi$$

$$b_t = -\frac{d^2x}{dt^2}\sin\varphi + \frac{d^2y}{dt^2}\cos\varphi$$

Die Gln. (12) differenzieren wir nochmals nach der Zeit, bedenkend, daß auch $\mathrm{d}r/\mathrm{d}t$ und $\mathrm{d}\varphi/\mathrm{d}t$ Funktionen der Zeit sind:

$$\frac{\mathrm{d}^2 x}{\mathrm{d}t^2} = \frac{\mathrm{d}^2 r}{\mathrm{d}t^2}\cos\varphi - 2\sin\varphi\,\frac{\mathrm{d}r}{\mathrm{d}t}\frac{\mathrm{d}\varphi}{\mathrm{d}t} - r\cos\varphi\left(\frac{\mathrm{d}\varphi}{\mathrm{d}t}\right)^2 - r\sin\varphi\,\frac{\mathrm{d}^2\varphi}{\mathrm{d}t^2}$$

$$\frac{\mathrm{d}^2 y}{\mathrm{d}t^2} = \frac{\mathrm{d}^2 r}{\mathrm{d}t^2}\sin\varphi + 2\cos\varphi\,\frac{\mathrm{d}r}{\mathrm{d}t}\frac{\mathrm{d}\varphi}{\mathrm{d}t} - r\sin\varphi\left(\frac{\mathrm{d}\varphi}{\mathrm{d}t}\right)^2 + r\cos\varphi\,\frac{\mathrm{d}^2\varphi}{\mathrm{d}t^2}.$$

Führt man diese Werte in die vorigen Gleichungen ein, so wird nach leichter Rechnung:

$$b_r = \frac{\mathrm{d}^2 r}{\mathrm{d}t^2} - r\left(\frac{\mathrm{d}\varphi}{\mathrm{d}t}\right)^2$$

$$b_t = 2\frac{\mathrm{d}r}{\mathrm{d}t}\frac{\mathrm{d}\varphi}{\mathrm{d}t} + r\frac{\mathrm{d}^2\varphi}{\mathrm{d}t^2}. \tag{13}$$

Diese Gleichungen sind sehr aufschlußreich, und wir wollen ein wenig bei ihnen verweilen. Zur Deutung der zweiten tun wir insofern etwas Zweckmäßiges, als wir nun den Ursprung O als Kraftzentrum Z wählen. Die Richtung der Kraft K ist dann immer die Richtung des Radiusvektors r vom Kraftzentrum zum Körper P oder die entgegengesetzte. Auch die Beschleunigung b hat diese Richtung, d. h. die Komponente b_r fällt mit b zusammen, und die Komponente b_t wird gleich Null, da senkrecht zu r keine Kraft wirkt. Bedenken wir das, multiplizieren wir noch die zweite der Gln. (13) mit r so kommt:

$$2r\frac{\mathrm{d}r}{\mathrm{d}t}\frac{\mathrm{d}\varphi}{\mathrm{d}t} + r^2\frac{\mathrm{d}^2\varphi}{\mathrm{d}t^2} \equiv \frac{\mathrm{d}}{\mathrm{d}t}\left(r^2\frac{\mathrm{d}\varphi}{\mathrm{d}t}\right) = 0.$$

Diese Gleichung läßt sich integrieren und liefert:

$$r^2\frac{\mathrm{d}\varphi}{\mathrm{d}t} = \mathrm{const} = F. \tag{14}$$

Die linke Seite dieser Gleichung hat eine einfache geometrische Bedeutung (Abb. 3). Die Fläche des Dreiecks, das aus den Radien r und $r + \mathrm{d}r$ und dem Bahnstück $\mathrm{d}s$ gebildet wird, ist offenbar:

$$J = \frac{1}{2}(r + \mathrm{d}r)\,r\,\mathrm{d}\varphi = \frac{1}{2}(r^2\mathrm{d}\varphi + r\,\mathrm{d}r\,\mathrm{d}\varphi) = \frac{1}{2}r^2\mathrm{d}\varphi,$$

denn das Produkt $\mathrm{d}r\,\mathrm{d}\varphi$ ist unendlich klein gegenüber $\mathrm{d}r$ und $\mathrm{d}\varphi$, also zu vernachlässigen. $r^2\mathrm{d}\varphi$ ist demnach die doppelte vom Radiusvektor r in der Zeit $\mathrm{d}t$, $r^2(\mathrm{d}\varphi/\mathrm{d}t)$ die doppelte von ihm in der Zeiteinheit überstrichenen Fläche. Der Körper bewegt sich also unter dem Einfluß einer jeden Zentralkraft so, daß die vom Radiusvektor, vom Kraftzentrum zum Körper, in der Zeiteinheit beschriebene Fläche, die sog. Flächengeschwindigkeit $F/2$ konstant ist. Es ist dies das Gesetz, welches Kepler als sein zweites für die Planetenbewegung ausgesprochen hat. Es gilt ganz allgemein für jede Zentralkraft, d. h. für jede solche ist:

$$\frac{\mathrm{d}\varphi}{\mathrm{d}t} = \frac{F}{r^2}. \tag{15}$$

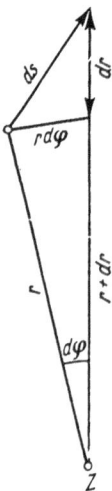

Abb. 3.

In einer bestimmten Bahn ist die sog. Winkelgeschwindigkeit $d\varphi/dt$ dem umgekehrten Entfernungsquadrat proportional, ganz unabhängig von dem herrschenden Kraftgesetz, d. h. unabhängig von dem Exponenten n in Gl. (9).

In der ersten der Gln. (13) trennen wir nun Ursache und Wirkung durch das Gleichheitszeichen:

$$\frac{dv_r}{dt} \equiv \frac{d^2r}{dt^2} = b_r + r\left(\frac{d\varphi}{dt}\right)^2. \tag{16}$$

Mit v_r ist dabei die radiale Komponente der Bahngeschwindigkeit bezeichnet. Links steht also als Wirkung die Änderung der Radialgeschwindigkeit in der Zeiteinheit. Die Ursache für diese Änderung ist aber nicht nur die von der Kraft K_r erzeugte Radialbeschleunigung b_r, sondern die Summe aus dieser und einer anderen Größe $r\,(d\varphi/dt)^2$, die ebenfalls eine Beschleunigung sein muß, weil man sie sonst nicht zu b_r addieren könnte. Aber was stellt sie dar und wie kommt sie zustande?

Man kann die Aussage der Gl. (16) auch so formulieren: Links vom Gleichheitszeichen steht das Beobachtungsergebnis d^2r/dt^2, rechts davon die Deutung, die wir demselben physikalisch geben — in diesem Falle geben müssen. Wir betrachten die einfachste Bewegung im Kreis $r = $ const um das Kraftzentrum als Mittelpunkt. Dann ist $v_r = dr/dt \equiv 0$ und erst recht $d^2r/dt^2 = 0$. Damit wird also aus Gl. (16):

$$b_r = -r\left(\frac{d\varphi}{dt}\right)^2. \tag{17}$$

Obwohl also die Radialgeschwindigkeit v_r verschwindet, wird die Radialbeschleunigung b_r nicht gleich Null. Diese ist ja nach Gl. (5) durch die Zentralkraft K_r gegeben als:

$$K_r = m\,b_r.$$

Beim Wirken einer von Null verschiedenen Kraft ist sie sicher auch von Null verschieden. Sie ist aber bei der Bewegung in einer Kreisbahn entgegengesetzt gleich einer Kraft:

$$K_z = mr\left(\frac{d\varphi}{dt}\right)^2.$$

Während K_r zum Mittelpunkt des Kreises als Quelle der Kraft wirkt, ist K_z entgegengesetzt gerichtet, vom Mittelpunkt fort, denn sie trägt entgegengesetztes Vorzeichen. Man nennt daher K_z die Zentrifugal- oder Fliehkraft. In der Kreisbahn sind demnach in jedem Punkt K_r und K_z einander entgegengesetzt gleich und mit $r = $ const auch konstant. Aus Gl. (14) folgt dann, daß der Kreis auch mit konstanter Winkelgeschwindigkeit durchlaufen wird, also ebenfalls mit konstanter Transversalgeschwindigkeit $r_t = r\,(d\varphi/dt)$, die hier mit der Bahngeschwindigkeit v übereinstimmt.

Es erscheint auf den ersten Blick paradox, daß eine Radialbeschleunigung auftritt, wenn die Radialgeschwindigkeit dauernd gleich Null, die Bahngeschwindigkeit also konstant ist. Man muß aber daran denken, daß nur deren Größe konstant ist. Beide ändern dauernd ihre Richtung, und zwar in der Kreisbahn gleichförmig, da die Winkelgeschwindigkeit $d\varphi/dt$ konstant ist. Daher ist auch b_r unveränderlich, aber von Null verschieden. Nur wenn mit $K_r = 0$ auch $b_r = 0$ wird, ergibt sich als Bahnkurve eine gerade Linie, die mit konstanter Geschwindigkeit durchlaufen wird.

Die Bedingung für das Zustandekommen einer Kreisbahn ist also die, daß die Zentralkraft gleich der Fliehkraft ist, und zwar in jedem Bahnpunkt. Diese Bedingung ist aber lediglich notwendig, nicht auch hinreichend, denn auch eine Bahnkurve, für welche $dr/dt = $ const, also ebenfalls $d^2r/dt^2 = 0$ ist, erfüllt diese Bedingung. Eine Bahn dieser Art werden wir sogleich noch kennen lernen. Für sie gilt zwar auch noch, daß in jedem Punkt Zentralkraft und Fliehkraft einander die Waage halten, aber sie sind nicht mehr konstant, da r wegen $dr/dt = $ const eine lineare Funktion der Zeit wird. Zur Ausbildung einer solchen Kurve gehört aber ein ganz bestimmtes Kraftgesetz, während die Kreisbahn für jede Form (9) des Kraftgesetzes eine mögliche Bahnform ist. Man braucht dazu dem umlaufenden Körper nur einmal in einem beliebigen Punkt eine derartige Geschwindigkeit senkrecht zum Radiusvektor zu erteilen, daß die dazugehörige Winkelgeschwindigkeit die Bedingung (17) erfüllt. Er umkreist dann, wenn kein äußerer Zwang auftritt, das Kraftzentrum immer in dem gleichen Abstand mit der ihm erteilten Geschwindigkeit.

Wir entnehmen der Gl. (16) noch, daß die Zentrifugalkraft dann verschwindet, wenn $d\varphi/dt = 0$ ist, d. h. wenn keine Winkelgeschwindigkeit, also auch keine Transversalgeschwindigkeit vorhanden ist. Dann und nur dann ist die zweite Ableitung des Radiusvektors nach der Zeit gleich der Radialbeschleunigung. Der Körper bewegt sich dann auf einer Geraden, die durch das Kraftzentrum fäuft. Das ist z. B. verwirklicht beim freien Fall eines Körpers an der Erdoberlläche.

5. Besondere Bahnformen

Da bei passender Wahl des Koordinatenursprunges die zweite der Gln. (13) in dem Flächensatz eine einfache Lösung gefunden hat, so steht nun im allgemeinen die Aufgabe an, aus der ersten der Gln. (13) durch Integration die Gleichung der Bahnkurve zu finden, und zwar in der Form:

$$r = f(\varphi)$$

in Polarkoordinaten. Eine bestimmte Klasse von Kurven haben wir schon kennen gelernt, die, für welche:

$$\frac{d^2r}{dt^2} = 0.$$

Das sind alle Kurven, für welche in jedem Punkt die Zentralkraft gleich der Fliehkraft ist. Zu diesen Kurven gehört auch der Kreis:

$$\frac{dr}{dt} = 0,$$

aber auch eine Kurve, für welche:

$$\frac{dr}{dt} = \text{const.}$$

Eine solche ist leicht zu finden, wenn man für die Konstante einen speziellen Wert, und zwar die negative Flächengeschwindigkeit F aus Gl. (14) einsetzt. Dann wird:

$$\frac{dr}{dt} = -r^2 \frac{d\varphi}{dt} = -F. \tag{18}$$

Das Minuszeichen setzen wir aus Gründen der Bequemlichkeit. Man findet damit:

$$- \frac{1}{r^2}\, dr \equiv d\,(r^{-1}) = d\,\varphi.$$

Die Gleichung läßt sich leicht integrieren. Wir setzen für die dabei auftretende unbestimmte Integrationskonstante der Einfachheit halber den Wert Null. Dann gilt:

$$r = \frac{1}{\varphi}\,;\; r\,\varphi = 1$$

als Gleichung der Bahnkurve. Das ist die sog. hyperbolische Spirale (Abb. 4). Sie kommt aus dem Unendlichen ($\varphi = 0$) und läuft in unendlich vielen Windungen um das Kraftzentrum O, ohne es jemals zu erreichen, denn erst für $\varphi = \infty$, wird $r = 0$. Mit Hilfe der zweiten der Beziehungen (11):

$$y = r \sin \varphi = \frac{1}{\varphi} \sin \varphi$$

findet man für $\varphi = 0$ den Wert $y = 1$, denn für sehr kleine Winkel wird $\sin \varphi = \varphi$. Die Kurve nähert sich also asymptotisch der Parallelen $y = 1$ zur x-Achse.

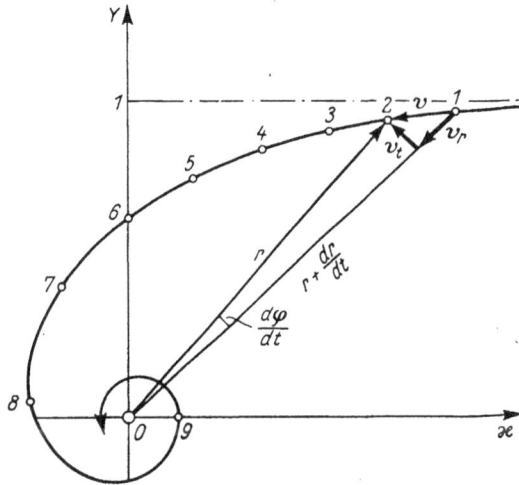

Abb. 4.

Für einen Körper, der eine solche Kurve beschreibt, ist nach der ersten der Gln. (13) die Zentralkraft in jedem Punkt gleich der Fliehkraft. Aber gibt es eine Kraft, die eine solche Bahn erzwingt? Wir bilden die Beschleunigung nach der ersten der Gln. (13). Da nach der Voraussetzung:

$$\frac{dr}{dt} = \text{const}\,;\; \frac{dr^2}{dt^2} = 0,$$

so ist also:

$$b_r = -\,r \left(\frac{d\varphi}{dt}\right)^2.$$

Nach dem Flächensatz (15) wird daraus:

$$b_r = -\,\frac{F^2}{r^3}. \tag{19}$$

Die Kraft $K_r = m\,b_r$, unter deren Einfluß eine Masse m eine hyperbolische Spirale beschreibt, nimmt also mit der 3. Potenz des Abstandes vom Kraftzentrum ab.

Man kann übrigens, wenn es sich um eine Zentralkraft handelt, immer leicht, nämlich durch Differentiation, das Kraftgesetz finden, wenn die Gleichung $r = f(\varphi)$ der Bahnkurve vorliegt. Man kann immer schreiben:

$$\frac{dr}{dt} = \frac{dr}{d\varphi}\,\frac{d\varphi}{dt},$$

wo also nach Gl. (15):

$$\frac{d\varphi}{dt} = \frac{F}{r^2}.$$

Man hat demnach:

$$\frac{dr}{dt} = \frac{dr}{d\varphi}\frac{F}{r^2},$$

worin $dr/d\varphi$ die erste Ableitung der Gleichung $r = f(\varphi)$ ist. Durch nochmalige Differentiation findet man dann d^2r/dt^2 und damit aus der ersten der Gln. (13) b_r, wenn man bedenkt, daß, wieder nach Gl. (15), die Zentrifugalbeschleunigung:

$$b_z = r\left(\frac{d\varphi}{dt}\right)^2 = \frac{F^2}{r^3}.$$

Mit Hilfe des Flächensatzes lassen sich noch andere Bahnen konstruieren, die alle zur Klasse der Spiralen gehören. Setzt man allgemein, ähnlich wie in Gl. (18):

$$\frac{dr}{dt} = r^n\frac{d\varphi}{dt} = F r^{n-2}, \tag{20}$$

so findet man Bahnen von der Form:

$$r = \left\{(1-n)\,\varphi\right\}^{\frac{1}{1-n}}. \tag{21}$$

Hier kann n jede von 1 verschiedene Zahl sein. Mit $n = 2$ ergibt sich die hyperbolische Spirale $r\,\varphi = -1$. Mit $n = 1$ findet man hingegen aus Gl. (20):

$$\frac{dr}{r} = d\varphi,$$

und durch Integration die logarithmische Spirale:

$$r = e^\varphi.$$

Der Fall $n = 0$ ergibt aus der allgemeinen Lösung (21) die archimedische Spirale $r = \varphi$, die mit $\varphi = 0$ im Ursprung O mit $r = 0$ beginnt.

Das allgemeine Kraftgesetz für diese Kurven ergibt sich durch Differenzieren der Gl. (20):

$$\frac{d^2r}{dt^2} = (n-2)\,F r^{n-3}\,\frac{dr}{dt} = (n-2)\,F^2 r^{2n-5},$$

$$b_r = -F^2\left\{(2-n)\,r^{2n-5} + r^{-3}\right\}.$$

Ein Gesetz der Form (19) folgt daraus nur mit $n = 2$ und $n = 1$ für die hyperbolische und logarithmische Spirale. Diese sind ferner noch dadurch ausgezeichnet, daß für sie in jedem Punkt das Verhältnis aus Zentralbeschleunigung und Zentrifugalbeschleunigung:

$$\frac{b_r}{b_z} = (n-2)\,r^{2n-2} - 1$$

unabhängig vom Radiusvektor gleich -1 für die hyperbolische Spirale (s. Voraussetzung) und gleich -2 für die logarithmische Spirale ist. Für letztere ist also die Bindung an das Kraftzentrum fester als für erstere, sie erreicht ja auch den unendlich fernen Punkt $r = \infty$ erst für $\varphi = \infty$ im Gegensatz zur hyperbolischen Spirale.

Für diese beiden Bahnformen ergibt sich auch durch Integration der Gl. (20) die Tatsache, daß ein Körper, von einem endlichen Wert von φ ausgehend, die unendlich vielen Windungen um den Ursprung in endlicher Zeit durchläuft. Für $n = 2$ folgt das sofort aus der Bedingung $dr/dt = \text{const.}$ Danach wird r proportional der Zeit, d. h. in gleichen Zeitintervallen ändert sich r an jeder Stelle der Bahn um denselben Betrag. In Abb. 4 sind 9 Punkte eingetragen, die gleichen Zwischenzeiten entsprechen. Der nächste Punkt 10 fällt bereits mit dem Kraftzentrum zusammen, d. h. für die unendlich vielen Windungen zwischen 9 und 0 wird nur dieselbe endliche Zeit gebraucht, wie für die Strecke 8,9. Für die ganze Spirale von $r = \infty$ bis $r = 0$ wird natürlich eine unendlich lange Zeit benötigt.

6. Das 3. Keplersche Gesetz und die Gravitation

Wir stellten oben schon fest, daß der Kreis für jede (anziehende) Zentralkraft eine mögliche Bahnform ist, wobei der Mittelpunkt mit dem Kraftzentrum zusammenfällt. Eine beliebige Zentralbeschleunigung geben wir wieder in der Form (10):

$$b_r = -c\,r^n$$

vor, wo n jede positive und negative Zahl sein kann. Die Konstante c soll positiv sein. Dadurch ist die entsprechende Zentralkraft als Anziehungskraft charakterisiert, welche den Radiusvektor r zu verkleinern strebt. Für die Bahn, welche ein materieller Punkt unter ihrem Einfluß beschreibt, gilt dann die erste der Gln. (13) in der Form:

$$\frac{b_r}{r} = \frac{1}{r}\frac{dr^2}{dt^2} - \left(\frac{d\varphi}{dt}\right)^2 = -c\,r^{n-1}. \tag{22}$$

Wir wollen annehmen, daß die Bahn eine geschlossene Kurve ist, die in der Umlaufzeit U einmal durchlaufen wird. Es läßt sich dann sicher immer ein Kreis mit einem solchen Halbmesser finden, daß er unter dem Einfluß der Beschleunigung (22) in derselben Zeit U einmal durchlaufen wird, und zwar mit einer konstanten mittleren Winkelgeschwindigkeit:

$$\frac{d\varphi}{dt} = \frac{2\pi}{U}.$$

Sein Halbmesser a ist dann wegen $d^2r/dt^2 = 0$ nach Gl. (22) gegeben durch:

$$c\,a^{n-1} = \frac{4\pi^2}{U^2},$$

oder:

$$a^{1-n} = c\,\frac{U^2}{4\pi^2}. \tag{23}$$

Es gibt also bei endlicher Umlaufzeit U einen Kreis mit dem Halbmesser a, den man einer anderen geschlossenen Bahn mit derselben Umlaufzeit zuordnen kann, wobei für beide Bahnen das Gesetz (22) gilt.

Durch die Gl. (23) ist für eine bestimmte Umlaufzeit der Halbmesser a bei vorgegebenem c oder c bei vorgegebenem a bestimmt. Setzt man diesen Wert c in die Gl. (22) ein, so findet man die Gleichung:

$$\frac{b_r}{r} = -\frac{4\pi^2}{U^2}\left(\frac{a}{r}\right)^{1-n}, \tag{24}$$

welche wie der Flächensatz für jede Zentralbewegung gilt. Sie gibt eine Beziehung zwischen der Umlaufzeit U oder der mittleren Winkelgeschwindigkeit $2\pi/U$ und einem passend gewählten mittleren Bahnhalbmesser a, sie ordnet einer beliebigen, durch das Kraftgesetz (22) zugelassenen Bahn mit endlicher Umlaufzeit eine Kreisbahn zu. Die Gln. (23) und (24) sind identisch mit dem 3. Keplerschen Gesetz.

Wenn sich zwei Massen M und m unter dem Einfluß der allgemeinen Gravitation anziehen, dann erfährt jede eine Beschleunigung, die nur von der Masse der anderen und vom umgekehrten Quadrat ihrer Entfernung voneinander abhängt. Bezeichnet man mit f die sog. Gravitationskonstante, so gilt:

$$b_{r,m} = -f\,\frac{M}{r^2}\,; \quad b_{r,M} = -f\,\frac{m}{r^2}.\tag{25}$$

Die Beschleunigungen sind einander und dem zugehörigen Radiusvektor von M nach m oder von m nach M entgegengesetzt gerichtet, darum geben wir beiden das negative Vorzeichen. Wir denken uns dabei von einem außerhalb der Massen M und m im Raume ruhenden Punkt beobachtend. Wählen wir aber die Masse M als Beobachtungsstandpunkt, betrachten diese also als ruhend, dann beobachten wir die Relativbeschleunigung von m in Bezug auf M:

$$b_r = b_{r,m} + b_{r,M} = -f\,\frac{M+m}{r^2}.\tag{25 a}$$

Im Falle der Gravitation haben wir also eine Zentralkraft mit dem Exponenten $n = -2$ und der Konstanten $c = f\,(M+m)$. Damit wird aus Gl. (23) oder (24):

$$\frac{b_r}{r} = -f\,\frac{M+m}{r^3} = -\frac{4\,\pi^2}{U^2}\left(\frac{a}{r}\right)^3,\tag{26}$$

oder das dritte Keplersche Gesetz in der bekannten Form:

$$\frac{4\,\pi^2}{U^2}\,a^3 = f\,(M+m),\tag{27}$$

wobei nur noch die Frage offen bleibt, was in diesem besonderen Falle unter a zu verstehen ist. Wir nehmen es hier vorerst als gegebene Tatsache hin, daß a die große Halbachse der Bahnellipse darstellt, die in derselben Zeit U durchlaufen wird, wie der Kreis mit dem Halbmesser a; a ist dabei der Mittelwert aus der größten und kleinsten Entfernung der beiden Massen voneinander.

Die Gl. (27) besagt, daß in jeder Bahn unter dem Einfluß der Schwerkraft das Quadrat der mittleren Winkelgeschwindigkeit der 3. Potenz des mittleren Halbmessers umgekehrt proportional ist. Wir werfen hier ganz kurz einen Blick auf den Fall $n = 1$, $b_r = -cr$, d. h. wir betrachten eine Kraft, die proportional mit der Entfernung zunimmt. Man nennt solche Kräfte, weil sie die elastischen umfassen, quasielastische Kräfte. Sie sind aber durchaus nicht immer elastischer Natur. Mit $n = 1$ folgt aus Gl. (23) oder (24) sofort:

$$\frac{4\,\pi^2}{U^2} = c,$$

d. h. für quasielastische Kräfte ist die mittlere Winkelgeschwindigkeit unabhängig vom Bahnhalbmesser und nur durch den Proportionalitätsfaktor c gegeben. Es ist genau dasselbe, wenn man beim Pendel feststellt, daß die Schwingungsdauer von der Schwingungsweite unabhängig ist.

Unter dem Einfluß der Gravitation beschreibt eine Masse einen Kegelschnitt um das Kraftzentrum als Brennpunkt. Dessen Gleichung in Polarkoordinaten und in bezug auf den einen Brennpunkt als Ursprung lautet (Abb. 5):

$$r = \frac{p}{1 + \varepsilon \cos \varphi}. \qquad (28)$$

Hierin bedeutet:

ε die Exzentrizität, d. i. in der Ellipse das Verhältnis des Abstandes Mittelpunkt-Brennpunkt e zur halben großen Achse a:

$$\varepsilon = \frac{e}{a}.$$

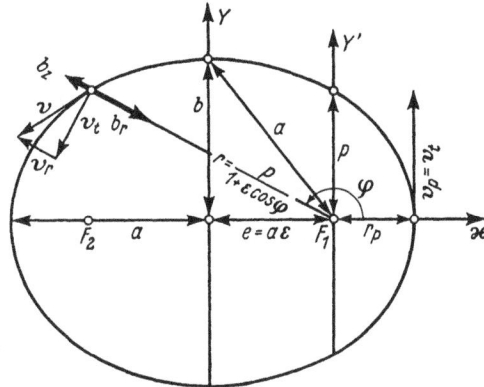

p ergibt sich mit $\varphi = 90^0$ zu $p = r$ als Brennpunktsordinate.

Abb. 5.

Die Gl. (28) stellt jeden Kegelschnitt dar. Mit $\varepsilon = 0$ ergibt sich $r = p = \text{const}$ der Kreis. $0 < \varepsilon < 1$ liefert die Ellipse, eine um so längere, je größer ε wird. Läßt man bei festem p die große Halbachse a über alle Grenzen wachsen, so wird auch e unendlich groß. Ihr Verhältnis ε nähert sich dann immer mehr dem Wert 1. Eine Ellipse mit der Exzentrizität 1 hat also eine unendlich lange Halbachse, sie ist keine im Endlichen geschlossene Kurve. Man nennt sie Parabel, und sie ist genau wie der Kreis ein Sonderfall der Ellipse. In der Parabel kann auch r unendlich groß werden. Der dazu gehörige Polarwinkel φ_∞ ergibt sich mit $\varepsilon = 1$ aus:

$$1 + \varepsilon \cos \varphi_\infty = 0$$

zu:
$$\varphi_\infty = 180^0.$$

Wird ε größer als 1, so erhält man für r schon früher einen unendlich großen Wert mit:

$$\cos \varphi_\infty = -\frac{1}{\varepsilon}$$

$$90^0 < \varphi_\infty < 180^0.$$

Die Parabel verläuft in sehr großer Entfernung nahe parallel zu ihrer Achse ($\varphi = 180^0$), die Hyperbel, d. i. ein Kegelschnitt $\varepsilon > 1$, nähert sich dagegen immer mehr der Richtung einer Geraden mit der Neigung $\cos \varphi = -1/\varepsilon$ gegen ihre Achse (Abb. 6). Für die Ellipse $\varepsilon < 1$ hingegen findet man aus $1 + \varepsilon \cos \varphi = 0$ keinen reellen Wert für φ. Das ist selbstverständlich, da die Ellipse eine im Endlichen geschlossene Kurve ist.

Daß die Gl. (28) die Bahnkurve für eine Zentralkraft:

$$b_r = -\frac{c}{r^2}$$

darstellt, verifizieren wir nach der oben gegebenen Vorschrift (13) durch Bildung von b_r. Es ist, wie wir früher gesehen haben:

$$\frac{\mathrm{d}r}{\mathrm{d}t} = \frac{\mathrm{d}r}{\mathrm{d}\varphi} \frac{F}{r^2}.$$

Aus Gl. (28) folgt:

$$\frac{\mathrm{d}r}{\mathrm{d}\varphi} = r \frac{\varepsilon \sin \varphi}{1 + \varepsilon \cos \varphi} = \frac{r^2}{p} \varepsilon \sin \varphi.$$

Also wird:

$$\frac{\mathrm{d}r}{\mathrm{d}t} = F \frac{\varepsilon}{p} \sin \varphi. \tag{29}$$

Das ist die Radialgeschwindigkeit v_r (Abb. 5). Sie erreicht für jeden Kegelschnitt ihren größten Wert in dem Punkt $\varphi = 90^0$ mit:

$$V_r = F \frac{\varepsilon}{p}$$

am Ende der Brennpunktsordinaten p. An dieser Stelle muß also $\mathrm{d}^2 r/\mathrm{d}t^2 = 0$ werden. Wir bilden aus Gl. (29):

$$\frac{\mathrm{d}^2 r}{\mathrm{d}t^2} = F \frac{\varepsilon}{p} \cos \varphi \frac{\mathrm{d}\varphi}{\mathrm{d}t} = F^2 \frac{\varepsilon}{p} \frac{\cos \varphi}{r^2} = r^2 \frac{\varepsilon}{p} \left(\frac{\mathrm{d}\varphi}{\mathrm{d}t} \right)^2 \cos \varphi. \tag{30}$$

Das verschwindet in der Tat für $\varphi = 90^0$.

Wir bilden jetzt nach Vorschrift (13):

$$\frac{b_r}{r} = r \frac{\varepsilon}{p} \left(\frac{\mathrm{d}\varphi}{\mathrm{d}t} \right)^2 \cos \varphi - \left(\frac{\mathrm{d}\varphi}{\mathrm{d}t} \right)^2 = \left(\frac{\mathrm{d}\varphi}{\mathrm{d}t} \right)^2 \left(r \frac{\varepsilon}{p} \cos \varphi - 1 \right).$$

Aus Gl. (28) folgt aber:

$$r \frac{\varepsilon}{p} \cos \varphi - 1 = \frac{r \varepsilon \cos \varphi - p}{p} = -\frac{r}{p}.$$

Also wird:

$$\frac{b_r}{r} = - \frac{r}{p} \left(\frac{\mathrm{d}\varphi}{\mathrm{d}t} \right)^2,$$

und mit dem Flächensatz (15):

$$b_r = - \frac{F^2}{p r^2}. \tag{31}$$

b_r ist also umgekehrt proportional dem Quadrat der Entfernung, was zu beweisen war. Es sei darauf hingewiesen, daß damit noch keineswegs auch der Beweis erbracht ist, daß im Zweikörper-Problem nur Kegelschnitte mögliche Bahnformen sind.

Mit der Gl. (25a) gewinnen wir auch noch einen Ausdruck für die Flächengeschwindigkeit:

$$F^2 = f(M + m) p. \tag{32}$$

Diese Gleichung ist nur eine andere Form des 3. Keplerschen Gesetzes (27). Man erkennt das, wenn man für F seinen Wert:

$$F = \frac{2 a b \pi}{U}$$

einführt und nach Gl. (42) und vorangehende (s. S. 44) $b^2 = a p$ setzt.

In Gl. (29) haben wir die Radialgeschwindigkeit kennengelernt, die Winkel-geschwindigkeit folgt sofort aus dem Flächensatz (15). Mit Gl. (28) wird:

$$\left(\frac{d\varphi}{dt}\right)^2 = \frac{F^2}{r^4} = \frac{f(M+m)}{r^3}\frac{p}{r} = f\frac{M+m}{r^3}(1+\varepsilon\cos\varphi), \qquad (33)$$

oder mit Gl. (25a):

$$\left(\frac{d\varphi}{dt}\right)^2 = -\frac{b_r}{r}(1+\varepsilon\cos\varphi). \qquad (33a)$$

Die zum Radiusvektor senkrechte Transversalgeschwindigkeit (Abb. 5):

$$v_t = r\frac{d\varphi}{dt}$$

wird damit:

$$v_t^2 = f(M+m)\frac{1+\varepsilon\cos\varphi}{r}. \qquad (34)$$

Wir entnehmen dieser Gleichung die Transversalgeschwindigkeit in den Schei-teln der Ellipse (Perizentrum und Apozentrum). Sie sind hier mit der Bahn-geschwindigkeit v identisch, da in diesen beiden Punkten, und nur in ihnen, v senkrecht auf r steht. Es wird:

Im Perizentrum, $\varphi = 0^0$:

$$r = r_p \qquad v_p^2 = f\frac{M+m}{r_p}(1+\varepsilon) \qquad (35)$$
$$v_t = v_p$$

im Apozentrum, $\varphi = 180^0$:

$$r = r_a \qquad v_a^2 = f\frac{M+m}{r_a}(1-\varepsilon). \qquad (36)$$
$$v_t = v_a$$

Für die Parabel, $\varepsilon = 1$, wird die Geschwindigkeit im Apozentrum Null, für die Hyperbel, $\varepsilon > 1$, wird v_a^2 negativ, es ergibt sich also kein reeller Wert für v_a. Ein Punkt, der sich in einer Hyperbel bewegt, erreicht ja auch niemals ein Apo-zentrum, auch nicht nach unendlich langer Zeit, da sich die Hyperbel immer mehr von ihrer Achse entfernt.

7. Die Energiebilanz im Kegelschnitt

Zur Vereinfachung der Schreibweise wollen wir nun $M+m=\mathfrak{M}$ setzen. Die Masse m sei die umlaufende, M die im Ursprung O ruhende. Die Gl. (35) multi-plizieren wir mit $\frac{1}{2}m$, schreiben sie also in folgender Form:

$$\frac{1}{2}mv_p^2 = \frac{1}{2}f\frac{\mathfrak{M}m}{r_p}(1+\varepsilon). \qquad (37)$$

Hier ist offenbar $\frac{1}{2}mv_p^2$ die kinetische Energie der umlaufenden Masse m (s. Gl. (7a)). Um die Bedeutung der Größe:

$$|P| = f\frac{\mathfrak{M}m}{r_p}$$

zu erkennen, bilden wir:

$$\int_{r_p}^{\infty} -K_r\,dr = \int_{r_p}^{\infty} f\frac{\mathfrak{M}m}{r^2}\,dr = f\frac{\mathfrak{M}m}{r_p}.$$

Das erste Integral stellt die Arbeit einer der Kraft K_r entgegengesetzt gleichen, also vom Anziehungszentrum weg gerichteten Kraft auf dem Weg von r_p bis ins Unendliche dar. Das ist die Arbeit, die man leisten muß, um die Masse m aus der Entfernung r_p entgegen der Schwerkraft ins Unendliche zu befördern. Durch diesen Arbeitsaufwand wird ihr die Fähigkeit erteilt, selbst wieder Arbeit zu leisten. Sich selbst überlassen, fällt sie zum Kraftzentrum zurück und erreicht den Abstand r_p von demselben gerade mit der Geschwindigkeit v_p. Man bezeichnet daher die Größe:

$$P = -f\,\frac{\mathfrak{M}\,m}{r_p}$$

als die potentielle Energie der Masse m an der Stelle r_p in Bezug auf die Masse $\mathfrak{M}$. Das negative Vorzeichen ist dabei physikalisch durchaus sinnvoll. Dann ändert sich nämlich die potentielle Energie gleichsinnig mit dem Radiusvektor:

$$\mathrm{d}P = f\,\frac{\mathfrak{M}\,m}{r^2}\,\mathrm{d}r.$$

Wenn r zunimmt (dr positiv), die beiden Massen sich also voneinander entfernen, wird auch die potentielle Energie größer (dP positiv). In unendlich großer Entfernung ist sie nach der Definition Null und wird mit abnehmendem r immer stärker negativ, als kleiner. In diesem Sinne hat z. B. der Stein auf dem Dach eine größere potentielle Energie, als der Stein auf dem Erdboden, die größte potentielle Energie, nämlich Null, hat er, wenn er sich in unendlich großer Entfernung vom Erdmittelpunkt befindet. Der Absolutbetrag der potentiellen Energie ist nach Gl. (37) ein Maß für die Arbeit, die man aufwenden muß, um den Körper von der Stelle r_p auf unendlich große Höhe zu heben, sie ist daher auch ein Maß für die Geschwindigkeit, mit welcher er aus unendlich großer Höhe fallend, diese Stelle passiert, mit der man ihn hier also auch abschießen muß, wenn er nicht zurückkehren soll.

Wir erkennen aus Gl. (37) nun folgendes:

Wenn wir einer Masse m eine Geschwindigkeit v_p senkrecht zum Radiusvektor r_p so erteilen, daß ihre kinetische Energie entgegengesetzt gleich ihrer potentiellen Energie, oder gleich deren Absolutbetrag ist, so beschreibt sie eine Parabel um das Kraftzentrum als Brennpunkt, denn diese Bedingung ist nur dann erfüllt, wenn $\varepsilon = 1$ wird.

Eine Ellipse, $0 < \varepsilon < 1$ als Bahn kann sich nur dann ausbilden, wenn die kinetische Energie kleiner ist als der absolute Betrag der potentiellen, ist sie gerade die Hälfte davon, dann wird mit $\varepsilon = 0$ die Bahn ein Kreis. Schließlich bildet sich eine Hyperbel, $\varepsilon > 1$ aus, wenn die kinetische Energie den Absolutbetrag der potentiellen überwiegt.

Das ist auch durchaus anschaulich. Hat die kinetische Energie das Übergewicht, dann entführt sie die Masse m für immer dem Machtbereich der Schwerkraft, überwiegt dagegen die potentielle Energie, dann bindet die Schwerkraft die umlaufende Masse dauernd an die andere.

In jedem Falle wird also die Form der Bahn, welche durch die Exzentrizität ε charakterisiert ist, durch die Anfangsgeschwindigkeit v_p und nur durch diese bestimmt. Nach Gl. (35) sind folgende Anfangsgeschwindigkeiten notwendig, um bestimmte Bahnformen zu erzeugen:

1. Kreis, $\quad \varepsilon = 0 \qquad\qquad v_K^2 = f\dfrac{M+m}{r_p} = f\dfrac{\mathfrak{M}}{r_p}$

2. Ellipse, $\quad 0 < \varepsilon < 1 \qquad f\dfrac{\mathfrak{M}}{r_p} < v_E^2 < 2f\dfrac{\mathfrak{M}}{r_p}$

$$(38)$$

3. Parabel, $\quad \varepsilon = 1 \qquad\qquad v_P^2 = 2f\dfrac{\mathfrak{M}}{r_p} = 2v_K^2$

4. Hyperbel, $\varepsilon > 1 \qquad\qquad v_H^2 > 2f\dfrac{\mathfrak{M}}{r_p}$

Das ist genau dieselbe Aussage wie oben, denn links steht die für die kinetische Energie maßgebende Größe, rechts der Absolutwert der potentiellen Energie ohne den Faktor $^1/_2\, m$. In Abb. 6 ist die Aussage der Gln. (38) dargestellt. Kreis- und parabolische Geschwindigkeit sind im Perizentrum als Pfeile im richtigen Verhältnis zueinander aufgetragen.

Aus Gl. (36) folgt im Apozentrum der Ellipse die Geschwindigkeit:

$$0 < v_a{}^2 < f\frac{M+m}{r_a} = v_K^2.$$

Eine Anfangsgeschwindigkeit, welche die Kreisgeschwindigkeit unterbietet, führt zu einer Ellipse, bei welcher der Anfang Apozentrum, nicht Perizentrum wird. Wegen der geringen kinetischen Energie, welche die Masse in diesem Falle mitbekommt, muß sie näher an das Kraftzentrum heran, um ihre kinetische Energie auf Kosten der potentiellen zu vergrößern. Wir führen diesen Fall hier noch der Vollständigkeit halber an.

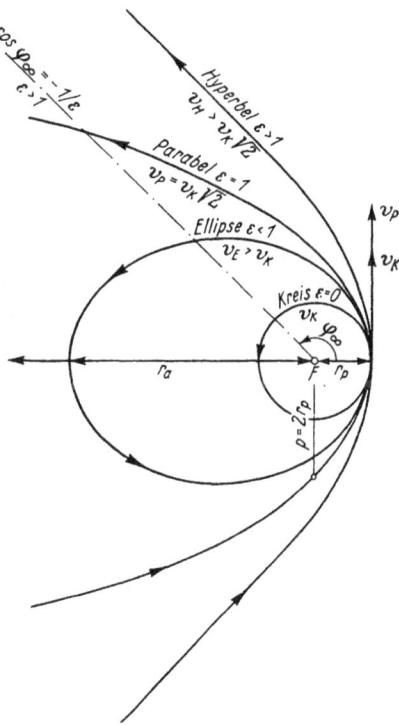

Abb. 6.

Wir erkennen weiter, daß es, wenn der Start immer in derselben Anfangsentfernung r_p erfolgt, als mögliche Bahnform nur einen Kreis und eine Parabel, aber unendlich viele Ellipsen und Hyperbeln gibt. Das Verhältnis zwischen Kreisgeschwindigkeit und parabolischer Geschwindigkeit liegt mit $\sqrt{2}$ ein für allemal fest.

Zur Aufstellung der Energiebilanz für jeden beliebigen Punkt eines Kegelschnittes — das eben Gesagte bezieht sich ja nur auf das Perizentrum — muß man die Bahngeschwindigkeit v kennen, denn diese, nicht die Transversalgeschwindigkeit v_t (Abb. 5) bestimmt die kinetische Energie $^1/_2\, m\, v^2$. Da v, v_t und die Radialgeschwindigkeit v_r ein rechtwinkliges Dreieck bilden, ist:

$$v^2 = v_t{}^2 + v_r{}^2.$$

v_r ist durch die Gl. (29) als $\mathrm{d}r/\mathrm{d}t$ gegeben. Beachtet man die Gl. (32), so wird:

$$v_r{}^2 = f\,(M+m)\,\frac{\varepsilon^2}{p}\sin^2\varphi.$$

Schreibt man Gl. (34) unter Beachtung von Gl. (28) in der Form:

$$v_t{}^2 = f\,(M+m)\,\frac{p}{r^2},$$

so wird also:

$$v^2 = f\,(M+m)\left(\frac{\varepsilon^2}{p}\sin^2\varphi + \frac{p}{r^2}\right) = f\,\frac{M+m}{p}\,(1+\varepsilon^2+2\,\varepsilon\cos\varphi), \qquad (39)$$

(und mit der Bezeichnungsweise der Gl. (37) endlich:

$$\frac{1}{2}\,mv^2 = f\,\frac{\mathfrak{M}m}{r}\,\frac{1}{2}\left(\frac{\varepsilon^2}{p}\,r\sin^2\varphi + \frac{p}{r}\right). \qquad (40)$$

Wir treffen hier zunächst eine lehrreiche Feststellung über die Bahngeschwindigkeit in der Parabel und Hyperbel. Für die Parabel, $\varepsilon = 1$, wird nach Gl. (28) $r = \infty$ für $1 + \cos\varphi = 0$, $\varphi = 180^0$. Im unendlich fernen Apozentrum der Parabel wird dann nach Gl. (39) die Bahngeschwindigkeit gleich Null.

Die Hyperbel, $\varepsilon > 1$, entfernt sich immer mehr von ihrer Achse, sie hat kein Apozentrum. In unendlich großer Entfernung nähert sich, wie wir schon sahen, φ einem Grenzwert, der durch $\cos\varphi = -1/\varepsilon$ gegeben ist. Damit wird aber:

$$\sin^2\varphi = 1 - \cos^2\varphi = 1 - \frac{1}{\varepsilon^2}.$$

Setzt man das mit $r = \infty$ in Gl. (39) ein, so findet man:

$$v_\infty^2 = \frac{\varepsilon^2 - 1}{p}\,f\mathfrak{M}, \qquad (41)$$

und das ist mit $\varepsilon > 1$ eine positive Konstante. In der Hyperbel bewegt sich also ein Punkt schließlich mit konstanter Geschwindigkeit immer weiter vom Kraftzentrum fort, er kehrt auch nach unendlich langer Zeit nicht zurück.

Wir wollen nun nach Gl. (40) die Energiebilanz für bestimmte ausgezeichnete Punkte der Kegelschnitte aufstellen, und zwar für das Perizentrum, $r = r_p$, für den Endpunkt der Brennpunktsordinaten, $r = p$, für den Endpunkt der kleinen Achse, $r = a$ und für das Apozentrum, $r = r_a$. Wir leiten zuvor einige Beziehungen ab, die wir auch später noch brauchen. Sie sind leicht aus Abb. 5 abzulesen. Aus der Mittelpunktsgleichung der Ellipse in rechtwinkligen Koordinaten:

$$\frac{x^2}{a^2} + \frac{y^2}{b^2} = 1$$

findet man zunächst mit $x = \varepsilon a$, $y = p$ und $b^2 = a^2 - a^2\varepsilon^2$:

$$p = a\,(1 - \varepsilon^2). \qquad (42)$$

Weiter ist:

$$r_p = a - a\varepsilon = a\,(1-\varepsilon); \quad a = \frac{r_p}{1-\varepsilon} \qquad (43)$$

$$r_a = \qquad\qquad a\,(1+\varepsilon).$$

Drücken wir überall a durch r_p aus, so wird:

$$r_a = r_p \frac{1+\varepsilon}{1-\varepsilon}; \quad p = r_p(1+\varepsilon). \tag{44}$$

Durch die Gln. (42), (43) und (44) ist das in Gl. (40) auftretende Verhältnis p/r in den speziellen Fällen gegeben. Wir finden:

1. Perizentrum. $r = r_p$, $\varphi = 0^0$, $p/r_p = 1 + \varepsilon$, $v = v_l$

$$\frac{1}{2} m v^2 = f \frac{\mathfrak{M} m}{r_p} \frac{1}{2}(1+\varepsilon)$$

2. Brennpunktsordinate. $r = p$, $\varphi = 90^0$

$$\frac{1}{2} m v^2 = f \frac{\mathfrak{M} m}{p} \frac{1}{2}(1+\varepsilon^2)$$

3. Kleine Achse. $r = a$, $\cos(180^0 - \varphi) = a\,\varepsilon/a$, $\cos \varphi = -\varepsilon$, $\sin^2 \varphi = 1 - \varepsilon^2$, $p/a = 1 - \varepsilon^2$

$$\frac{1}{2} m v^2 = \frac{1}{2} f \frac{\mathfrak{M} m}{a}$$

4. Apozentrum. $r = r_a$, $\varphi = 180^0$, $p/r_a = 1 - \varepsilon$, $v = v_i$:

$$\frac{1}{2} m v^2 = f \frac{\mathfrak{M} m}{r_a} \frac{1}{2}(1-\varepsilon).$$

Wir stellen die Bilanz noch einmal übersichtlich zusammen (Tab. 1), wählen dabei eine bestimmte Ellipse ($\varepsilon = 0.5$) und Hyperbel ($\varepsilon = 1.5$) aus und bezeichnen die kinetische Energie mit K, den absoluten Betrag der potentiellen Energie mit P. Für die Hyperbel fügen wir noch den unendlich fernen Punkt gemäß Gl. (41) hinzu.

Tabelle 1. Die Energiebilanz in den Kegelschnitten

Bahnform / Bahnpunkt	Kreis $\varepsilon = 0$	Ellipse $\varepsilon = 0.5$	Parabel $\varepsilon = 1$	Hyperbel $\varepsilon = 1.5$
Perizentrum $r = r_p$; $\varphi = 0^0$	$K = \frac{1}{2} P$	$K = 0.750 P$	$K = P$	$K = 1.250 P$
Brennpunktsordinate $r = p$; $\varphi = 90^0$	$K = \frac{1}{2} P$	$K = 0.625 P$	$K = P$	$K = 1.625 P$
Asymptote $r = \infty$; $\cos \varphi = -\frac{1}{\varepsilon}$	—	—	—	$K = \frac{m}{2} v_\infty^2 = f \mathfrak{M} m \frac{\varepsilon^2 - 1}{2p} > 0$ $\quad P = f \frac{\mathfrak{M} m}{r} = 0$
Kleine Achse $r = a$; $\cos \varphi = -\varepsilon$	$K = \frac{1}{2} P$	$K = 0.500 P$	$K = P = 0$	—
Apozentrum $r = r_a$; $\varphi = 180^0$	$K = \frac{1}{2} P$	$K = 0.250 P$		—

Dieses Spiel wiederholt sich in umgekehrter Reihenfolge auf der anderen Hälfte der Bahn. Das Ergebnis ist in mehrfacher Hinsicht interessant:

1. Im Kreis ist in jedem Punkt die kinetische Energie gleich der Hälfte der potentiellen. Die Bilanz ist in jedem Punkt dieselbe, aber sie ist nicht ausgeglichen. Betrachtet man die kinetische Energie als Ausgabe — sie strebt den umlaufenden Körper zu entführen — die potentielle Energie als Einnahme — sie bindet den umlaufenden Körper um so fester, je größer sie dem Betrage nach ist —, so ist die Bilanz aktiv, das Geschäft, die Kreisbahn, geht ohne Störung weiter.

2. In der Ellipse sieht die Bilanz in jedem Punkt anders aus. Zwar ist auch hier noch überall die kinetische Energie kleiner als die potentielle, aber das Verhältnis ändert sich auf dem Wege zum Apozentrum mehr und mehr zu Gunsten der potentiellen Energie, welche immer mehr die Überhand gewinnt. Im Perizentrum ist die kinetische Energie größer als in dem Kreis mit dem Radius r_p, im Apozentrum ist sie aber kleiner als in dem Kreis mit dem Radius r_a. Im ganzen ist die Bilanz in der Ellipse im obigen Sinne aktiv.

3. Im Endpunkt der kleinen Achse ist die Energiebilanz unabhängig von der Exzentrizität für jede Ellipse mit der großen Halbachse a dieselbe. Hier ist die kinetische Energie die Hälfte der potentiellen, die Bilanz ist genau die gleiche, wie in dem Kreis mit dem Halbmesser a. Wir erkennen jetzt, den tieferen Grund dafür, daß in dem 3. Keplerschen Gesetz einer jeden Ellipse bei gleicher Umlaufzeit ein Kreis zugeordnet wird, der gerade die große Halbachse der Ellipse zum Halbmesser hat. In jeder Ellipse ist in den beiden Punkten mit dem Abstand $r = a$ vom Kraftzentrum, und nur in diesen, die Energiebilanz dieselbe, wie in einem Kreis mit dem Halbmesser a.

4. Punktweise ausgeglichene Energiebilanz besteht nur in der Parabel, überall sind kinetische und potentielle Energie einander gleich und sie streben gemeinsam zum Grenzwert Null.

5. In der Hyperbel ist in jedem Punkt die kinetische Energie größer als die potentielle. In unendlich großer Entfernung vom Kraftzentrum verschwindet mit $r = \infty$ die potentielle Energie, die kinetische aber strebt einem von Null verschiedenen Grenzwert zu (s. Gl. (41)). Die Energiebilanz in der Hyperbel ist in dem obigen Sinne ausgesprochen passiv, es wird keine Rücklage an potentieller Energie gebildet, welche den davoneilenden Körper zurückholt, auch nicht nach unendlich langer Zeit.

Es könnte hier vielleicht das Mißverständnis entstehen, als wäre bei der Bewegung im Kreis, in der Ellipse und in der Hyperbel das Energieprinzip nicht erfüllt, da kinetische und potentielle Energie nicht einander gleich sind, ihr Verhältnis in der Ellipse und in der Hyperbel nicht einmal konstant ist. Aber das Energieprinzip sagt ja nach den Gln. (7) und (7a) nur aus, daß die Gesamtenergie konstant ist, d. h. daß der wechselseitige Austausch von kinetischer und potentieller Energie so erfolgt, daß dem Zuwachs der einen eine gleich große Abnahme der anderen gegenübersteht. Nur wenn das der Fall ist, d. h. wenn die Summe aus kinetischer und potentieller Energie konstant ist, ist die Bahn stabil, herrscht dynamisches Gleichgewicht. Wir bilden diese Summe aus Gl. (40), bedenkend, daß nach den Bemerkungen zu Gl. (37) die potentielle Energie negativ ist:

$$E = \frac{1}{2}\,m v^2 - f\,\frac{\mathfrak{M}\,m}{r} = f\,\frac{\mathfrak{M}\,m}{r}\left\{\frac{1}{2}\left(\varepsilon^2\,\frac{r}{p}\,\sin^2\varphi + \frac{p}{r}\right) - 1\right\}.$$

Unter Beachtung der Gl. (28) wird daraus:

$$E = f \mathfrak{M} m \left\{ \frac{\varepsilon^2}{2p} \sin^2 \varphi + \frac{1}{2p} (\varepsilon^2 \cos^2 \varphi - 1) \right\}$$

$$E = f \mathfrak{M} m \frac{\varepsilon^2 - 1}{2p}. \tag{45}$$

Das ist in der Tat für jeden Kegelschnitt eine Konstante. Für die Parabel wird sie mit $\varepsilon = 1$ selbstverständlich gleich Null, da hier $K = P$ ist. Für die Ellipse gilt noch unter Beachtung der Gl. (42):

$$E = - f \frac{\mathfrak{M} m}{2a}. \tag{46}$$

Die Gesamtenergie — das ist E als Summe aus kinetischer und potentieller Energie — hängt für die Ellipsenbahn, einschließlich der Kreisbahn, nur von der Länge der großen Halbachse ab, nicht von der Exzentrizität. Daß sie negativ herauskommt, liegt daran, daß der Absolutwert der potentiellen Energie größer ist als die kinetische Energie (s. Tab. 1). Wir erinnern hier noch einmal an das, was wir weiter oben über das Auftreten der großen Halbachse im 3. Keplerschen Gesetz gesagt haben. Wir stellen weiter fest, daß ein System gravitierender Massen dann und nur dann dauernd zusammenhält, wenn seine Gesamtenergie negativ ist. Ist sie positiv, dann expandiert es dauernd.

8. Das Spiel der Kräfte im Kegelschnitt

So, wie sich durch die Wechselwirkung zwischen kinetischer und potentieller Energie eine stabile Bahn ausbildet, so kann man sie auch durch das Spiel der Kräfte darstellen, die auf den umlaufenden Körper wirken, und die sich aus Gl. (16) ergeben haben, die Schwerkraft und die Fliehkraft, bzw. die durch sie verursachte, zum Kraftzentrum gerichtete Schwerebeschleunigung b_r und die ihr entgegengesetzte Zentrifugalbeschleunigung b_z. Die erstere ist durch das Newtonsche Gravitationsgesetz:

$$b_r = f \frac{\mathfrak{M}}{r^2}, \tag{47}$$

die letztere nach Gl. (16) durch:

$$b_z = r \left(\frac{d\varphi}{dt} \right)^2 = \frac{1}{r} \left(r \frac{d\varphi}{dt} \right)^2 = \frac{v_t^2}{r} \tag{48}$$

gegeben. Wir lassen hier die Vorzeichen weg, da wir aus Gl. (16) wissen, daß die beiden Beschleunigungen einander entgegengesetzt gerichtet sind. Hier interessiert nur ihr Betrag. Nach Gl. (16) sind sie im allgemeinen nicht einander gleich. Vielmehr bestimmt ihre Differenz (ohne Rücksicht auf das Vorzeichen) die zweite Ableitung d^2r/dt^2 des Radiusvektors, mithin die Bahnform. Unter den Kegelschnitten ist nur für die Kreisbahn diese Differenz gleich Null, d. h. nur in der Kreisbahn ist für jeden Punkt die Zentrifugalbeschleunigung gleich der Schwerebeschleunigung. Für alle anderen Kegelschnitte gilt das nur in zwei Punkten, nach Gl. (30) in den Endpunkten der Brennpunktsordinaten $\varphi = 90^0, 270^0$, da hier die Radialgeschwindigkeit dr/dt ihr Maximum erreicht, d^2r/dt^2 also verschwindet.

Wir wollen die beiden Beschleunigungen für die oben benutzten ausgewählten Punkte nach den Gln. (47) und (48) bilden. Die Transversalgeschwindigkeit v_t entnehmen wir der Gl. (34). Es ergibt sich folgendes Bild (Tab. 2):

Tabelle 2. Schwere- und Zentrifugalbeschleunigung
für vier ausgezeichnete Punkte der Ellipse

Bahnpunkt	Schwere-beschleunigung	Zentrifugal-beschleunigung
Perizentrum $r = r_p;\quad \varphi = 0^0$	$b_{r,p} = f\,\dfrac{\mathfrak{M}}{r_p^2}$	$b_{z,p} = f\,\dfrac{\mathfrak{M}}{r_p^2}\,(1+\varepsilon)$
Brennpunktsordinate $r = p;\quad \varphi = 90^0$	$b_{r,90^0} = f\,\dfrac{\mathfrak{M}}{p^2}$	$b_{z,90^0} = f\,\dfrac{\mathfrak{M}}{p^2}$
Kleine Achse $r = a;\quad \cos\varphi = -\varepsilon$	$b_{r,b} = f\,\dfrac{\mathfrak{M}}{a^2}$	$b_{z,b} = f\,\dfrac{\mathfrak{M}}{a^2}\,(1-\varepsilon^2)$
Apozentrum $r = r_a;\quad \varphi = 180^0$	$b_{r,a} = f\,\dfrac{\mathfrak{M}}{r_a^2}$	$b_{z,a} = f\,\dfrac{\mathfrak{M}}{r_a^2}\,(1-\varepsilon)$

Diese Größen uniformisieren wir zum Zwecke einer geschickten Darstellung mit Hilfe der Zentrifugal- bzw. Schwerebeschleunigung in einem Kreis mit dem Halbmesser r_p. Wir drücken die Größen p, a und r_a durch r_p aus und benutzen die Beschleunigung in der Kreisbahn

$$b_K = f\,\frac{\mathfrak{M}}{r_p^2}, \tag{49}$$

d. h. die Schwerebeschleunigung im Perizentrum als Einheit. Mit Hilfe der oben abgeleiteten Beziehungen (42), (43) und (44) wird:

$$
\begin{aligned}
&b_{r,p} = f\,\frac{\mathfrak{M}}{r_p^2} = 1 && b_{z,p} = f\,\frac{\mathfrak{M}}{r_p^2}\,(1+\varepsilon) \\[2mm]
&b_{r,90^0} = f\,\frac{\mathfrak{M}}{r_p^2}\,\frac{1}{(1+\varepsilon)^2} = b_{z,90^0} = f\,\frac{\mathfrak{M}}{r_p^2}\,\frac{1}{(1+\varepsilon)^2} \\[2mm]
&b_{r,b} = f\,\frac{\mathfrak{M}}{r_p^2}\,(1-\varepsilon)^2 && b_{z,b} = f\,\frac{\mathfrak{M}}{r_p^2}\,(1-\varepsilon^2)\,(1-\varepsilon)^2 \\[2mm]
&b_{r,a} = f\,\frac{\mathfrak{M}}{r_p^2}\,\frac{(1-\varepsilon)^2}{(1+\varepsilon)^2} && b_{z,a} = f\,\frac{\mathfrak{M}}{r_p^2}\,\frac{(1-\varepsilon)^3}{(1+\varepsilon)^2}.
\end{aligned}
\tag{50}
$$

Wir erhalten hier gleich noch ein anderes Kriterium für die Bahnform. Offenbar entsteht:

Ein Kreis, $\varepsilon = 0$ wenn im Perizentrum: $b_z = b_r$,
eine Ellipse, $0 < \varepsilon < 1$ $b_z > b_r$,
eine Parabel, $\varepsilon = 1$ $b_z = 2\,b_r$,
eine Hyperbel, $\varepsilon > 1$ $b_z > 2\,b_r$.

Diese Bedingungen sind identisch mit den Gln. (38), sie folgen aus ihnen unter Beachtung der Gln. (47) und (48) mit $\mathfrak{M} = M + m$.

Schwere- und Zentrifugalbeschleunigung sind in dem „Waschkesselprofil" der Abb. 7 für eine Ellipse mit der Exzentrizität $\varepsilon = 0.5$ dargestellt. Als Einheit ist die Kreisbeschleunigung (49) gewählt, d. h. zur Darstellung kommen nur die Faktoren von $f\dfrac{\mathfrak{M}}{r_p{}^2}$ in den Gln. (50). Es ist dabei folgendes zu beachten:

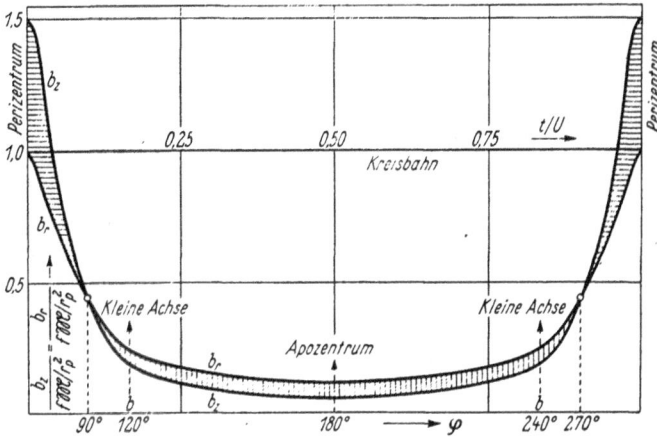

Abb. 7.

Der Kreis wird mit gleichförmiger Geschwindigkeit durchlaufen, die Ellipse aber nicht. In der Ellipse wird der Weg von $\varphi = 0^0$ bis $\varphi = 90^0$ in kürzerer Zeit als der Weg von $\varphi = 90^0$ bis $\varphi = 180^0$ durchmessen. Nur Perizentrum und Apozentrum liegen gleichzeitig auf einem Durchmesser und um die halbe Umlaufzeit auseinander, d. h. nur die große Achse halbiert die Ellipse geometrisch und zeitlich. Aus diesem Grunde erscheint die am unteren Rande gegebene Skala des Polarwinkels φ von der Mitte bei 180^0 (Apozentrum) über b (Ende der kleinen Achse) nach den Enden hin immer mehr zusammengedrückt, dem zeitlichen Ablauf entsprechend. Die gleichförmige Zeitskala ist auf der Horizontalen

$$\frac{b_r}{f\,\mathfrak{M}/r_p{}^2} = \frac{b_z}{f\,\mathfrak{M}/r_p{}^2} = 1$$

in Einheiten der Umlaufzeit U aufgetragen. Das Verhältnis der beiden Skalen zueinander ist näherungsweise durch die nach Gl. (33) gegebenen mittleren Winkelgeschwindigkeiten zwischen den fixierten Punkten und durch das zwischen ihnen liegende Winkelintervall gegeben, wobei der kleinen Achse mit $\cos \varphi = -\varepsilon$ für $\varepsilon = 0.5$ der Winkel $\varphi = 120^0$ entspricht. Die Verzerrung der φ-Skala ist umgekehrt proportional der Winkelgeschwindigkeit. Setzt man:

$$\frac{\mathrm{d}\varphi}{\mathrm{d}t} = \omega; \quad \mathrm{d}t = \frac{\mathrm{d}\varphi}{\omega}; \quad \mathrm{d}\varphi = \omega\,\mathrm{d}t,$$

so entspricht jedem Intervall $\mathrm{d}t$ der Zeitskala ein Intervall $\omega\,\mathrm{d}t$ der φ-Skala, wobei ω durch die Gl. (33) gegeben ist.

Die zwischen den Kurven liegenden, verschieden schraffierten Flächenstücke sind einander gleich. Die horizontal schraffierten zeigen den Überschuß der Flichkraft über die Schwerkraft, die vertikal schraffierte das Defizit der Fliehkraft in bezug auf die Schwerkraft. Im Mittel über einen vollen Umlauf müssen beide einander gleich sein, da sonst der Ausgangsort nicht wieder erreicht wird, also eine eindeutige Periodizität der Bewegung nicht besteht. Die zwischen den Kurven liegenden Ordinatenstücke stellen ja nach Gl. (16) die Größe $d^2 r / d t^2$ dar (man beachte hier die oben getroffene Verabredung über die Weglassung der Vorzeichen). Über jedem Stück dt der Zeitskala liegt ein Flächenelement:

$$\frac{d^2 r}{d t^2} \, dt = \frac{d}{d t} \left(\frac{d r}{d t} \right) dt = d \left(\frac{d r}{d t} \right).$$

Nach Gl. (29) oder (30) ist aber:

$$d \left(\frac{d r}{d t} \right) = F \frac{\varepsilon}{p} \cos \varphi \, d \varphi, \tag{52}$$

das ist der Zuwachs der Radialgeschwindigkeit in dem Zeitelement dt. Die ganze Fläche zwischen $\varphi = 0^0$ und $\varphi = 90^0$ ist also:

$$\left[\frac{d r}{d t} \right]_0^{\pi/2} = F \frac{\varepsilon}{p} \int_0^{\pi/2} \cos \varphi \, d \varphi = F \frac{\varepsilon}{p}. \tag{53}$$

Die Fläche zwischen $\varphi = 90^0$ und $\varphi = 180^0$ findet man ebenso:

$$\left[\frac{d r}{d t} \right]_{\pi/2}^{\pi} = - F \frac{\varepsilon}{p}. \tag{54}$$

Die beiden Flächen sind also in der Tat einander entgegengesetzt gleich und gemäß Gl. (29) dem Betrage nach gleich der maximalen Radialgeschwindigkeit. Mit Gl. (32) findet man noch:

$$V_r = \left[\frac{d r}{d t} \right]_0^{\pi/2} = \sqrt{f \frac{(M + m) \, \varepsilon^2}{p}}.$$

Was unter der Wurzel steht, mag man noch auffassen als den absoluten Betrag der potentiellen Energie einer hypothetischen Masse ε^2, die eine Masse $M + m$ im Abstande p umkreist.

In Abb. 7 entspricht der Kreisbahn die Horizontale $b_z = b_r = 1$. Der Topf wird mit wachsender Exzentrizität immer höher und tiefer, und, wenn man als Abszisse statt t / U die Zeit selbst wählt, für die Schar der Kegelschnitte der Abb. 6 immer länger. Für die Parabel liegt der Punkt b bereits im Unendlichen. Hier sind Flieh- und Schwerkraft gleich Null. Die beiden Kurven nähern sich asymptotisch der Nullinie. Dasselbe gilt für die Hyperbel, denn auch hier wird die Transversalgeschwindigkeit im Gegensatz zur Bahngeschwindigkeit (s. Gl. (41)) für $r = \infty$ gleich Null. In sehr großer Entfernung strebt ein Punkt der Hyperbel praktisch in Richtung des Radiusvektors vom Kraftzentrum fort. Mit $\varphi = \text{const}$ wird die Bahngeschwindigkeit gleich der Radialgeschwindigkeit, die transversale Komponente verschwindet, und mit $d \varphi / d t = 0$ wird auch $b_z = 0$. Der von den beiden Kurven jenseits von $\varphi = 90^0$ begrenzte Flächenstreifen ist aber trotz seiner unendlichen Länge nicht unendlich groß.

Die Abb. 7 besagt also:

So, wie im Kreis Schwerkraft und Fliehkraft in jedem Punkt einander gleich sind, so halten sie sich in jedem anderen Kegelschnitt im Mittel über einen halben oder vollen Umlauf die Waage. Nach der ersten der Gln. (13) bedeutet das, daß im Durchschnitt über einen halben Umlauf die Größe d^2r/dt^2, d. i. der durchschnittliche Zuwachs der Radialgeschwindigkeit, gleich Null ist. Gerade das besagen auch die Gln. (52), (53) und (54), denn die Größe:

$$\frac{1}{2\pi}\int_0^{2/\pi} F\frac{\varepsilon}{p}\cos\varphi\,d\varphi = 0$$

ist nichts anderes als der Mittelwert der Funktion $F(\varepsilon/p)\cos\varphi$ in dem Intervall $(0,2\pi)$.

Das Überwiegen der Zentrifugalkraft im Perizentrum zwingt den umlaufenden Körper in größere Entfernung vom Kraftzentrum. Dadurch nimmt mit der Geschwindigkeit auch die Zentrifugalkraft ab, aber schneller als die Schwerkraft. Das Übergewicht der letzteren im Apozentrum zwingt den Körper wieder zum Kraftzentrum zurück. Die daraus folgende Zunahme der Zentrifugalkraft verhindert aber, daß er in das Kraftzentrum hineinstürzt.

Es erscheint im übrigen selbstverständlich, daß der durchschnittliche Zuwachs der Radialgeschwindigkeit über einen halben Umlauf gleich Null wird, denn nach Gl. (29) wächst die Radialgeschwindigkeit vom Wert Null zu einem Maximum, das sie für $\varphi = 90^0$ erreicht, um dann wieder auf den Wert Null im Apozentrum zu fallen. Zuwachs und Abnahme sind also einander gleich.

Die zur Aufrechterhaltung des Gleichgewichtes notwendige Fliehkraft muß einmal dadurch erzeugt werden, daß dem Körper eine Anfangsgeschwindigkeit erteilt wird. Er wählt sich dann ganz von selbst die Bahn aus, in welcher das durch Abb. 7 veranschaulichte Spiel der Kräfte stattfindet, d. i. der beständige Streit zwischen den zwei Eigenschaften der Materie, ihrer Schwere und ihrer Trägheit — die Fliehkraft ist eine reine Trägheitskraft — um den Vorrang. Keine erringt ihn, im freien Spiel der Kräfte bildet sich alsbald ein stabiler Zustand aus, der nur durch einen Eingriff von außen gestört werden kann.

9. Die dynamische Definition des Schwerpunktes

Mit der Gl. (25a) haben wir uns auf die Masse M als Koordinatenursprung festgelegt. Alle bisherigen Gleichungen gelten daher auch nur in Bezug auf ein in M ruhendes System. Die Gravitation ist aber eine auf beide Partner wirkende Kraft, jede der beiden Massen zieht die andere mit der gleichen Kraft an, wobei beide Kräfte entgegengesetzte Richtung haben. Von einem Koordinatensystem aus gesehen, dessen Ursprung außerhalb der beiden Körper in einem im Raume festen Punkt ruht, erfahren beide eine Beschleunigung, welche wir in den beiden Gln. (25) schon kennen gelernt haben. Mit diesen Beschleunigungen bewegen sie sich geradlinig aufeinander zu, wenn sie mit der Anfangsgeschwindigkeit Null sich selbst überlassen werden, um schließlich in einem Punkt S (Abb. 8 zusammenzustoßen).

Abb. 8.

Wir wollen von nun an den gegenseitigen Abstand der beiden Massen mit R bezeichnen, wobei R stets positiv genommen werden soll. Die Bewegung der mit der Anfangsgeschwindigkeit Null sich selbst überlassenen Körper verfolgen wir in einem Zeitelement dt, welches so klein ist, daß über dem währenddessen zurückgelegten Weg dr die Schwerebeschleunigung b als konstant gelten kann, d. h. dr sei klein gegen R. Dann gilt das gewöhnliche Fallgesetz:

$$dr = \frac{b}{2}(dt)^2.$$

Für die beiden Massen ist also:

$$\frac{dr_M}{dt} = \bar{v}_M = \frac{b_M}{2} dt,$$

$$\frac{dr_m}{dt} = \bar{v}_m = \frac{b_m}{2} dt \tag{55}$$

wo v die mittlere Geschwindigkeit längs des Weges dr ist. Aus diesen beiden Gleichungen folgt sofort unter Beachtung der Gln. (25):

$$\frac{dr_M}{dr_m} = \frac{\bar{v}_M}{\bar{v}_m} = \frac{b_M}{b_m} = \frac{m}{M}. \tag{56}$$

Nach Ablauf der Zeit dt halten wir die beiden Körper an und wiederholen den Vorgang aus dieser neuen Anfangslage, wieder mit der Anfangsgeschwindigkeit Null, wir wiederholen ihn so oft, bis die Körper in dem Punkt S, der von der Masse M den Abstand r_M, von der Masse m den Abstand r_m haben möge, zusammenstoßen. Wie für jede der Teilstrecken dr gilt dann offenbar auch für die gesamten Wege r_M und r_m nach Gl. (56):

$$\frac{r_M}{r_m} = \frac{m}{M}. \tag{57}$$

Wir wollen die Größen r vom Punkt S aus nach den Massen hin positiv rechnen, so daß die auftretenden Beschleunigungen, welche die Strecken r beide zu verkleinern streben, dasselbe Vorzeichen erhalten. Der Punkt S, in dem die beiden Massen schließlich zusammentreffen, hat also von diesen selbst, und zwar in jedem Augenblick, ein festes Abstandsverhältnis, das gleich ist dem umgekehrten Massenverhältnis. Er bleibt demnach, wenn sich die beiden Körper aufeinander zu bewegen, immer am gleichen Ort, sofern nicht außer der gegenseitigen Massenanziehung von M und m noch andere Kräfte im Spiele sind. Man nennt S den Schwerpunkt, auch Massenmittelpunkt von M und m. Er teilt die Verbindungslinie R im umgekehrten Verhältnis der Massen, und er bleibt in Ruhe, solange nur die Massenanziehung wirkt, d. h. solange in dem System M, m nur innere Kräfte zwischen M und m vorhanden sind, und keine anderen, etwa von einer dritten Masse, von außen auf M und m wirken.

Man braucht die beiden Massen nicht notwendig mit der Anfangsgeschwindigkeit Null loszulassen, wenn sie einander im ruhenden Schwerpunkt begegnen sollen. Der Masse M erteilen wir eine konstante Anfangsgeschwindigkeit v'_M der Masse m eine solche v'_m. Diese dürfen aber nicht beliebig gewählt werden. Da nunmehr die mittleren Geschwindigkeiten während der Zeit dt gleich $v_M + v'_M$ bzw. $\bar{v}_m + v'_m$ sind, so muß gefordert werden, daß:

$$\frac{dr_M}{dr_m} = \frac{\bar{v}_M + v'_M}{\bar{v}_m + v'_m} = \frac{m}{M}; \quad M\bar{v}_M + Mv'_M = m\bar{v}_m + mv'_m.$$

Da aber für die durch die Schwerebeschleunigung allein erzeugten mittleren Geschwindigkeiten nach Gl. (56) auf jeden Fall:

$$M\bar{v}_M = m\bar{v}_m$$

ist, so müssen auch v'_M und v'_m so gewählt werden, daß:

$$\frac{v'_M}{v'_m} = \frac{m}{M} = \frac{r_M}{r_m}. \tag{58}$$

Ein Vergleich der Gl. (58) und der vorangehenden mit den Gl. (6) und (6a) zeigt, daß es sich hier um nichts anderes als den Impulssatz handelt. Durch die gegenseitige Massenanziehung werden beiden Körpern dauernd gleiche Impulse Kdt erteilt. Dadurch erlangen sie solche Geschwindigkeiten, daß auch die Bewegungsgrößen $m\,v$ dieselben sind. Umgekehrt muß man bei Erteilung einer Anfangsgeschwindigkeit den Impulssatz erfüllen. Wir haben damit die drei Erhaltungssätze beisammen, welche die Bewegung im Zweikörper-System regeln, die Sätze von der Erhaltung der Energie, des Impulses und des Schwerpunktes. Aus Ihnen lassen sich auch umgekehrt die Bewegungsgesetze ableiten. Die Nichterfüllung eines dieser Sätze hat auch die Verletzung der beiden anderen zur Folge, und damit auch die Störung des dynamischen Gleichgewichtes. Wenn dem System von außen ein störender Impuls aufgeprägt wird, stellt sich nach dessen Aufhören und nach Maßgabe der durch ihn geschaffenen neuen Anfangsbedingungen ein neuer Gleichgewichtszustand ein. Aus diesem Grunde ist auch in dem System der drei Körper in seiner allgemeinsten Form, wo immer ein Körper auf wenigstens einen der beiden anderen einen störenden Impuls ausübt, die Stabilität des Systems auf unbestimmte Zeit nicht mehr gewährleistet.

Man erkennt sogleich, daß man den obigen Vorgang gar nicht unstetig ablaufen zu lassen braucht. Nach Ablauf des ersten Zeitelementes dt haben die beiden Massen Endgeschwindigkeiten v'_M und v'_m erreicht, die nach dem Fallgesetz gegeben sind durch:

$$v'_M = b_M\,dt;\ v'_m = b_m\,dt.$$

Diese gelten für das zweite Zeitelement als Anfangsgeschwindigkeit, und sie genügen als solche der in Gl. (58) aufgestellten Forderung.

Damit ist gezeigt, daß die oben nur für einen diskontinuierlichen Ablauf der Bewegung abgeleiteten Eigenschaften des Schwerpunktes auch für einen kontinuierlichen Ablauf gelten, selbst dann noch, wenn dieser mit von Null verschiedenen Anfangsgeschwindigkeiten beginnt. Letztere müssen aber dann der Bedingung (58) genügen.

10. Die absoluten Bahnen und die relative Bahn im Zweikörper-System

Den Erhaltungssätzen kommt grundsätzliche und allgemeine Bedeutung zu, nicht nur auf dem Gebiet der klassischen Mechanik. Es gibt keine physikalische Erfahrung, die ihnen widerspricht, und wo wir sie einmal nicht erfüllt sehen, müssen wir notwendig auf das Vorhandensein noch unbekannter Ursachen schließen. Auch der Satz von der Erhaltung des Schwerpunktes gilt nicht nur für den oben behandelten Sonderfall. Für jedes beliebige System von Massen bleibt der gemeinsame Schwerpunkt immer im Zustand der Ruhe oder der gleichförmigen

Bewegung, solange außer wechselseitigen Kräften zwischen den einzelnen Massen nicht äußere Kräfte auf ihre Gesamtheit oder einzelne von ihnen wirken. Für zwei Massen bedeutet das, daß

1. der Schwerpunkt immer auf ihrer Verbindungsgeraden liegt, und diese im umgekehrten Massenverhältnis teilt,
2. daß sich beide Massen entweder vom Schwerpunkt entfernen, oder sich ihm nähern, d. h. daß sie sich in bezug auf den Schwerpunkt immer in entgegengesetzter Richtung bewegen und auch immer so, daß das Abstandsverhältnis erhalten bleibt.

Wegen dieser Eigenschaften ist der Schwerpunkt ein vorzüglicher Bezugspunkt zum Studium der Bewegung zweier Massen unter dem Einfluß der Gravitation. Wir wählen ihn daher nun zum Ursprung des Koordinatensystems. Dabei besteht aber, wie wir alsbald sehen werden, gegen das früher benutzte Koordinatensystem, das in der einen Masse verankert war, kein grundsätzlicher, sondern nur ein gradueller Unterschied. Vom Schwerpunkt aus sieht man den wahren Ablauf der Bewegung beider Massen. Die maßgebenden Größen sind aber im allgemeinen der Beobachtung nicht zugänglich, weil der Schwerpunkt selbst unzugänglich ist. Man beobachtet immer nur die eine Masse von der anderen aus und verlegt daher aus praktischen Gründen auch den Nullpunkt in diese Masse.

Zur Beschreibung der Bewegungsvorgänge in bezug auf den Schwerpunkt genügen die bisher gewonnenen Erfahrungen zusammen mit dem Satz von der Erhaltung des Schwerpunktes. Wir erteilen der Masse m eine Anfangsgeschwindigkeit senkrecht zum Radiusvektor R, die größer sein soll als die Kreisgeschwindigkeit gemäß den Bedingungen (38). Bezeichnen wir sie mit v_m, so beginnt die Masse m mit der Perizentrumsgeschwindigkeit v_m eine Ellipsenbahn um den Schwerpunkt S, da dieser in Ruhe bleibt. Das ist aber dann und nur dann möglich, wenn gleichzeitig die Masse M mit einer Perizentrumsgeschwindigkeit v_M ebenfalls eine Ellipsenbahn beginnt. v_M und v_m sind dabei entgegengesetzt gerichtet, so daß beide Ellipsen im gleichen Sinne und in bezug auf den Schwerpunkt antipodisch durchlaufen werden. Der Radiusvektor R dreht sich dabei um den Schwerpunkt S. Daraus ergibt sich sofort, daß durch die Wahl von v_m auch die Anfangsgeschwindigkeit v_M eindeutig festliegt, v_M und v_m müssen der Bedingung (58) genügen. Diese gilt also unter viel allgemeineren Voraussetzungen als denen, die ihrer obigen Ableitung zugrunde liegen. Damals hatten wir nur Anfangsgeschwindigkeiten in Richtung des Radiusvektors angenommen, hier haben wir solche senkrecht zu ihm. Die Bedingung (58) gilt aber auch für die Bahngeschwindigkeiten im weiteren Verlauf, denn die beiden Massen bewegen sich so, als wären sie, im Falle einer Kreisbahn durch eine starre, im Falle von Ellipsenbahnen durch eine ausziehbare Stange miteinander verbunden, welche im Schwerpunkt S drehbar gelagert ist. Das Verhältnis der Schwerpunktsabstände und das Verhältnis der Geschwindigkeiten bleibt erhalten und wird nur durch das Massenverhältnis bestimmt. Aus dieser Tatsache ergibt sich als erste Folgerung, daß die Umlaufzeiten der beiden Massen einander gleich sein müssen. Homologe Punkte, die Endpunkte der Brennpunktsordinaten $\varphi = 90^0$ (Brennpunkt für beide Ellipsen ist nun der Schwerpunkt S), die Endpunkte der kleinen Achsen, die Apozentren, müssen zur gleichen Zeit erreicht werden, d. h. beide Bahnen werden mit derselben Winkelgeschwindigkeit durchlaufen. Bezeichnen wir die halben großen Achsen mit a_M bzw. a_m, dann gilt auch:

$$\frac{a_M}{a_m} = \frac{m}{M}, \qquad (59)$$

denn am Ende der kleinen Achse haben die Massen diese Abstände von Schwerpunkt S. Es sind überhaupt alle Dimensionen der einen Ellipse gegen die der anderen im Verhältnis m/M vergrößert oder verkleinert, die beiden Bahnen sind einander ähnlich, sie haben dieselbe Exzentrizität ε.

Zur Veranschaulichung des eben Gesagten sind in Abb. 9 im oberen Teil die beiden Bahnen um den Schwerpunkt S als Brennpunkt für ein Massenverhältnis $1 : 2$ gezeichnet. Man nennt sie, da sie sich auf den in bezug auf beide Körper ruhenden Schwerpunkt beziehen, die absoluten Bahnen. Einander entsprechende Punkte sind durch gleichlautende arabische und römische Ziffern bezeichnet.

Im unteren Teil der Abb. 9 ist zum Vergleich die sog. relative Bahn der einen Masse gegen die andere gezeichnet, und zwar im gleichen Maßstab. Sie ist den beiden absoluten Bahnen ähnlich, hat also die gleiche Exzentrizität wie diese, und natürlich auch dieselbe Umlaufzeit. Aus den absoluten Bahnen leitet man sie auf folgende Weise ab:

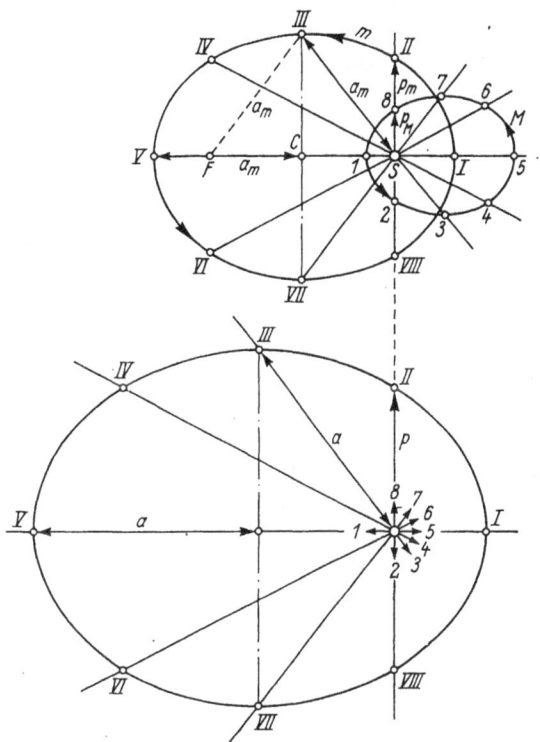

Abb. 9.

Wir wählen unseren Standpunkt auf der Masse M. Das Perizentrum 1 hat den Abstand r_M vom Schwerpunkt, und jenseits von ihm im Abstand r_m befindet sich das Perizentrum I der Masse m. Der Abstand beider voneinander ist also gleich der Summe $r_M + r_m$. Das gilt ebenso für alle anderen einander entsprechenden Punkte, in Sonderheit auch für die Endpunkte der kleinen Achsen. Bezeichnen wir alle Maßgrößen der relativen Bahn mit den entsprechenden Buchstaben ohne Index, so gilt also für die großen Halbachsen:

$$a = a_M + a_m.$$

Alle Radienvektoren der relativen Bahn sind gleich der Summe der Radienvektoren der absoluten Bahnen. Das muß so sein, weil der gegenseitige Abstand

der beiden Massen ganz unabhängig von der Wahl des Koordinatenursprungs ist.
Daraus folgt auch sofort, daß die relative Bahn den beiden absoluten ähnlich ist.
Für das Massenverhältnis 1 : 2 sind alle Dimensionen der relativen Bahn das
3fache der absoluten Bahn von M und das $1^1/_2$fache der absoluten Bahn von m.

Der rein geometrischen Operation des Überganges von dem einen auf das andere
Koordinatensystem kann man auch einen physikalischen Sinn unterlegen. Die
Transformation bedeutet ja, daß man statt des Schwerpunktes die Masse M als
fest betrachtet. Das ist aber tatsächlich dann und nur dann der Fall, wenn m
gegenüber M verschwindend klein ist. Denken wir uns von m ein Stückchen
weggenommen und nach M gebracht, etwa $^1/_{10}$ von m. Dann müssen wir, wenn
wir das Gleichgewicht bei festgehaltenem Schwerpunkt erhalten wollen, M um
$^1/_{10}$ seiner ursprünglichen Entfernung näher an den Schwerpunkt heranbringen,
m um $^1/_{20}$ seines bisherigen Abstandes von ihm abrücken. Die beiden Massen
sollen sich ja ursprünglich wie 1 : 2 verhalten. $^1/_{10}$ der Masse m vergrößert dann
die Masse M um $^1/_{20}$ ihres Betrages. Wenn wir das Verfahren 10mal wiederholen,
indem wir immer $^1/_{10}$ der Anfangsmasse m nach M transportieren, so ist von m
nichts mehr übrig, was weggenommen wurde, wurde zu M zugelegt. M hat sich
dadurch auf $M + m$ vergrößert. Sein Abstand vom Brennpunkt ist dabei um
$^{10}/_{10}$ des ursprünglichen Betrages kleiner geworden, d. h. M ist in den Brennpunkt
gerückt. Die Masse m hat sich dagegen um $^{10}/_{20}$ ihres ursprünglichen Abstandes
vom Schwerpunkt entfernt, und der Abstand der beiden Massen voneinander
ist derselbe geblieben. Das ist das, was in Abb. 9 dargestellt ist. Die relative
Bahn ist also physikalisch dadurch gekennzeichnet, daß die Gesamtmasse $M + m$
im Brennpunkt vereinigt zu sein scheint, während die umlaufende Masse unendlich klein geworden ist. Damit ist das Auftreten der Massensumme in der relativen Beschleunigung Gl. (25a) auch anschaulich klargestellt.

Wir sind auf die Darstellung dieser teilweise selbstverständlichen Dinge hier
deshalb so ausführlich eingegangen, weil sie zum Verständnis des folgenden notwendig sind.

11. Die Gleichungen des Zweikörper-Problems bezogen auf den Schwerpunkt

Das Newtonsche Gesetz der Gravitation:

$$K = -f\frac{Mm}{R^2}$$

nimmt nicht Bezug auf ein bestimmtes Koordinatensystem. Die Anziehungskraft
hängt außer von den Massen nur von ihrem gegenseitigen Abstand ab, und dieser
ist unabhängig von der Wahl des Koordinatenursprungs. Die Kraft K wirkt auf
beide Massen in derselben Größe, aber in entgegegesetzter Richtung. Es hat
daher auch keinen Sinn, zwischen anziehender und angezogener Masse zu unterscheiden.

Für die Beschleunigungen, welche den Massen durch die Gravitation erteilt
werden, gilt das nicht mehr. Nach dem Grundgesetz (5) ist die Beschleunigung,
welche dem einen Körper erteilt wird, von seiner eigenen Masse unabhängig und
nur abhängig von der Masse des anderen Körpers. Man kann also hier zwischen

der beschleunigenden und der beschleunigten Masse unterscheiden. Außerdem ist die Beschleunigung von dem Bewegungszustand des Koordinatensystems abhängig. Bezogen auf den Schwerpunkt ist sie für jede der beiden Massen durch die Gln. (25), relativ zu der anderen Masse durch die Gl. (25a) gegeben. Der erste Tatbestand kommt aber in den Gln. (25) nicht explizit zum Ausdruck, weil sie auch nur den gegenseitigen Abstand der beiden Körper als veränderliche Größe enthalten. Wir wollen sie so umschreiben, daß sie die Radienvektoren r_M und r_m vom Schwerpunkt als Nullpunkt enthalten. Dazu multiplizieren wir die Gln. (25):

$$b_M = -f\frac{m}{R^2}; \quad b_m = -f\frac{M}{R^2} \tag{60}$$

mit: $\dfrac{M+m}{M+m} = 1$:

$$b_M = -f\frac{M+m}{R^2}\frac{m}{M+m} \qquad b_m = -f\frac{M+m}{R^2}\frac{M}{M+m}.$$

Nun folgt aber aus der Definition (57) für den Schwerpunkt mit $r_M + r_m = R$:

$$\frac{M+m}{R} = \frac{m}{r_M} = \frac{M}{r_m}, \tag{61}$$

und damit wird:

$$b_M = -f\frac{M+m}{R^2}\frac{r_M}{R}; \quad b_m = -f\frac{M+m}{R^2}\frac{r_m}{R}. \tag{62}$$

Dadurch sind die absoluten Beschleunigungen in einer Gestalt gegeben, welche formal mit der relativen Beschleunigung (25a)

$$b = b_M + b_m = -f\frac{M+m}{R^2} \tag{63}$$

übereinstimmt, denn sie unterscheiden sich von dieser nur durch die konstanten Faktoren r_m/R bzw. r_M/R.

Die Gl. (63) war als Gl. (25a) der Ausgangspunkt für die Ableitung der Formeln des Zweikörper-Problems in bezug auf eine der beiden Massen. Die Gln. (62) ergeben in der gleichen Weise dieselben Formeln in bezug auf den Schwerpunkt. Dabei ist zu beachten, daß die Gln. (62) zwei Veränderliche enthalten, R und r, die durch die Gln. (61) so miteinander verknüpft sind, daß ihr Verhältnis konstant ist. Weiter bestimmt die Größe R die Wechselwirkung der Massen aufeinander, während r/R die Transformation auf den Schwerpunkt vermittelt. In den früheren Gleichungen sind R und r identisch, sie treten also nicht getrennt in Erscheinung, in den nun abzuleitenden Gleichungen haben sie dagegen grundsätzlich verschiedene Bedeutung. R ist die für die Gravitationskraft, die Beschleunigung und die potentielle Energie maßgebende Größe, r dagegen ist der Radiusvektor in der Bahngleichung (28). In den folgenden Gleichungen tritt überall dort R an die Stelle von r der früheren Formeln, wo es den gegenseitigen Abstand der beiden Massen bezeichnet, also aus dem Gravitationsgesetz stammt, während das r dort, wo es der Bahngleichung (28) entnommen ist, nunmehr als r_M bzw. r_m erscheint.

Wir wollen die auf den Schwerpunkt bezogenen Gleichungen in zweierlei Gestalt anschreiben, so, daß einmal die Bestimmungsstücke der relativen Bahn, dann so, daß die der absoluten Bahn darin vorkommen. Dabei soll grundsätzlich für den Reduktionsfaktor gemäß Gl. (61) nicht die physikalische Größe $m/M + m$

bzw. $M/M + m$, sondern die geometrisch anschauliche Größe r_M/R bzw. r_m/R verwendet werden.

Zunächst beachten wir, daß nach den Überlegungen des vorigen Paragraphen die Bahngleichung (28):

$$R = \frac{p}{1 + \varepsilon \cos \varphi}$$

sich nun in folgender Form darbietet-

$$r_M = \frac{p_M}{1 + \varepsilon \cos \varphi}$$

$$r_m = \frac{p_m}{1 + \varepsilon \cos \varphi},$$

wenn man den Winkel φ vom jeweiligen Perizentrum ab zählt. Daraus folgt sofort:

$$p = p_M \frac{R}{r_M} = p_m \frac{R}{r_m}. \tag{64}$$

Für die Flächengeschwindigkeit wird mit den geometrischen Werten:

$$F = \frac{2\,a\,b\,\pi}{U}; \quad F_M = \frac{2\,a_M b_M \pi}{U}; \quad F_m = \frac{2\,a_m b_m \pi}{U}, \text{ [1]}$$

da wegen der Ähnlichkeit der beiden Bahnen auch $a/a_M = b/b_M = R/r_M$ und $a/a_m = b/b_m = R/r_m$ ist, sofort:

$$F = F_M \frac{R^2}{r_M^2} = F_m \frac{R^2}{r_m^2}. \tag{65}$$

Endlich wird mit:

$$R = r_M \frac{R}{r_M} = r_m \frac{R}{r_m}:$$
$$dR = \frac{R}{r_M}\,d r_M = \frac{R}{r_m}\,d r_m. \tag{66}$$

Aus Gl. (29) ergibt sich nun sogleich mit den Gln. (64), (65) und (66):

$$v_{r.M} = \frac{d r_M}{d t} = F \frac{\varepsilon}{p} \frac{r_M}{R} \sin \varphi = F_M \frac{\varepsilon}{p_M} \sin \varphi.$$
$$v_{r.m} = \frac{d r_m}{d t} = F \frac{\varepsilon}{p} \frac{r_m}{R} \sin \varphi = F_m \frac{\varepsilon}{p_m} \sin \varphi. \tag{67}$$

Wenn man also die absoluten Bestimmungsstücke einführt, ergeben sich für die absoluten Radialgeschwindigkeiten Ausdrücke, die mit dem für die relative Radialgeschwindigkeit formal völlig übereinstimmen. Aus den Gln. (67) folgt durch Division sogleich die Bedingung (58).

Mit der Gl. (31) gleichlautende Formeln erhält man auch für die absoluten Beschleunigungen. Mit den Gln. (62), (63) und (65) findet man:

$$b_M = -\frac{F^2}{p R^2} \frac{r_M}{R} = -\frac{F_M^2}{p_M r_M^2}$$
$$b_m = -\frac{F^2}{p R^2} \frac{r_m}{R} = -\frac{F_m^2}{p_m r_m^2}. \tag{68}$$

[1]) Hier ist mit b die kleine Halbachse der Ellipse, nicht die Beschleunigung bezeichnet.

Führt man hier die Ausdrücke (62) für b_M und b_m ein, so ergeben sich außer der schon bekannten Gl. (32) die beiden neuen:

$$F_M^2 = f\,(M+m)\,p\left(\frac{r_M}{R}\right)^4 = f\,m\,p_M\frac{r_M^2}{R^2}$$

$$F_m^2 = f\,(M+m)\,p\left(\frac{r_m}{R}\right)^4 = f\,M\,p_m\frac{r_m^2}{R^2}, \qquad (69)$$

da ja nach Gl. (61) auch:

$$m = (M+m)\,\frac{r_M}{R}\,;\quad M = (M+m)\,\frac{r_m}{R}\,. \qquad (70)$$

Mit den Gln. (69) folgt nun aus den Gln. (67) für die absoluten Radialgeschwindigkeiten:

$$v_{r,M}^2 = f\,(M+m)\,\frac{\varepsilon^2}{p}\frac{r_M^2}{R^2}\sin^2\varphi = f\,m\,\frac{\varepsilon^2}{p_M}\frac{r_M^2}{R^2}\sin^2\varphi$$

$$v_{r,m}^2 = f\,(M+m)\,\frac{\varepsilon^2}{p}\frac{r_m^2}{R^2}\sin^2\varphi = f\,M\,\frac{\varepsilon^2}{p_m}\frac{r_m^2}{R^2}\sin^2\varphi. \qquad (71)$$

Die Winkelgeschwindigkeiten ergeben sich aus Gl. (33) unter Beachtung von Gl. (65):

$$\left(\frac{d\varphi}{dt}\right)_M^2 = \frac{F^2}{R^4} = \frac{F_M^2}{r_M^4} = f\frac{M+m}{R^3}\frac{p}{R} = f\frac{m}{R^2\,r_M}\frac{p_M}{r_M}$$

$$\left(\frac{d\varphi}{dt}\right)_m^2 = \frac{F^2}{R^4} = \frac{F_m^2}{r_m^4} = f\frac{M+m}{R^3}\frac{p}{R} = f\frac{M}{R^2\,r_m}\frac{p_m}{r_m}\,. \qquad (72)$$

Nunmehr können auch gemäß Gl. (34) und vorangehende die absoluten Transversalgeschwindigkeiten hingeschrieben werden:

$$v_{t,M}^2 = r_M^2\left(\frac{d\varphi}{dt}\right)^2 = f\frac{M+m}{R}\frac{p}{R}\frac{r_M^2}{R^2} = f\frac{m}{R}\frac{p_M}{R}$$

$$v_{t,m}^2 = r_m^2\left(\frac{d\varphi}{dt}\right)^2 = f\frac{M+m}{R}\frac{p}{R}\frac{r_m^2}{R^2} = f\frac{M}{R}\frac{p_m}{R}\,. \qquad (73)$$

Damit endlich werden die der Gl. (39) entsprechenden absoluten Bahngeschwindigkeiten unter Beachtung der Gl. (61):

$$v_M^2 = f\frac{M+m}{R}\frac{r_M^2}{R^2}\left(\frac{\varepsilon^2}{p}R\sin^2\varphi+\frac{p}{R}\right) = f\frac{m}{R}\frac{r_M}{R}\left(\frac{\varepsilon^2}{p_M}r_M\sin^2\varphi+\frac{p_M}{r_M}\right)$$

$$v_m^2 = f\frac{M+m}{R}\frac{r_m^2}{R^2}\left(\frac{\varepsilon^2}{p}R\sin^2\varphi+\frac{p}{R}\right) = f\frac{M}{R}\frac{r_m}{R}\left(\frac{\varepsilon^2}{p_m}r_m\sin^2\varphi+\frac{p_m}{r_m}\right). \qquad (74)$$

Aus ihnen folgt durch Division wieder die Bedingung (58). Multiplikation mit $^1/_2\,M$ bzw. $^1/_2\,m$ ergibt zwei der Gl. (40) entsprechende Formeln, welche die kinetische Energie jeder der beiden Massen darstellen. Die gesamte kinetische Energie des Systems ist deren Summe, die sich mit Gl. (61) und mit $r_M + r_m = R$ wie folgt ergibt:

$$\frac{1}{2}\,M v_M^2 + \frac{1}{2}\,m v_m^2 = f\frac{M+m}{R}\,m\,\frac{r_m}{R}\,\frac{1}{2}\left(R\frac{\varepsilon^2}{p}\sin^2\varphi+\frac{p}{R}\right), \qquad (74\,a)$$

worin noch:

$$m \cdot \frac{r_m}{R} = M \cdot \frac{r_M}{R}.$$

Die potentielle Energie definieren wir in derselben Weise wie früher, wobei wir das Kraftgesetz in der Form (62) zugrunde legen und beachten, daß die Verhältnisse r/R konstant sind. Wieder mit Gl. (61) wird:

$$P = -\int\limits_{R}^{\infty} f \frac{M+m}{R^2} M \frac{r_M}{R} \, dR = -\int\limits_{R}^{\infty} f \frac{M+m}{R} m \frac{r_m}{R} \, dR = -f \frac{M+m}{R} m \frac{r_m}{R} = -f \frac{Mm}{R},$$

$$\dots (74\,\mathrm{b})$$

wobei der letzte Ausdruck rechts auch unmittelbar aus dem Kraftgesetz in der Form (60) folgt.

Aus den Gl. (74a) und (74b) ist wohl ohne weiteren Kommentar zu entnehmen, daß für die beiden absoluten Bahnen wörtlich alle Bilanzbetrachtungen gelten, die wir für die relative Bahn an die Gl. (40) geknüpft haben. Alle Energiegrößen unterscheiden sich gegen die der relativen Bahn nur um denselben konstanten Faktor r_m/R, die einzelnen kinetischen Energien in den beiden absoluten Bahnen sind um den Faktor r_M/r_m verschieden. Die absolute Gesamtenergie ergibt sich auf demselben Wege wie Gl. (45):

$$E = f(M+m) \, m \frac{r_m}{R} \frac{\varepsilon^2 - 1}{2p} = f M m \frac{\varepsilon^2 - 1}{2p}.$$

Für sie gilt das gleiche wie oben, auch sie entsteht aus der relativen durch Multiplikation mit r_m/R.

Wenn man den Koordinatenursprung in eine der beiden Massen verlegt, ist es natürlich gleichgültig, welche von beiden man wählt. Je nachdem beschreibt die eine um die andere als Brennpunkt einen Kegelschnitt, und diese beiden relativen Bahnen sind einander kongruent. Im Gegensatz dazu sind bei Bezugnahme auf den Schwerpunkt die beiden absoluten Bahnen nur einander ähnlich, wenn nicht zufällig $M = m$ ist.

Als wichtigste Erkenntnis für unsere weiteren Absichten halten wir hier folgendes fest:

Wenn man zwei Massen M und m, die sich im Abstand R voneinander befinden, zwingen will, in Kegelschnitten um den gemeinsamen Schwerpunkt als Brennpunkt zu kreisen, dann muß man sie mit bestimmten Anfangsgeschwindigkeiten auf den Weg schicken. Durch die Wahl der Anfangsgeschwindigkeit der einen Masse ist gemäß den Gln. (74), die mit der Gl. (39) bis auf den Faktor $(r/R)^2$ identisch sind, schon die Bahnform für beide festgelegt. Für die andere Masse ist dann die Anfangsgeschwindigkeit nicht mehr frei wählbar, sie muß vielmehr zu der ersten in dem durch die Bedingung (58) gegebenen Verhältnis stehen. Wird diese Vorschrift nicht beachtet, dann schafft man zunächst einen chaotischen Zustand. Durch die falsch gewählte Anfangsgeschwindigkeit der zweiten Masse wird der reguläre Ablauf der Bewegung gestört. Allerdings stellt sich bei nur zwei Körpern alsbald von selbst ein neuer Gleichgewichtszustand her, in welchem beide Massen um den gemeinsamen Schwerpunkt kreisen. Die Bahnen sind aber dann andere als die, welche man mit der ersten Anfangsgeschwindigkeit erzielen wollte.

Man kann, wenn es sich um die Bewegung einer sehr kleinen Masse um eine sehr große handelt, und auch immer dann, wenn man nur die relative Bahn ins Auge faßt, von einem Einkörper-Problem sprechen. Sind beide Massen von vergleichbarer Größe, und betrachtet man die absoluten Bahnen, so handelt es sich um das eigentliche Zweikörper-Problem. Man kann dieses als gebundenes, oder als gestörtes Einkörper-Problem auffassen. Allerdings sind die Störungen, wie wir gesehen haben, sehr einfacher Natur, das Zweikörper-Problem ist in geschlossener Form lösbar. Wenn sich zwei Massen im Raume begegnen, dann nehmen sie sofort eine Bewegung um den gemeinsamen Schwerpunkt auf. Die jeweiligen Anfangsgeschwindigkeiten bestimmen nur die Bahnform, die Stabilität des Zweikörpersystems wird durch sie in keiner Weise in Frage gestellt, sie ist eo ipso gegeben.

Das gilt nicht mehr, wenn auf beide Massen, oder auf eine von ihnen, eine Kraft von außen wirkt, d. h. wenn noch eine dritte Masse im Spiele ist. Das Dreikörper-Problem ist im allgemeinen in geschlossener Form nicht mehr lösbar. Stabilität und Periodizität im Ablauf der Ereignisse sind nur noch beim Vorliegen bestimmter Anfangsbedingungen gegeben.

12. Die Bewegungsgleichungen des Zwei- und Dreikörper-Problems in rechtwinkligen Koordinaten

In 3 haben wir die Darstellung der Bewegungsgleichungen in rechtwinkligen Koordinaten kurz erläutert. Wir wollen nun die Bewegungsgleichungen des Zweikörper-Problems in der Koordinatenschreibweise entwickeln und zwar für die absoluten Bahnen und für die relative Bahn. Wir begnügen uns aber damit, die Gleichungen nur für eine Koordinate auszuschreiben, da sie für die andere ebenso lautet.

Im Schwerpunkt S der beiden Massen M und m befindet sich der Nullpunkt eines Koordinatensystems ξ, η, während die Masse M der Ursprung eines Systems x, y ist. Das erstere ist das absolute, das letztere das relative System. Die Komponenten der Beschleunigung, die in Richtung der Verbindungslinie $M, m = R$ wirkt, entstehen durch Projektion der radialen Beschleunigung b_r auf die Achsen. Zählen wir, wie früher schon verabredet, die Abstände r_M bzw. r_m positiv in Richtung nach M und m hin, wie es durch die Pfeile in Abb. 10 angedeutet ist, zählen wir weiter die Polarwinkel φ_M und φ_m wie üblich entgegengesetzt dem Uhrzeiger von der positiven ξ-Achse zur positiven r-Richtung, so ist vorzeichenrichtig

$$\cos \varphi_M = \frac{\xi_M}{r_M} = \frac{\xi_m - \xi_M}{R}$$

$$\cos \varphi_m = \frac{\xi_m}{r_m} = \frac{\xi_M - \xi_m}{R}.$$

Zur Klärung der Vorzeichenfrage sei darauf hingewiesen, daß in Abb. 10

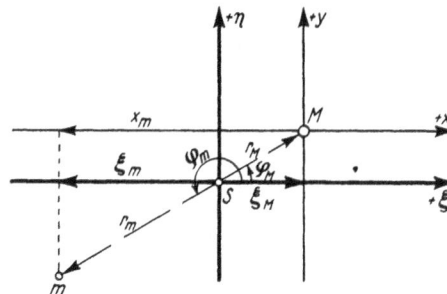

Abb. 10

ξ_M positiv, ξ_m negativ ist. φ_M und φ_m unterscheiden sich um 180°, ihre Cosinus sind also entgegengesetzt gleich, wie es in den beiden letzten Termen dieser Gleichungen zum Ausdruck kommt.

Die Projektionen der in den Gln. (60) und (62) gegebenen Radialbeschleunigungen auf die ξ-Achse sind demnach:

$$\frac{d^2\xi_m}{dt^2} = -f\,\frac{M}{R^2}\,\frac{\xi_m-\xi_M}{R} = -f\,\frac{M+m}{R^2}\,\frac{\xi_m}{R}$$
$$\frac{d^2\xi_M}{dt^2} = -f\,\frac{m}{R^2}\,\frac{\xi_M-\xi_m}{R} = -f\,\frac{M+m}{R^2}\,\frac{\xi_M}{R}. \tag{75}$$

Die zweite Schreibweise rechts entsteht auch aus den Gln. (62), indem man einfach statt der Schwerpunktsabstände r die Koordinaten von m und M schreibt.

Die Gln. (75), und zwei entsprechende für die andere Koordinate, beschreiben die Bewegung der beiden Massen in Bezug auf den ruhenden Schwerpunkt. Man erkennt, daß die beiden Beschleunigungen entgegengesetztes Vorzeichen haben. Die Beschleunigungskomponente von m hat die Richtung der positiven ξ-Achse, ist also positiv zu nehmen, wie in der ersten der Gln. (75) tatsächlich geschehen, da ξ_m und $\xi_m-\xi_M$ negativ sind.

Betrachten wir nun die Masse M als ruhend, so ergibt sich die x-Komponente der Beschleunigung vom m, d. i. die relative Beschleunigungskomponente, als Differenz der beiden absoluten:

$$\frac{d^2\xi_m}{dt^2} - \frac{d^2\xi_M}{dt^2} = \frac{d^2(\xi_m-\xi_M)}{dt^2} = -f\,\frac{M+m}{R^2}\,\frac{\xi_m-\xi_M}{R}.$$

Bedenkt man noch, daß: $\qquad \xi_m - \xi_M = x,$

so findet man:

$$\frac{d^2x}{dt^2} = -f\,\frac{M+m}{R^2}\,\frac{x}{R} \tag{76}$$

als Bewegungsgleichung in bezug auf das relative Koordinatensystem. Sie ergibt sich auch unmittelbar aus der Gl. (25a), da x/R wieder der Cosinus des Winkels zwischen der positiven x-Achse und der vom Ursprung M nach m hin positiv zu nehmenden Richtung R ist.

Die Form der Gln. (75) ist leicht zu merken. In der zweiten Ableitung von ξ_m ist die rechts auftretende Koordinatendifferenz so zu bilden, daß auch ξ_m vorangeht. In der zweiten Gleichung gilt dasselbe in bezug auf ξ_M. Es ist damit nun leicht, auch die absoluten Bewegungsgleichungen für das Dreikörper-Problem aufzustellen.

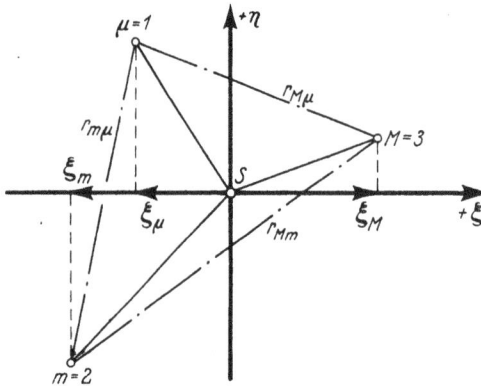

Abb. 11.

Es seien drei Massen M, m und μ gegeben. Abb. 11 ist ungefähr maßstabsrichtig für $M = 3$, $m = 2$ und $\mu = 1$ gezeichnet. S ist ihr gemeinsamer Schwerpunkt, welcher Ursprung des absoluten Koordinatensystems ξ, η ist. Die gegenseitigen Abstände bezeichnen wir hier mit r und einem Doppelindex. Auf jede Masse wirken nun zwei andere, erzeugen an ihr also auch zwei Beschleunigungen in zwei verschiedenen Richtungen. Diese wären nach den Regeln der Vektoralgebra zu addieren, ihre Komponenten aber addieren sich algebraisch wie zwei Zahlen. Nach dem Vorbild der Gln. (75) können wir sofort diese Komponenten hinschreiben:

$$\frac{d^2\xi_\mu}{dt^2} = -f\,\frac{M}{r^2_{M,\mu}}\,\frac{\xi_\mu-\xi_M}{r_{M,\mu}} - f\,\frac{m}{r^2_{m,\mu}}\,\frac{\xi_\mu-\xi_m}{r_{m,\mu}}$$

$$\frac{d^2\xi_m}{dt^2} = -f\,\frac{M}{r^2_{M,m}}\,\frac{\xi_m-\xi_M}{r_{M,m}} - f\,\frac{\mu}{r^2_{m,\mu}}\,\frac{\xi_m-\xi_\mu}{r_{m,\mu}} \qquad (77)$$

$$\frac{d^2\xi_M}{dt^2} = -f\,\frac{m}{r^2_{M,m}}\,\frac{\xi_M-\xi_m}{r_{M,m}} - f\,\frac{\mu}{r^2_{M,\mu}}\,\frac{\xi_M-\xi_\mu}{r_{M,\mu}}\,,$$

wobei, wie sofort aus Abb. 11 folgt:

$$\xi_\mu-\xi_M = x_\mu$$
$$\xi_m-\xi_M = x_m \qquad (77\,a)$$

und x_μ bzw. x_m die Koordinaten von μ und m in bezug auf das in der Masse M ruhende relative Koordinatensystem sind. Aus den beiden letzten Gleichungen folgt noch:

$$\xi_\mu-\xi_m = x_\mu-x_m.$$

Die Komponenten der relativen Beschleunigungen in bezug auf die Masse M ergeben sich wieder aus der Differenz der ersten bzw. zweiten der Gln. (77) und der dritten:

$$\frac{d^2 x_\mu}{dt^2} = -f\,\frac{M+\mu}{r^2_{M,\mu}}\,\frac{x_\mu}{r_{M,\mu}} - \left\{f\,m\left(\frac{x_\mu-x_m}{r^3_{m,\mu}} + \frac{x_m}{r^3_{M,m}}\right)\right\};$$

$$\frac{d^2 x_m}{dt^2} = -f\,\frac{M+m}{r^2_{M,m}}\,\frac{x_m}{r_{M,m}} - \left\{f\,\mu\left(\frac{x_m-x_\mu}{r^3_{m,\mu}} + \frac{x_\mu}{r^3_{M,\mu}}\right)\right\} \qquad (78)$$

Die Beschleunigungen werden im ersten Teil rechts durch Ausdrücke dargestellt, welche mit der Gl. (76) für das Zweikörper-Problem gleichlautend sind. Zu ihnen gesellt sich aber ein zweiter, in geschweifte Klammern gesetzter Term, welcher den Einfluß der dritten Masse beschreibt. Man bezeichnet diesen Term als die Störungsfunktion, und zwar deshalb, weil er die Abweichung von der reinen Keplerbewegung bestimmt, welche durch das erste Glied der Gln. (78) gegeben ist. Die Störungsfunktion ist es, welche die Integration der Gln. (78) so schwierig macht. In aller Strenge sind die Differentialgleichungen (78) im allgemeinsten Falle, d. h. wenn die drei Massen vergleichbare Größe haben, nicht mehr lösbar. Ausreichende Näherungslösungen lassen sich aber immer dann angeben, wenn mindestens eine der drei Massen verschwindend klein ist, wie das z. B. in unserem Sonnensystem der Fall ist.

Es gibt aber auch einige Sonderfälle, in denen die Gln. (78) streng lösbar sind. Einer von diesen ergibt sich sofort, wenn man $r_{M,\mu} = r_{m,\mu} = r_{M,m} = R$ setzt. Die drei Massen bilden dann die Ecken eines gleichseitigen Dreiecks. In diesem

Fall nehmen die Störungsfunktionen, die wir mit S_1 und S_2 bezeichnen wollen, eine besondere Form an:

$$S_1 = f\,m \left(\frac{x_\mu - x_m}{r^3_{m,\mu}} + \frac{x_m}{r^3_{M,m}} \right) = f\,m\, \frac{x_\mu}{r^3_{m,\mu}}$$

$$S_2 = f\,\mu \left(\frac{x_m - x_\mu}{r^3_{m,\mu}} + \frac{x_\mu}{r^3_{M,\mu}} \right) = f\,\mu\, \frac{x_m}{r^3_{m,\mu}}.$$

Setzt man das in die Gln. (78) ein, so wird, wenn man noch R statt r schreibt:

Für die Masse μ:
$$\frac{\mathrm{d}^2 x_\mu}{\mathrm{d}t^2} = -f\,\frac{M+m+\mu}{R^2}\,\frac{x_\mu}{R}$$

für die Masse m:
$$\frac{\mathrm{d}^2 x_m}{\mathrm{d}t^2} = -f\,\frac{M+m+\mu}{R^2}\,\frac{x_m}{R}.$$

$$(79)$$

Die Bewegung der beiden Massen m und μ um die Masse M wird also durch Gleichungen beschrieben, welche mit der Bewegungsgleichung (76) für das Zweikörper-Problem formal völlig übereinstimmen. Wirksam ist hier natürlich die Gesamtmasse $M+m+\mu$, eine Störungsfunktion tritt aber nicht mehr auf. Die Gln. (79) stellen also eine reine Keplerbewegung um die Masse M dar, welche immer dann möglich ist, wenn die drei Massen in den Ecken eines gleichseitigen Dreiecks stehen. Sie können dabei durchaus von vergleichbarer Größe sein. Jede bewegt sich ungestört durch die anderen so, als wäre die Gesamtmasse aller drei in der Dritten vereinigt.

Dieser interessante Spezialfall des Dreikörper-Problems ist zuerst von Lagrange behandelt worden. Er erwies sich später als im Sonnensystem verwirklicht. Sonne, Jupiter und die Trojanergruppe der kleinen Planeten bilden die Ecken eines gleichseitigen Dreiecks, und diese Konstellation ist stabil, sie bleibt ohne äußeren Zwang dauernd erhalten. Die einzelnen Planeten der Trojanergruppe laufen in der Jupiterbahn um die Sonne, die einen dem Jupiter im Abstand Jupiter—Sonne voraneilend, die anderen ihm im gleichen Abstand folgend. Damit sind die beiden Möglichkeiten, über einer gegebenen Grundlinie — hier der Verbindungslinie Jupiter-Sonne — ein gleichseitiges Dreieck zu errichten, erschöpft.

Nehmen nun drei Massen, welche man in die Ecken eines gleichseitigen Dreiecks setzt, von selbst eine Keplerbewegung auf? Nach allem, was bisher gesagt worden ist, ist das natürlich ausgeschlossen. Es muß dafür gesorgt werden, daß die gegebene Konstellation auch erhalten bleibt, und das ist nur durch Vorgabe bestimmter Anfangsbedingungen möglich. Wir sahen früher, daß man schon beim Zweikörper-Problem zur Erzwingung einer bestimmten Bahn nur in der Wahl der Anfangsgeschwindigkeit einer Masse frei, in der Wahl der Anfangsgeschwindigkeit der anderen aber durch den Impulssatz gebunden ist. Das ist beim Dreikörper-Problem nicht anders. Wird diese Bedingung nicht beachtet, so wird die anfängliche Konstellation im gleichseitigen Dreieck sofort zerstört, und dann liegt der allgemeinste Fall des Dreikörper-Problems vor, wie er durch die Gln. (78) gegeben ist.

Für den Lagrangeschen Spezialfall gibt es mehrere Beweise, sie sind alle so wenig anschaulich, wie die oben gegebene Entwicklung in rechtwinkligen Koordinaten. Die theoretische Möglichkeit läßt sich aber auch auf anschauliche Weise und elementar darlegen. Auf diesem Wege ergeben sich dann auch die einzuhaltenden Anfangsbedingungen. Wir wenden und jetzt diesem Beweis zu, dazu wollen wir zunächst einige Eigenschaften des Schwerefeldes zweier Massen klären.

13. Das Schwerefeld zwischen Erde und Mond

Wir betrachten das Schwerefeld zwischen Erde und Mond. Dieses Beispiel wählen wir, weil es sich in kleinem Format maßstabsrichtig darstellen läßt. Die Masse der Erde (Abb. 12) bezeichnen wir mit M, die Masse des Mondes mit m.

Das von beiden erzeugte Schwerefeld untersuchen wir durch eine Probemasse μ, mit der wir das Feld punktweise sondieren. Im Abstand r vom Mond wirkt auf sie die Kraft K_m zum Mondmittelpunkt hin, im Abstand R von der Erde die Kraft K_M zum Erdmittelpunkt hin. Die resultierende Kraft K zeigt nach einem Punkt S auf der Verbindungslinie M, m.

Das Schwerefeld wollen wir durch das Verhältnis K_m/K_M beschreiben, denn dieses Verhältnis hat den Vorzug, von der Größe der Probemasse μ unabhängig zu sein. Man braucht also μ nicht notwendig sehr klein zu machen, wie es sonst bei Sonden dieser Art notwendig ist, damit sie das zu untersuchende Feld möglichst wenig stören. Die Massen M, m und μ stehen hier gleichberechtigt und miteinander vertauschbar nebeneinander.

Wir stellen folgende Frage:

Auf was für Kurven liegen alle Punkte P, für welche das Verhältnis K_m/K_M konstant ist?

Diese Kurven wollen wir Isoquoten nennen. Sie haben einige beachtliche Eigenschaften. Aus Abb. 12 lesen wir ab:

$$R^2 = R_0{}^2 + r^2 - 2 R r_0 \cos \varphi.$$

Abb. 12.

Die Kräfte K_m und K_M sind Newtonsche Gravitationskräfte:

$$K_M = -f \frac{M \mu}{R^2}; \quad K_m = -f \frac{m \mu}{r^2}.$$

Also wird:

$$\frac{K_m}{K_M} = \frac{R^2}{M} \frac{m}{r^2}; \quad R^2 = \frac{K_m}{K_M} \frac{M}{m} r^2. \tag{80}$$

Führt man diesen Wert für R^2 in die erste Gleichung ein, so wird:

$$\frac{K_m}{K_M} \frac{M}{m} r^2 = R_0{}^2 + r^2 - 2 R_0 r \cos \varphi$$

$$r^2 = \frac{R_0{}^2}{\dfrac{K_m}{K_M} \dfrac{M}{m} - 1} - \frac{2 R_0}{\dfrac{K_m}{K_M} \dfrac{M}{m} - 1} r \cos \varphi. \tag{81}$$

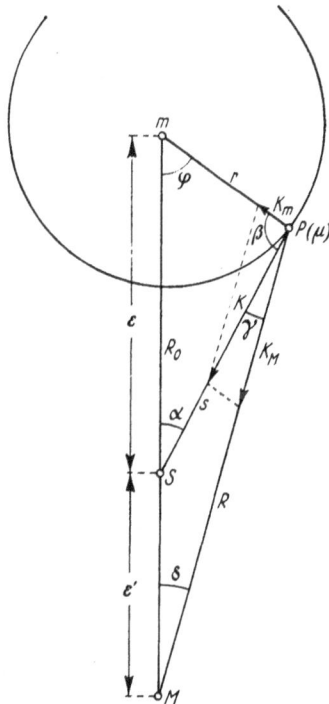

Wenn das Verhältnis K_m/K_M konstant gehalten wird, dann ist Gl. (81) die Gleichung eines Kreises mit dem Mittelpunkt C und dem Radius ϱ (Abb. 13), ausgedrückt in Polarkoordinaten in Bezug auf den um den Betrag e exzentrisch liegenden Mondmittelpunkt als Pol. Aus Abb. 13 folgt sofort:

$$\varrho^2 = r^2 + e^2 + 2\, r\, e \cos \varphi$$
$$r^2 = (\varrho^2 - e^2) - 2\, r\, e \cos \varphi. \qquad (82)$$

Diese Gleichung hat dieselbe Form wie die Gl. (81). Durch Vergleich findet man für die Kreise $K_m/K_M = \mathrm{const}$ Halbmesser und Exzentrizität aus:

$$\varrho^2 - e^2 = \frac{R_0{}^2}{\dfrac{K_m}{K_M}\dfrac{M}{m} - 1} \; ; \quad e = \frac{R_0}{\dfrac{K_m}{K_M}\dfrac{M}{m} - 1} \qquad (83)$$

$$\varrho = R_0 \frac{\sqrt{\dfrac{K_m}{K_M}\dfrac{M}{m}}}{\dfrac{K_m}{K_M}\dfrac{M}{m} - 1}. \qquad (84)$$

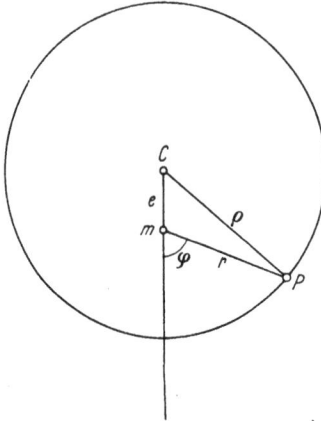

Abb. 13.

Durch die zweite der Gln. (83) ist der Mittelpunkt, durch die Gl. (84) der Halbmesser der Kreise $K_m/K_M = \mathrm{const}$ gegeben. Aus beiden folgt noch für ϱ die einfachere Formel:

$$\varrho = e \sqrt{\frac{K_m}{K_M}\frac{M}{m}}. \qquad (85)$$

In der Mitte zwischen Erde und Mond wird mit $r = R$ nach Gl. (80):

$$\frac{K_m}{K_M} = \frac{m}{M} = \frac{1}{81}.$$

Führt man diesen Wert in die Gln. (83) und (85) ein, so findet man:

$$\varrho = e = \infty.$$

Die Isoquote $K_m/K_M = m/M$ oder $r = R$ ist die Mittelsenkrechte auf der Verbindungslinie $m\,M$, also eine Gerade, was ja auch selbstverständlich ist.

In Tab. 3 sind die Daten für eine Anzahl anderer Isoquoten gegeben, für welche das Verhältnis K_m/K_M um den Faktor 2 variiert. Längeneinheit ist der Erdhalbmesser, so daß $R_0 = 60$ wird. Von der Mittelisoquoten $r = R$ ab tritt das negative Vorzeichen für ϱ und e auf. Das bedeutet folgendes:

Die Anschauung lehrt, daß für die Isoquoten $K_m/K_M > 1/81$ der Mond erdwärts exzentrisch liegt, d. h. daß e vom Monde aus in Richtung von der Erde fort zu zählen ist. Für $K_m/K_M < 1/81$ ist es nach der Tab. 3 also umgekehrt, e wird vom Monde zur Erde hin gezählt. Im ersten Falle (ϱ positiv) schlingen sich die Isoquoten um den Mond, im zweiten Falle (ϱ negativ) um die Erde. In Abb. 14 sind die Angaben der Tab. 3 maßstabrichtig dargestellt.

Wir weisen noch auf eine zweite, besonders ausgezeichnete Isoquote, $K_m/K_M = 1$ hin. Sie hat nach Tab. 3 den Halbmesser $\varrho = 6.8$ Erdhalbmesser und liegt gegen den Mondmittelpunkt um 0.8 Erdradien exzentrisch. Auf ihr ist die Anziehung

des Mondes auf die Probe-
masse μ dem Betrage nach
gleich derjenigen der Erde.

Alle Isoquoten schneiden die
Verbindungslinie m, M in Punkten, deren Abstände r_0 vom
Mondmittelpunkt nach Abb. 13
durch die Differenz:

$$r_0 = \varrho - e,$$

also durch die Differenz der
2. und 3. Spalte der Tab. 3
gegeben sind (s. letzte Spalte).
Der Schnittpunkt N der Isoquoten $K_m/K_M = 1$ liegt also
um 6 Erdradien vom Mond-
mittelpunkt entfernt. In ihm
sind die Anziehungskräfte von
Erde und Mond einander entgegengesetzt gleich. Der Punkt
N ist der abarische Punkt
zwischen Erde und Mond. Auf
jede Masse, die sich dort befindet, wirkt keine Kraft. Wir
werden bald sehen, daß ihm
und der Isoquoten $K_m/K_M = 1$
noch eine andere wesentliche
Eigenschaft zukommt.

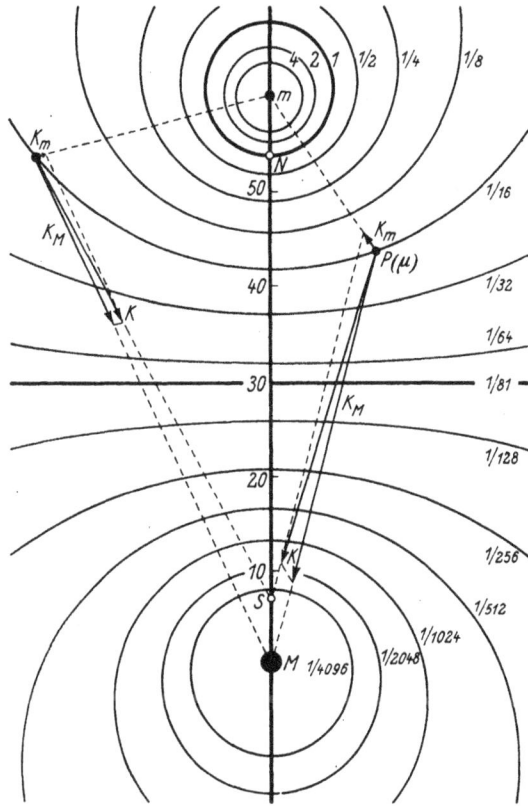

Abb. 14.

Tabelle 3. Die Isoquoten zwischen Erde und Mond

K_m/K_M	ϱ	e	$\varrho - e$
4	+ 3,4	+ 0,2	+ 3,2
2	+ 4,7	+ 0,4	4,3
1	+ 6,8	0,8	+ 6,0
1/2	+ 9,7	+ 1,5	+ 8,2
1/4	+ 14,0	+ 3,1	10,9
1/8	+ 21,0	+ 6,6	+ 14,4
1/16	+ 32,4	+ 14,4	+ 18,0
1/32	+ 62,5	+ 39,3	+ 23,2
1/64	+ 258	230	+ 28
1/81	∞	∞	+ 30
1/128	— 130	— 164	+ 34
1/256	— 49,5	— 88	+ 38,5
1/512	— 28,4	— 71	+ 42,6
1/1024	— 18,2	— 65	+ 46,8
1/2048	— 12,2	— 62	49,8
1/4096	— 8,6	— 61	+ 52,4

5*

14. Die Richtung der resultierenden Kraft K im Dreikörper-System

Die Richtung der resultierenden Kraft K (Abb. 12) schneidet die Verbindungslinie Erde—Mond in einem Punkt S, dessen Abstände vom Mond- und Erdmittelpunkt bzw. $m\,S = \varepsilon$ und $M\,S = \varepsilon'$ seien. Dann gilt:

$$\varepsilon' = R\,\frac{\sin\gamma}{\sin\alpha}\,;\quad \sin\gamma = \frac{K_m}{K_M}\,\sin\beta,$$

also:

$$\varepsilon' = R\,\frac{K_m}{K_M}\,\frac{\sin\beta}{\sin\alpha}.$$

Mit:

$$\frac{\sin\beta}{\sin\alpha} = \frac{\varepsilon}{r}$$

wird daraus:

$$\varepsilon' = R\,\frac{K_m}{K_M}\,\frac{\varepsilon}{r},$$

und mit Gl. (80) endlich:

$$\frac{\varepsilon'}{\varepsilon} = \frac{K_m}{K_M}\sqrt{\frac{K_m}{K_M}\,\frac{M}{m}}. \tag{86}$$

Da aber auch:

$$\varepsilon + \varepsilon' = R_0,$$

so folgt:

$$\varepsilon = \frac{R_0}{1 + \dfrac{K_m}{K_M}\sqrt{\dfrac{K_m}{K_M}\,\dfrac{M}{m}}}\,;\quad \varepsilon' = R_0 - \varepsilon. \tag{87}$$

Mit Gl. (87) ist die Richtung der resultierenden Kraft K eindeutig festgelegt. Bemerkenswert ist, daß ε nur von dem Verhältnis K_m/K_M abhängt, d. h. daß für jeden Punkt derselben Isoquoten $K_m/K_M = \text{const}$ ε und ε' ebenfalls konstant sind. Die Resultierende K ist für jeden Punkt derselben Isoquoten stets nach demselben Punkt S gerichtet. In Abb. 14 sind für die Isoquote $K_m/K_M = 1/16$ in zwei Punkten die Einzelkräfte und deren Resultierende eingetragen.

Aus Gl. (87) entnehmen wir noch, daß ε mit wachsendem K_m/K_M kleiner wird. Wenn man von der Erde auf irgend einem Wege zum Mond wandert, bewegt sich der Punkt S ebenfalls mondwärts. Die Kraft K, die zunächst zum Erdmittelpunkt gerichtet ist, dreht sich, zunächst langsam, dann immer schneller, zum Mondmittelpunkt hin. Für die oben besonders hervorgehobene Isoquote $K_m/K_M = 1$ wird nach Gl. (87):

$$\varepsilon_0 = \frac{R_0}{1 + \sqrt{\dfrac{M}{m}}}. \tag{88}$$

Wie wir oben sahen, ist der abarische Punkt durch $r_0 = \varrho - e$, also mit $K_m/K_M = 1$ nach Gl. (83) und (84) gegeben durch:

$$r_0 = R_0 \frac{\sqrt{\dfrac{M}{m}} - 1}{\dfrac{M}{m} - 1}$$

$$r_0 = \frac{R_0}{\sqrt{\dfrac{M}{m}} + 1}. \tag{89}$$

Die Gln. (88) und (89) zeigen, daß $\varepsilon_0 = r_0$ ist. Auf der Isoquoten $K_m/K_M = 1$ ist die resultierende Kraft K zum abarischen Punkt gerichtet, der selbst auf dieser Isoquoten liegt.

Nach einem besonders ausgezeichneten Punkt zeigt auch die Kraft K auf der Mittelisoquoten $r = R$:

$$\frac{K_m}{K_M} = \frac{m}{M}.$$

Wenn man diesen Wert in die Gl. (86) einsetzt, so wird:

$$\frac{\varepsilon'}{\varepsilon} = \frac{m}{M}. \tag{90}$$

Wir erinnern uns, daß dies die Definition des Schwerpunktes ist (s. Gl. (57)). Für jeden Punkt der Mittelisoquoten ist demnach die an der Probemasse μ angreifende resultierende Kraft K nach dem Schwerpunkt der beiden andern Massen gerichtet.

Es sei noch besonders darauf hingewiesen, daß nach Gl. (80) das Verhältnis K_m/K_M von der Größe der Probemasse μ unabhängig ist. Nach Gl. (87) gilt dasselbe auch für die Richtung der Resultierenden. Aber das ist ja auch selbstverständlich.

15. Die Größe der resultierenden Kraft

Aus Abb. 12 folgt sofort:

$$K = K_M \frac{\sin(\beta + \gamma)}{\sin \beta} = K_m \frac{\sin(\beta + \gamma)}{\sin \gamma} \tag{91}$$

$$\sin(\beta + \gamma) = \frac{R_0}{R} \sin \varphi; \quad \sin \beta = \frac{\varepsilon}{s} \sin \varphi; \quad \sin \gamma = \frac{\varepsilon'}{s} \sin \delta, \tag{92}$$

wo s die Strecke PS bedeutet. Weiter ist noch:

$$\frac{\sin \varphi}{\sin \delta} = \frac{R}{r}.$$

Aus den Gln. (92) und der letzten ergibt sich:

$$\frac{\sin(\beta + \gamma)}{\sin \beta} = \frac{R_0}{R} \frac{s}{\varepsilon}; \quad \frac{\sin(\beta + \gamma)}{\sin \gamma} = \frac{R_0}{R} \frac{s}{\varepsilon'} \frac{\sin \varphi}{\sin \delta} = \frac{R_0}{r} \frac{s}{\varepsilon'}.$$

Setzt man das in die Gl. (91) ein, so kommt:

$$K = \frac{K_M}{R} \frac{R_0}{\varepsilon} s = \frac{K_m}{r} \frac{R_0}{\varepsilon'} s.$$

Mit der Gl. (87) findet man daraus:

$$K = \left\{ \frac{K_M}{R} + \frac{K_m}{R} \sqrt{\frac{K_m}{K_M} \frac{M}{m}} \right\} s, \tag{93}$$

und mit Gl. (80) und der dieser vorangehenden endlich:

$$K = \left\{ \frac{K_M}{R} + \frac{K_m}{r} \right\} s = -f \left\{ \frac{M}{R^3} + \frac{m}{r^3} \right\} \mu s. \tag{94}$$

Die Resultierende befolgt natürlich nicht mehr das Newtonsche Gesetz.

Wir betrachten hier zunächst wieder die Isoquote $K_m/K_M = 1$, $K_M = K_m = K_0$. Für diese wird nach Gl. (93):

$$K = \frac{K_0}{R} \left(1 + \sqrt{\frac{M}{m}} \right) s.$$

Den Klammerausdruck entnehmen wir der Gl. (89). Damit wird:

$$K = K_0 \frac{R_0}{R} \frac{s}{r_0}. \tag{95}$$

Hier ist R_0/R nur innerhalb verhältnismäßig enger Grenzen veränderlich, wenn man auf der Isoquoten $K_m/K_M = 1$ wandert. Nach den Abb. 12 und 13 ist:

$$R_0 + (\varrho + e) \geqq R \geqq R_0 - (\varrho - e).$$

Mit $R_0 = 60$, $\varrho = 6{,}8$, $e = 0{,}8$ wird also:

$$0{,}9 \leqq \frac{R_0}{R} \leqq 1{,}1.$$

Die maßgebende Veränderliche ist der Abstand s eines Punktes der Isoquoten vom abarischen Punkt. Die resultierende Kraft ist diesem Abstand sehr nahe proportional. Sie ist, wie wir im vorigen Paragraphen gesehen haben, außerdem immer nach dem abarischen Punkt gerichtet und verschwindet daselbst mit $s = 0$. Auf der Isoquoten $K_m/K_M = 1$ herrscht also sehr nahe eine elastische Kraft, jeder Punkt dieser Isoquoten scheint mit einem Gummifaden im abarischen Punkt angebunden. Da die Isoquote durch diesen Punkt selbst geht, ist sie für jeden Körper als Bahn um den Mond unmöglich. Unter dem Einfluß einer elastischen Kraft kann ein Körper nur einen Kreis oder eine Ellipse um das Kraftzentrum als Mittelpunkt (nicht Brennpunkt) beschreiben.

Für das System Erde—Mond ist die Kraft auf der Isoquoten $K_m/K_M = 1$ nur in erster Näherung eine elastische Kraft, da der Durchmesser dieser Isoquoten, gemessen an der Entfernung Erde—Mond nicht unendlich klein ist. Alles bisher Gesagte gilt aber auch für jedes andere Zweikörper-System, auch für Erde und Sonne. Hier ist die Isoquote $K_m/K_M = 1$ ein Kreis mit dem Halbmesser von 41 Erdradien, dessen Mittelpunkt praktisch mit dem Erdmittelpunkt zusammenfällt. Sein Halbmesser ist gegenüber der Entfernung Erde—Sonne verschwindend klein, so daß das Verhältnis R_0/R konstant und gleich 1 ist. Mit den Daten: $R_0 = 23417$ Erdhalbmesser, $M/m = 329\,390$ findet man nach Gl. (89)

$$r_0 = 41$$

also nach Gl. (95) für die elastische Kraft:

$$K = 0{,}0244\, K_0\, s,$$

wo K_0 die Anziehungskraft der Erde auf eine Masse im Abstand von 41 Erdradien von ihrem Mittelpunkt, und $0 < s < 82$ ist.

Wir fassen die bisher gewonnenen Ergebnisse noch einmal zusammen.

1. Die Isoquoten $K_m/K_M = \text{const}$ für zwei Massen M und m sind exzentrische Kreise um M oder m.

2. Die Isoquote $K_m/K_M = 1$ liegt als Kreis um die kleinere Masse m. Sie schneidet die Verbindungslinie M, m im abarischen Punkt.

3. Für jeden Punkt ein und derselben Isoquoten ist die resultierende Kraft nach einem festen Punkt S auf der Verbindungslinie M, m gerichtet.

4. Das scheinbare Kraftzentrum S fällt für die Isoquote $K_m/K_M = 1$ mit dem abarischen Punkt zusammen.

5. Die Mittelisoquote $K_m/K_M = m/M$ ist die Mittelsenkrechte auf der Verbindungslinie.

6. Für jeden Punkt der Mittelisoquoten ist die resultierende Kraft nach dem Schwerpunkt der beiden Massen M und m gerichtet.

7. Das Verhältnis der Kräfte K_m/K_M, welche die beiden Massen auf eine dritte ausüben, sowie die Richtung der resultierenden Kraft sind von der Größe der dritten Masse unabhängig.

16. Der Lagrangesche Spezialfall des Dreikörper-Problems

Die drei letzten Punkte enthalten im wesentlichen die Lösung des von Lagrange behandelten Sonderfalles. Drei Massen M, m und μ befinden sich in den Ecken eines gleichseitigen Drei-ecks mit der Seitenlänge R. Um ein konkretes Beispiel vor Augen zu haben, wollen wir annehmen, daß sie sich in der angegebenen Reihenfolge wie $3 : 2 : 1$ ver-halten. Mit diesem Verhältnis ist Abb. 15 gezeichnet. Für je zwei Massen ist die Mitteliso-quote gleichzeitig die Halbie-rende des gegenüberliegenden Dreieckswinkels $\varphi = 60^0$. Bil-den also die drei Massen ein gleichseitiges Dreieck, dann, und nur dann, liegt jede Masse auf der Mittelisoquoten der bei-den anderen. Die Mitteliso-quoten schneiden sich in dem Schwerpunkt S_0 des Dreiecks

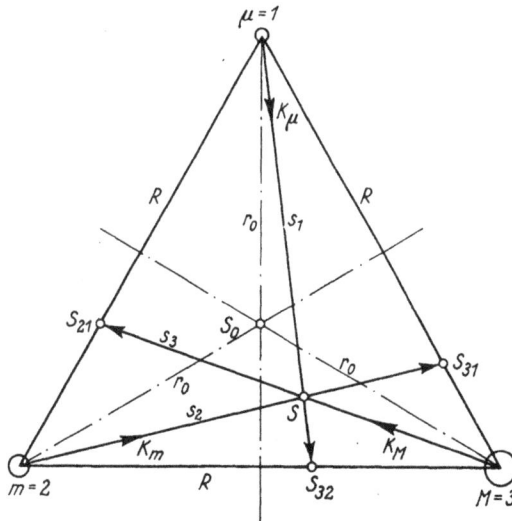

Abb. 15.

als geometrischer Figur. Nach Punkt 6 am Schluß des vorigen Paragraphen ist die an jeder der drei Massen angreifende Kraft nach dem Schwerpunkt S_{31}, S_{32}, S_{21} der beiden anderen gerichtet. Auch das gilt nur im gleichseitigen Drei-eck, weil nur in diesem jede Masse auf der Mittelisoquoten der beiden anderen liegt. Die drei Kraftrichtungen s_1, s_2, s_3 schneiden sich in einem Punkt S, der aus naheliegenden Gründen der gemeinsame Schwerpunkt der drei Massen ist. Längs jeder der drei Ecktransversalen s unterstützt, befindet sich das Dreieck mit den Massen im Gleichgewicht, da jede Transversale durch die eine Masse und den Schwerpunkt der beiden anderen geht. Die auf die einzelnen Massen wirkenden resultierenden Kräfte sind also nach dem gemeinsamen Schwerpunkt gerichtet. Sind z. B. die drei Massen einander gleich, dann fällt ihr Schwerpunkt mit dem Schnittpunkt S_0 der Mittelisoquoten zusammen.

Die Bezeichnungen der Abb. 15 stimmen mit denen der Abb. 12 überein. Nach Gl. (94) wirken folgende Kräfte auf die einzelnen Massen:

Auf die Masse μ:
$$K_\mu = (K_{m,\mu} + K_{M,\mu}) \frac{s_1}{R} = -f \frac{(M+m)\,\mu}{R^2} \frac{s_1}{R}$$

auf die Masse m:
$$K_m = (K_{M,m} + K_{\mu,m}) \frac{s_2}{R} = -f \frac{(M+\mu)\,m}{R^2} \frac{s_2}{R} \tag{96}$$

auf die Masse M:
$$K_M = (K_{\mu,M} + K_{m,M}) \frac{s_3}{R} = -f \frac{(m+\mu)\,M}{R^2} \frac{s_3}{R},$$

wo also z. B. $K_{m,\mu}$ die Kraft der Masse m auf die Masse μ bezeichnet.

Wir wollen statt der Ecktransversalen s die Abstände $\mu S = r_\mu$, $m S = r_m$, $M S = r_M$ der Massen von ihrem gemeinsamen Schwerpunkt S einführen. Gemäß der Definition des Schwerpunktes ist, da man in S die Gesamtmasse $M + m + \mu$, im Punkt S_{32} z. B. die Masse $M + m$ vereinigt denken kann:

$$\frac{s_1}{r_\mu} = \frac{M+m+\mu}{M+m}; \quad \frac{s_2}{r_m} = \frac{M+m+\mu}{M+\mu}; \quad \frac{s_3}{r_M} = \frac{M+m+\mu}{m+\mu}. \tag{97}$$

Zerlegt man z. B. s_1 durch den Schwerpunkt S in die beiden Teilstrecken r_μ und $r_\mu{}'$, so daß $s_1 = r_\mu + r_\mu{}'$, so ist ja:

$$\frac{r_\mu}{r_\mu{}'} = \frac{M+m}{\mu}.$$

Daraus folgt sofort:

$$\frac{r_\mu + r_\mu{}'}{M+m+\mu} = \frac{r_\mu}{M+m},$$

das ist die erste der Gln. (97). Wir schreiben ferner die Identität (ohne Indizes):

$$\frac{s}{R} = \frac{r}{R} \frac{s}{r},$$

um zu sehen, daß:

$$\frac{s_1}{R} = \frac{r_\mu}{R} \frac{M+m+\mu}{M+m}; \quad \frac{s_2}{R} = \frac{r_m}{R} \frac{M+m+\mu}{M+\mu}; \quad \frac{s_3}{R} = \frac{r_M}{R} \frac{M+m+\mu}{m+\mu}. \tag{98}$$

Damit wird aus den Gln. (96):

$$K_\mu = -f \frac{M+m+\mu}{R^2} \frac{r_\mu}{R} \mu$$

$$K_m = -f \frac{M+m+\mu}{R^2} \frac{r_m}{R} m \tag{99}$$

$$K_M = -f \frac{M+m+\mu}{R^2} \frac{r_M}{R} M.$$

Das wesentliche an diesen Gleichungen ist ihre völlige formale Übereinstimmung mit dem Newtonschen Gravitationsgesetz für zwei Massen, wie es durch die Gln. (62) dargestellt ist. Die Gln. (62) ergeben sich aus den Gln. (99) einfach mit $\mu = 0$, wenn man noch die verbleibenden beiden letzten zum Übergang auf die Beschleunigungen durch m bzw. M dividiert. Die Gln. (99) stellen ohne die Faktoren μ, m und M die Beträge der Beschleunigungen in bezug auf den Schwerpunkt dar, ihre Richtung ist die der Ecktransversalen durch den Schwerpunkt S. Die Bedeutung der Buchstaben in den Gln. (62) und (99) ist auch dieselbe. R ist der gegenseitige Abstand der Massen voneinander, r sind die Abstände vom Schwerpunkt, welche hier natürlich nicht in einer Geraden liegen, wie beim Zweikörper-System.

Die rechtwinkligen Komponenten der Beschleunigungen erhält man hier genau wie bei der zweiten Schreibweise der Gln. (75), indem man statt der Größen r die rechtwinkligen Koordinaten der drei Massen in bezug auf den Schwerpunkt setzt, für die erste Koordinate also ξ_μ statt r_μ, ξ_m statt r_m und ξ_M statt r_M. Subtrahiert man danach die dritte von der ersten und zweiten, so findet man unter Beachtung der Beziehungen (77a) die relativen Beschleunigungen in bezug auf die Masse M, welche wir schon auf anderem Wege ermittelt haben.

Damit ist gezeigt, daß bei der Anordnung der drei Massen in den Ecken eines gleichseitigen Dreiecks nur Newtonsche Kräfte, aber keine störenden Kräfte wirksam sind. Jede der drei Massen verhält sich so, als wäre jeweils eine Masse von der Größe $(M + m + \mu) (r/R)^3$ im Schwerpunkt vereinigt, und als übten die Einzelmassen aufeinander gar keine Kräfte aus. Das erkennt man am besten, wenn man z. B. die erste der Gln. (99) dadurch auf die übliche Form des Newtonschen Gesetzes bringt, daß man sie wie folgt umschreibt:

$$K_\mu = -f \frac{(M + m + \mu)\left(\dfrac{r_\mu}{R}\right)^3}{r_\mu^2} \mu = \frac{\mathfrak{M}\mu}{r_\mu^2}. \tag{99a}$$

Genau das besagen ja schließlich auch die Gln. (62) für das Zweikörper-Problem. Auf die Analogie mit diesem kommen wir am Schluß noch einmal zurück. Beim Zweikörper-System wirken aber die Kräfte immer in Richtung auf den Schwerpunkt, beim Dreikörper-System hingegen nur bei der hier betrachteten besonderen Konstellation, wie sich aus Gl. (90) und aus den geometrischen Eigenschaften des gleichseitigen Dreiecks ergibt.

17. Die Anfangsbedingungen und die Bahnen im Lagrangeschen Dreikörper-Problem

Es erhebt sich nun die Frage, ob diese Konstellation, einmal verwirklicht, von selbst erhalten bleibt. Die drei Massen können nicht in Ruhe verharren, weil sie durch die wirkenden Kräfte in Richtung auf den Schwerpunkt S beschleunigt werden. Würde man sie durch irgendwelche Anfangsgeschwindigkeiten in beliebige Richtungen zwingen, so würde die anfängliche Konstellation sofort zerstört. Um sie zu erhalten müssen bestimmte Anfangsbedingungen eingehalten werden.

Wir studieren das an dem einfachsten Fall, daß wir die drei Massen in den Ecken eines gleichseitigen Dreiecks mit der Anfangsgeschwindigkeit Null sich selbst überlassen. Sie bewegen sich dann beschleunigt in Richtung der wirkenden Kräfte, also auf den Schwerpunkt zu. Da dieser unbedingt in Ruhe bleibt, und da die Massen geradewegs auf ihn zueilen, müssen sie dort zusammenstoßen. Das Dreieck schrumpft unter Erhaltung seiner Figur auf den Schwerpunkt zusammen. Die geometrische Anschauung lehrt aber, daß das nur möglich ist, wenn sich die nach einer bestimmten Zeit zurückgelegten Wege wie die Abstände vom Schwerpunkt verhalten. Nur dann bleibt die ursprüngliche Konstellation erhalten, weil dann die Dreieckseiten zu sich selbst parallel bleiben.

In der Tat: Die Beschleunigungen, welche z. B. die Masse μ unter dem Einfluß der Kraft K_μ erfährt, ist nach der ersten der Gln. (99)

$$b_\mu = \frac{K_\mu}{\mu} = -f \frac{M+m+\mu}{R^3} r_\mu.$$

Sie hängt nur von R und r_μ ab. Verfolgen wir nun die Masse auf einem so kurzen Wegstück dr_μ, d. h. während einer so kleinen Zeit dt, daß wir die Änderung von R und r_μ als unbedeutend, und damit die Beschleunigung b_μ als konstant annehmen können, so ist der zurückgelegte Weg dr durch das einfache Fallgesetz gegeben:

$$dr_\mu = \frac{1}{2} b_\mu (dt)^2; \quad \frac{dr_\mu}{dt} = \bar{v}_\mu.$$

Für die von den drei Massen in der nämlichen Zeit zurückgelegten Wege gilt also:

$$dr_\mu : dr_m : dr_M = \bar{v}_\mu : \bar{v}_m : \bar{v}_M = b_\mu : b_m : b_M.$$

Führt man hier die Beschleunigungen aus den Gln. (99) ein, so wird:

$$dr_\mu : dr_m : dr_M = \bar{v}_\mu : \bar{v}_m : \bar{v}_M = r_\mu : r_m : r_M. \tag{100}$$

Das ist aber gerade die Bedingung, welche zur Erhaltung der geometrischen Konfiguration notwendig ist. Wenn man also drei Massen in den Ecken eines gleichseitigen Dreiecks mit den Anfangsgeschwindigkeiten $v_\mu = v_m = v_M = 0$ sich selbst überläßt, so bilden sie immer ein gleichseitiges Dreieck, bis sie im Schwerpunkt zusammentreffen.

Man kann die drei Massen auch mit von Null verschiedenen Anfangsgeschwindigkeiten in Richtung auf den Schwerpunkt auf die Reise schicken, dann aber nicht mit beliebigen. Wir gelangen zu genau denselben Ergebnissen, wie in Abschnitt 9 für das Zweikörper-System und auch genau auf demselben Wege. Hier gilt gemäß Gl. (98) nur nicht mehr der einfache Zusammenhang zwischen den Massen und ihren Abständen vom Schwerpunkt, in den Formeln treten also nunmehr statt der Massenverhältnisse die Verhältnisse der Schwerpunktsabstände r auf. Der weitere Verlauf für die Herleitung der einzuhaltenden Anfangsgeschwindigkeiten ist genau der gleiche, wie beim Zweikörper-System (§ 9). Man gelangt genau auf demselben Wege wie früher zu demselben Ergebnis, und auch aus demselben Grunde: Die wirkenden Kräfte sind in jedem Augenblick nach dem gemeinsamen Schwerpunkt gerichtet. Wir kommen damit zu folgendem abschließenden Ergebnis:

Wenn man drei Massen, welche ein gleichseitiges Dreieck bilden, mit den Anfangsgeschwindigkeiten Null sich selbst überläßt, oder sie mit Anfangsgeschwindigkeiten, die sich wie die Abstände vom Schwerpunkt verhalten, in Richtung auf diesen in Bewegung setzt, dann und nur dann bleibt die ursprüngliche Kon-

stellation erhalten. Das gleichseitige Dreieck schrumpft, sich selbst ähnlich bleibend, auf den Schwerpunkt zusammen.

Für den Lagrangeschen Sonderfall ergeben sich besonders einfache Bedingungen
bei spezieller Wahl der Massen, über deren Größe wir bisher noch keine Annahme
gemacht haben.

1. Die drei Massen sind einander gleich, $M = m = \mu$. Die Richtung der Kräfte
fällt dann mit den Mittelisoquoten zusammen, denn der geometrische Mittelpunkt S_0 ist gleichzeitig der Schwerpunkt. Es wird dann:

$$r_\mu = r_m = r_M = \frac{R}{\sqrt{3}} = r_0.$$

Damit ergibt sich aus der Bedingung (100):

$$v_\mu = v_m = v_M. \tag{101}$$

Zur Erhaltung der Konstellation sind gleiche Anfangsgeschwindigkeiten notwendig. Die wirksamen Kräfte ergeben sich aus den Gln. (99) zu

$$K_\mu = K_m = K_M = -f \sqrt{3} \frac{MM}{R^2} = -f \frac{MM}{r_0^2 \sqrt{3}}. \tag{102}$$

Mit den Kräften sind auch die zum Schwerpunkt gerichteten Beschleunigungen
einander gleich:

$$b_\mu = b_m = b_M = -f \sqrt{3} \frac{M}{R^2} = -f \frac{M}{r_0^2 \sqrt{3}}. \tag{103}$$

Das System verhält sich so, als befände sich im Schwerpunkt die Masse $M/\sqrt{3}$,
und als übten die Einzelmassen aufeinander gar keine Kräfte mehr aus. Dann
müssen diese aber auch, mit den geeigneten Anfangsgeschwindigkeiten ausge-
rüstet, ungestörte Keplerbahnen um den gemeinsamen Schwerpunkt beschreiben
können. Schickt man jede von ihnen mit einer Geschwindigkeit, die nach der
ersten der Gln. (38) gegeben ist durch:

$$v^2 = f \frac{M}{r_0 \sqrt{3}}, \tag{104}$$

senkrecht zur Richtung nach dem Schwerpunkt auf die Reise, dann beschreiben
sie Kreise mit dem Halbmesser r_0, ohne einander zu stören. Das gleichseitige
Dreieck rotiert dann um den Schwerpunkt, sich selbst kongruent bleibend, als
wäre es ein starres Gebilde. Mit Geschwindigkeiten, welche durch die dritte der
Gln. (38) gegeben sind, kann man die drei Massen auch in kongruente parabolische
Bahnen zwingen, mit dazwischenliegenden auch in kongruente elliptische. Die
großen Achsen all dieser Bahnen sind jeweils um 120^0 gegeneinander geneigt. Im
ersten Falle dreht sich das Dreieck um den Schwerpunkt und wird dabei immer
größer, im zweiten Falle pulsiert es, immer sich selbst ähnlich bleibend.

2. Die Masse M sei überwiegend groß, und es sei auch $M \gg m \gg \mu$. Dieser
Fall ist in dem System Sonne—Jupiter—Trojaner praktisch verwirklicht. Der
gemeinsame Schwerpunkt fällt dann sehr nahe mit der Masse M, die Richtungen
der Kräfte fallen mit den Dreieckseiten zusammen. Es wird also $r_\mu = r_m = R$,
$r_M = 0$. Die Kräfte werden nach den Gln. (96); da auch $s_1 = s_2 = s_3 = R$:

$$K_\mu = -f\,\frac{M\mu}{R^2}$$

$$K_m = -f\,\frac{Mm}{R^2} \qquad\qquad (105)$$

$$K_M = -f\,\frac{mM}{R^2}$$

und die Relativbeschleunigungen in bezug auf M:

$$b_\mu = -f\,\frac{M+m}{R^2}$$

$$b_m = -f\,\frac{M+m}{R^2}.$$

Für die Anfangsgeschwindigkeiten beim „Wurf" zum Schwerpunkt M hin gilt hier um so näher:

$$v_\mu = v_m;\; v_M = 0,$$

je größer M im Vergleich zu m und μ ist.

Die Gln. (105) stimmen mit dem Newtonschen Gravitationsgesetz in der geläufigen Form völlig überein. Sie sind so hingeschrieben, daß diejenige Masse, welche jeweils als anziehende, d. h. die beiden anderen beschleunigende anzusehen ist, an erster Stelle, diejenige, welche angezogen, d. h. beschleunigt wird, an zweiter Stelle steht. Die Kräfte K_m und K_M sind natürlich dem Betrage nach einander gleich, da die Anziehung zweier Massen eine gegenseitige ist. Die Kraft, welche die Masse μ auf M und m ausübt, tritt deshalb in den Gl. (105) nicht mehr in Erscheinung, weil wir μ und m als sehr klein in den Summen $M+m$, $M+\mu$ und $m+\mu$ vernachlässigt haben.

Da die Gesamtmasse praktisch durch M repräsentiert wird (s. Gl. (99a) mit $r_\mu = r_m = R$), und m und μ denselben Abstand R von M haben, so ist auch hier nach den Gln. (105) eine ungestörte Bewegung in Kegelschnitten möglich, wenn m und μ mit gleichen Anfangsgeschwindigkeiten auf den Weg gehen. Was oben schon gesagt wurde, gilt hier sinngemäß mit dem Unterschied, daß sich das Dreieck nun um die Ecke M dreht, und daß die Achsen der Bahnen von m und μ um 60^0 gegeneinander geneigt sind.

Wir kommen hier noch einmal auf die weitgehende Analogie zurück, welche zwischen dem Einkörper-, dem Zweikörper- und dem Lagrangeschen Dreikörper-Problem besteht. Von einem Einkörper-Problem wollen wir dabei wieder sprechen, wenn wir die relative Bahn einer Masse m um eine andere M im Abstand R betrachten. Für dieses gilt nach Gl. (25) für die Radialbeschleunigung:

$$b_m = -f\,\frac{M+m}{R^2} = -f\,\frac{\mathfrak{M}}{R^2}, \qquad\qquad (106)$$

wobei $\mathfrak{M}$ die in M vereinigt gedachte Gesamtmasse $M+m$ ist.

Für einen Kegelschnitt mit der Exzentrizität ε ist die im Perizentrum notwendige Anfangsgeschwindigkeit nach Gl. (35) und Gl. (106):

$$v_m^2 = f\,\frac{M+m}{R}(1+\varepsilon) = -b_m R(1+\varepsilon), \qquad\qquad (107)$$

wobei nach den Ausführungen des Abschnittes 8 $b_m(1+\varepsilon)$ nichts anderes als die Zentrifugalbeschleunigung ist.

Für das Zweikörper-Problem, d. h. für die absoluten Bahnen von M und m um den gemeinsamen Schwerpunkt sind nach den Gln. (62) die Radialbeschleunigungen, etwas anders geschrieben:

$$b_M=-f\frac{M+m}{r_M^2}\left(\frac{r_M}{R}\right)^3=-f\frac{\mathfrak{M}}{r_M^2};\quad b_m=-f\frac{M+m}{r_m^2}\left(\frac{r_m}{R}\right)^3=-f\frac{\mathfrak{M}'}{r_m^2}.\quad(108)$$

Sie sind so, als befände sich für die Beschleunigung von M im Schwerpunkt eine Masse (s. Gl. (61)):

$$\mathfrak{M}=(M+m)\left(\frac{r_M}{R}\right)^3=\frac{m^3}{(M+m)^2},\quad(109)$$

für die Beschleunigung von m eine Masse von:

$$\mathfrak{M}'=(M+m)\left(\frac{r_m}{R}\right)^3=\frac{M^3}{(M+m)^2},\quad(110)$$

und als übten die beiden Massen M und m keine Kraft aufeinander aus. Diese Ersatzmassen sind durchaus nicht ausschließlich Fiktionen, wie man vielleicht annehmen möchte. Eine von ihnen, in besonderen Fällen auch beide, bestimmt man z. B. aus der Beobachtung spektroskopischer Doppelsterne, bei denen die Bahnelemente nicht aus Örtern, sondern aus der Geschwindigkeit in der absoluten Bahn abgeleitet werden.

Für die beiden absoluten Bahnen mit der Exzentrizität ε sind im Perizentrum nach den Gln. (74) mit $\varphi=0^0$ und unter Beachtung der Gl. (44) für p folgende Anfangsgeschwindigkeiten notwendig:

$$v_M^2=f\frac{M+m}{r_M}\left(\frac{r_M}{R}\right)^3(1+\varepsilon)=-b_M r_M(1+\varepsilon)$$
$$v_m^2=f\frac{M+m}{r_m}\left(\frac{r_m}{R}\right)^3(1+\varepsilon)=-b_m r_m(1+\varepsilon),\quad(111)$$

welche, wie zu fordern ist, der Bedingung (58) genügen. Diese Gleichungen sind formal genau so aufgebaut, wie die entsprechende Gl. (107) für das Einkörper-Problem. Dasselbe gilt für die Beschleunigungen im Lagrangeschen Dreikörper-Problem nach den Gln. (99), die wir nun in folgender Form schreiben:

$$b_\mu=-f\frac{M+m+\mu}{r_\mu^2}\left(\frac{r_\mu}{R}\right)^3=-f\frac{\mathfrak{M}''}{r_\mu^2}$$
$$b_m=-f\frac{M+m+\mu}{r_m^2}\left(\frac{r_m}{R}\right)^3=-f\frac{\mathfrak{M}'}{r_m^2}\quad(112)$$
$$b_M=-f\frac{M+m+\mu}{r_M^2}\left(\frac{r_M}{R}\right)^3=-f\frac{\mathfrak{M}}{r_M^2}.$$

Wiederum verhält sich dieses System so, als übten die Einzelmassen keine Kräfte aufeinander aus, sondern so, als befänden sich im Schwerpunkt jeweils die Ersatzmassen:

$$\mathfrak{M}''=(M+m+\mu)\left(\frac{r_\mu}{R}\right)^3;\quad \mathfrak{M}'=(M+m+\mu)\left(\frac{r_m}{R}\right)^3;$$
$$\mathfrak{M}=(M+m+\mu)\left(\frac{r_M}{R}\right)^3.$$

Aus den beiden letzten dieser Gleichungen ergeben sich z. B. für $\mu = 0$ (Zwei-körper-Problem), also $s_2 = s_3 = R$ unter Beachtung der beiden letzten der Gln. (98) die Ersatzmassen (109) und (110).

Man wird uns nun nicht mehr eines Analogieschlusses schuldig sprechen, wenn wir nach demselben Bildungsgesetz, das den Gln. (107) und (111) zugrunde liegt, die Anfangsgeschwindigkeiten im jeweiligen Perizentrum hinschreiben, welche für Kegelschnitte der Exzentrizität ε des Lagrangeschen Dreikörper-Systems notwendig sind:

$$v_\mu^2 = f\,\frac{M+m+\mu}{r_\mu}\left(\frac{r_\mu}{R}\right)^3 (1+\varepsilon) = -b_\mu r_\mu\,(1+\varepsilon)$$

$$v_m^2 = f\,\frac{M+m+\mu}{r_m}\left(\frac{r_m}{R}\right)^3 (1+\varepsilon) = -b_m r_m\,(1+\varepsilon) \tag{113}$$

$$v_M^2 = f\,\frac{M+m+\mu}{r_M}\left(\frac{r_M}{R}\right)^3 (1+\varepsilon) = -b_M r_M\,(1+\varepsilon).$$

Diese genügen der zur Erhaltung der Konstellation als notwendig befundenen Bedingung (100) dann und nur dann, wenn die drei Kegelschnitte gleiche Exzentrizität haben, also einander ähnlich sind. Das erscheint beinahe selbstverständlich, denn wenn etwa die eine Masse einen Kreis ($\varepsilon = 0$), die zweite eine Ellipse ($\varepsilon > 0$) und die dritte eine Parabel ($\varepsilon = 1$) beschreiben würde, könnten sie nicht für alle Zeiten ein gleichseitiges Dreieck bilden.

Aus alledem folgt also abschließend:

Wenn drei Massen beliebiger Größe ein gleichseitiges Dreieck bilden, und die Anfangsgeschwindigkeiten so beschaffen sind, daß ihre Richtungen mit den Richtungen zum jeweiligen Schwerpunkt gleiche Winkel bilden, ihre Beträge sich aber wie die Abstände vom Schwerpunkt verhalten, dann beschreiben sie ungestörte, einander ähnliche Kegelschnitte um den gemeinsamen Schwerpunkt als Brennpunkt. Die Bahnachsen sind um feste Winkel gegeneinander geneigt.

Die obigen Gleichungen beziehen sich auf den gemeinsamen Schwerpunkt der drei Massen, sie beschreiben also die Verhältnisse in den absoluten Bahnen. Betrachtet man die relativen Bahnen etwa von m und μ um die Masse M, so lassen sich die dafür gültigen Gleichungen sofort hinschreiben. Wir sahen, daß die Analogie zum Zweikörper-Problem vollkommen ist. Also setzen wir für die relativen Bahnen, wie aus den Gln. (62) und (63) folgt, $r_\mu = r_m = R$, $r_M = 0$. Dann ergeben sich Beziehungen, die mit den entsprechenden Gleichungen des Zweikörper-Problems übereinstimmen, mit dem Unterschied nur, daß statt der Massensumme $M + m$ hier $M + m + \mu$ zu setzen ist. Man verifiziert das auch leicht dadurch, daß man in Abb. 15 ein Koordinatensystem im Schwerpunkt so orientiert, daß etwa die ξ-Achse parallel zu Mm liegt, die rechtwinkligen Komponenten der Beschleunigungen bildet und zur Ableitung der relativen Beschleunigungen wie auf S. 63 verfährt. Die darin auftretenden Koordinatendifferenzen lassen sich leicht durch R ausdrücken. Werden die ξ- und η-Komponenten quadriert und addiert, so erhält man nach den Ausführungen auf S. 30 die Beträge der relativen Beschleunigungen. Wir schreiben die Gleichungen nicht mehr hin, begnügen uns auch mit der Feststellung, die sofort aus der Anschauung folgt, daß die relativen Bahnen von m und μ um M kongruente Kegelschnitte sind, deren Achsen um 60° gegeneinander geneigt sind. Bezüglich der Energiebilanz ist für die absoluten und die relativen Bahnen wörtlich das zu wiederholen, was schon beim Zweikörper-Problem gesagt worden ist.

Wir wenden uns nun noch dem 3. Keplerschen Gesetz zu, welches in der Form (27) eine Verknüpfung der großen Halbachse der Bahn mit der Umlaufzeit darstellt. Je größer die große Halbachse, desto länger ist die Umlaufzeit, sie hängt nur von dieser, und nicht von der Bahnform ab. In dieser Form gilt das Gesetz offenbar nicht für die Bahn zweier Massen um den gemeinsamen Schwerpunkt, denn hier sind die Umlaufzeiten unter allen Umständen einander gleich, selbst bei sehr verschiedenen Massen, also auch sehr verschiedenen Halbachsen der absoluten Bahnen. Aber die Bewegung um den gemeinsamen Schwerpunkt steht darum nicht im Widerspruch zu dem 3. Keplerschen Gesetz. In der Form (27) gilt es nur für die relative Bahn, also für das Einkörper-Problem. Für dieses ist mit $r_M = r_m = R$ nach den Gln. (109) und (110) die Ersatzmasse:

$$\mathfrak{M} = M + m.$$

Gerade diese geht in das 3. Keplersche Gesetz ein. Führen wir also die entsprechenden Werte (109) und (110) für das Zweikörper-Problem ein, so können wir das 3. Keplersche Gesetz für die beiden absoluten Bahnen sofort hinschreiben:

$$\frac{4\,\pi^2}{U^2}\,a_M^3 = f\,\frac{m^3}{(M+m)^2} = f m \left(\frac{r_M}{R}\right)^2; \;\; \frac{4\,\pi^2}{U^2}\,a_m^3 = f\,\frac{M^3}{(M+m)^2} = f M \left(\frac{r_m}{R}\right)^2. \quad (114)$$

Man findet durch Division dieser Gleichungen, daß sie sowohl die Beziehung (59), als auch die Bedingung (58) enthalten. Die Größe $4\,\pi^2\,a^2/U^2$ ist ja das Quadrat der Bahngeschwindigkeit in der zugeordneten Kreisbahn.

Mit Hilfe der Ersatzmassen im Schwerpunkt kann man das Zweikörper-Problem als zwei voneinander unabhängige Einkörper-Probleme behandeln. In der Tat lassen sich alle obigen Formeln auch auf diesem Wege aus der in der Form (108) geschriebenen Gl. (62) ableiten. Auch die Gln. (114) ergeben sich so auf demselben Wege, auf dem wir zu der Gl. (27) gelangt sind.

Das 3. Keplersche Gesetz gilt auch für jede der drei absoluten Bahnen im Lagrangeschen Dreikörper-Problem. Es läßt sich nur nicht in der ersten Form der Gln. (114) schreiben, da die Verhältnisse r/R in den Gl. (112) nach den Gln. (97) nicht mehr in so einfacher Form durch die Massen auszudrücken sind, wie beim Zweikörper-System, wo beide Massen mit ihrem Schwerpunkt immer auf einer Geraden liegen. Schreiben wir die erste der Gln. (114) noch in der Form:

$$\frac{4\,\pi^2}{U^2}\,a_M^3 = f\,(M+m)\left(\frac{r_M}{R}\right)^3,$$

so lautet die entsprechende Gleichung für M im Lagrangeschen Dreikörper-Problem:

$$\frac{4\,\pi^2}{U^2}\,a_M^3 = f\,(M+m+\mu)\left(\frac{r_M}{R}\right)^3.$$

Es herrscht also auch hier vollkommene formale Übereinstimmung.

Wir stellen noch einmal die wichtigsten Formeln für das Ein-, Zwei- und das Lagrangesche Dreikörper-Problem zum Vergleich zusammen. Sie sind gegenüber der früheren Schreibweise zum Teil in leicht erkennbarer Weise umgeformt, so daß völlige formale Übereinstimmung erzielt wird. Man erkennt nunmehr ganz klar folgendes (Tab. 4, S. 81):

1. Die Formeln unterscheiden sich ausnahmslos nur dadurch, daß in jeder von ihnen die entsprechenden, unter Punkt 2 der Tab. 4 gegebenen Ersatzmassen im Koordinatenursprung auftreten, und außerdem die der jeweiligen Bahn entsprechenden relativen bzw. absoluten Maßgrößen ohne Index oder mit dem Index M, m, oder μ.

2. Für das Zweikörper-Problem entstehen die Formeln für die relative Bahn (Einkörper-Problem), indem man etwa $r_m = R$ und $r_M = 0$ setzt.

3. Die Formeln für das Zweikörper-Problem ergeben sich aus denen des Lagrange-schen Dreikörper-Problems mit $\mu = 0$.

Die Formeln für die beiden relativen Bahnen um die ruhende Masse M im Lagrangeschen Dreikörper-System ergeben sich, wenn man $r_M = 0$, $p_M = 0$ und $r_m = r_\mu = R$ sowie $p_m = p_\mu = p$ setzt. Man erkennt sofort, daß dann Gleichungen entstehen, welche mit denen des Einkörper-Problems formal bis auf die anzu-wendende Ersatzmasse übereinstimmen. Letztere ist beim Dreikörper-Problem $\mathfrak{M} = M + m + \mu$.

18. Kinetische, potentielle und Gesamtenergie des Lagrangeschen Dreikörper-Systems

Die Ausdrücke für die Energien im Lagrangeschen Dreikörper-System sind etwas komplexer als die entsprechenden für das Zweikörper-Problem. Wir gehen daher kurz darauf ein.

Unter Punkt 5 in Tab. 4 sind die für die kinetischen Energien der Einzelmassen maßgebenden Größen v^2, bezogen auf den Schwerpunkt gegeben. Mit $^1/_2\,M$, $^1/_2\,m$ und $^1/_2\,\mu$ multipliziert und dann addiert ergeben sie die kinetische Gesamtenergie des Systems. Wir erinnern dabei daran, daß zwar im Dreikörper-System die einfachen Beziehungen zwischen den Massen und ihren Schwerpunktabständen nicht mehr bestehen. Wohl aber bleibt die Verhältnisgleichheit der Maßgrößen der einander ähnlichen absoluten Bahnen und den diesen wiederum ähnlichen und einander kongruenten relativen Bahnen erhalten. Es gelten also auch hier Gleichungen, von der Art der Gl. (64), und damit finden wir die kinetische Gesamtenergie unter Beachtung dieser Gleichung:

$$K = f\,(M + m + \mu)\,\frac{1}{2}\left\{\frac{\varepsilon^2}{p}\,\frac{r_M^2}{R^2}\,M\,\sin^2\varphi + \frac{p}{R^2}\,\frac{r_M^2}{R^2}\,M + \frac{\varepsilon^2}{p}\,\frac{r_m^2}{R^2}\,m\,\sin^2\varphi + \right.$$

$$\left. + \frac{p}{R^2}\,\frac{r_m^2}{R^2}\,m + \frac{\varepsilon^2}{p}\,\frac{r_\mu^2}{R^2}\,\mu\,\sin^2\varphi + \frac{p}{R^2}\,\frac{r_\mu^2}{R^2}\,\mu\right\}$$

$$K = f\,\frac{M + m + \mu}{R}\,\frac{1}{2}\left\{M\left(\frac{r_M}{R}\right)^2 + m\left(\frac{r_m}{R}\right)^2 + \mu\left(\frac{r_\mu}{R}\right)^2\right\}\left(R\,\frac{\varepsilon^2}{p}\,\sin^2\varphi + \frac{p}{R}\right), \quad (115)$$

wenn wir noch bedenken, daß wir den Polarwinkel φ immer vom jeweiligen Peri-zentrum ab zählen, so daß $\varphi_M = \varphi_m = \varphi_\mu$.

Wir betrachten eine Kreisbewegung, $\varepsilon = 0$, $p = R$. Nimmt man die Größe $1/R^2$ aus der Klammer, dann steht rechts vom Gleichheitszeichen zunächst das

Tabelle 4

	Einkörper-Problem	Zweikörper-System als Zweikörper-Problem	Lagrangesches Dreikörper-System
1. Beschleunigung	$b = -f \dfrac{M+m}{R^2}$	$b_M = -f \dfrac{M+m}{r_M^2}\left(\dfrac{r_M}{R}\right)^3$ $b_m = -f \dfrac{M+m}{r_m^2}\left(\dfrac{r_m}{R}\right)^3$	$b_M = -f \dfrac{M+m+\mu}{r_M^2}\left(\dfrac{r_M}{R}\right)^3$ $b_m = -f \dfrac{M+m+\mu}{r_m^2}\left(\dfrac{r_m}{R}\right)^3$ $b_\mu = -f \dfrac{M+m+\mu}{r_\mu^2}\left(\dfrac{r_\mu}{R}\right)^3$
2. Ersatzmassen	$\mathfrak{M} = M+m$	$\mathfrak{M} = (M+m)\left(\dfrac{r_M}{R}\right)^3 = \dfrac{m^3}{(M+m)^2}$ $\mathfrak{M}' = (M+m)\left(\dfrac{r_m}{R}\right)^3 = \dfrac{M^3}{(M+m)^2}$	$\mathfrak{M} = (M+m+\mu)\left(\dfrac{r_M}{R}\right)^3$ $\mathfrak{M}' = (M+m+\mu)\left(\dfrac{r_m}{R}\right)^3$ $\mathfrak{M}'' = (M+m+\mu)\left(\dfrac{r_\mu}{R}\right)^3$
3. Radialgeschwindigkeit	$v_r^2 = = f(M+m)\dfrac{\varepsilon^2}{p}\sin^2\varphi$	$v_{r,M}^2 = f(M+m)\dfrac{\varepsilon^2}{p_M}\sin^2\varphi\left(\dfrac{r_M}{R}\right)^3$ $v_{r,m}^2 = f(M+m)\dfrac{\varepsilon^2}{p_m}\sin^2\varphi\left(\dfrac{r_m}{R}\right)^3$	$v_{r,M}^2 = f(M+m+\mu)\dfrac{\varepsilon^2}{p_M}\sin^2\varphi\left(\dfrac{r_M}{R}\right)^3$ $v_{r,m}^2 = f(M+m+\mu)\dfrac{\varepsilon^2}{p_m}\sin^2\varphi\left(\dfrac{r_m}{R}\right)^3$ $v_{r,\mu}^2 = f(M+m+\mu)\dfrac{\varepsilon^2}{p_\mu}\sin^2\varphi\left(\dfrac{r_\mu}{R}\right)^3$
4. Transversalgeschwindigkeit	$v_t^2 = f(M+m)\dfrac{p}{R^2}$	$v_{t,M}^2 = f(M+m)\dfrac{p_M}{r_M^2}\left(\dfrac{r_M}{R}\right)^3$ $v_{t,m}^2 = f(M+m)\dfrac{p_m}{r_m^2}\left(\dfrac{r_m}{R}\right)^3$	$v_{t,M}^2 = f(M+m+\mu)\dfrac{p_M}{r_M^2}\left(\dfrac{r_M}{R}\right)^3$ $v_{t,m}^2 = f(M+m+\mu)\dfrac{p_m}{r_m^2}\left(\dfrac{r_m}{R}\right)^3$ $v_{t,\mu}^2 = f(M+m+\mu)\dfrac{p_\mu}{r_\mu^2}\left(\dfrac{r_\mu}{R}\right)^3$
5. Bahngeschwindigkeit	$v^2 = f(M+m) \times \times\left(\dfrac{\varepsilon^2}{p}\sin^2\varphi + \dfrac{p}{R^2}\right)$	$v_M^2 = f(M+m)\left(\dfrac{\varepsilon^2}{p_M}\sin^2\varphi + \dfrac{p_M}{r_M^2}\right)\left(\dfrac{r_M}{R}\right)^3$ $v_m^2 = f(M+m)\left(\dfrac{\varepsilon^2}{p_m}\sin^2\varphi + \dfrac{p_m}{r_m^2}\right)\left(\dfrac{r_m}{R}\right)^3$	$v_M^2 = f(M+m+\mu)\left(\dfrac{\varepsilon^2}{p_M}\sin^2\varphi + \dfrac{p_M}{r_M^2}\right)\left(\dfrac{r_M}{R}\right)^3$ $v_m^2 = f(M+m+\mu)\left(\dfrac{\varepsilon^2}{p_m}\sin\varphi + \dfrac{p_m}{r_m^2}\right)\left(\dfrac{r_m}{R}\right)^3$ $v_\mu^2 = f(M+m+\mu)\left(\dfrac{\varepsilon^2}{p_\mu}\sin\varphi + \dfrac{p_\mu}{r_\mu^2}\right)\left(\dfrac{r_\mu}{R}\right)^3$
6. Flächengeschwindigkeit	$F^2 = f(M+m)p$	$F_M^2 = f(M+m)p_M\left(\dfrac{r_M}{R}\right)^3$ $F_m^2 = f(M+m)p_m\left(\dfrac{r_m}{R}\right)^3$	$F_M^2 = f(M+m+\mu)p_M\left(\dfrac{r_M}{R}\right)^3$ $F_m^2 = f(M+m+\mu)p_m\left(\dfrac{r_m}{R}\right)^3$ $F_\mu^2 = f(M+m+\mu)p_\mu\left(\dfrac{r_\mu}{R}\right)^3$
7. Drittes Keplersches Gesetz	$\dfrac{4\pi^2}{U^2}a^3 = f(M+m)$	$\dfrac{4\pi^2}{U^2}a_M^3 = f(M+m)\left(\dfrac{r_M}{R}\right)^3$ $\dfrac{4\pi^2}{U^2}a_m^3 = f(M+m)\left(\dfrac{r_m}{R}\right)^3$	$\dfrac{4\pi^2}{U^2}a_M^3 = f(M+m+\mu)\left(\dfrac{r_M}{R}\right)^3$ $\dfrac{4\pi^2}{U^2}a_m^3 = f(M+m+\mu)\left(\dfrac{r_m}{R}\right)^3$ $\dfrac{4\pi^2}{U^2}a_\mu^3 = f(M+m+\mu)\left(\dfrac{r_\mu}{R}\right)^3$
8. Gesamt-Energie	$E = = f(M+m)\,m\dfrac{\varepsilon^2-1}{2p}$	$E = f(M+m)\,m\dfrac{r_m}{R}\dfrac{\varepsilon^2-1}{2p}$	$E = f(M+m+\mu)\left\{M\left(\dfrac{r_M}{R}\right)^2 + m\left(\dfrac{r_m}{R}\right)^2 + \mu\left(\dfrac{r_\mu}{R}\right)^2\right\}\dfrac{\varepsilon^2-1}{2p}$

6   Gartmann, Raumfahrtforschung

Quadrat der Winkelgeschwindigkeit im Kreis, wie ein Vergleich mit den Gln. (72) zeigt. Die noch verbleibende Summe:

$$J = M r_M^2 + m r_m^2 + \mu r_\mu^2$$

ist aber das Trägheitsmoment des Systems der drei Massen, bezogen auf eine Achse durch den Schwerpunkt senkrecht zur Dreiecksebene. Bezeichnet man die Winkelgeschwindigkeit mit ω, so kann man Gl. (115) für die Kreisbahn auch schreiben:

$$K = \frac{1}{2} J \omega^2.$$

Das ist die aus der Mechanik bekannte Formel für die kinetische Energie des rotierenden starren Körpers. Wir bemerkten früher schon, daß das Lagrangesche Dreikörper-System im Falle einer Kreisbahn wie ein starrer Körper um den Schwerpunkt rotiert.

Die Gl. (115) enthält, wie man leicht verifiziert:

1. Mit $\mu = 0$ die kinetische Energie (74a) des Zweikörper-Systems, bezogen auf den Schwerpunkt.
2. Mit $\mu = 0$, $r_M = 0$ und $r_m = R$ die kinetische Energie (40) des Zweikörper-Systems in der relativen Bahn.

Zu Punkt 1 ist die Schwerpunktsbedingung (57) zu beachten. Mit $r_M = 0$ und $r_m = r_\mu = R$ folgt die kinetische Energie des Lagrangeschen Dreikörper-Systems in Bezug auf die Masse M als Nullpunkt:

$$K = f \frac{M + m + \mu}{R} \frac{1}{2} (m + \mu) \left(R \frac{\varepsilon^2}{p} \sin^2 \varphi + \frac{p}{R} \right). \tag{116}$$

Wenn man die potentielle Energie auf dem Wege der Gl. (74b), also durch Integration der Kraftgesetze (99) gewinnen will, muß man darauf achten, daß man auf dem Wege vom Ausgangsort ins Unendliche die Figur des gleichseitigen Dreiecks nicht zerstört, denn nur für diese Konstellation gelten die Gl. (99). Man erreicht das am einfachsten dadurch, daß man die drei Massen gleichzeitig in Richtung vom gemeinsamen Schwerpunkt fort, also entgegen der Richtung der wirksamen Kräfte, ins Unendliche führt. Wir beziehen uns hier demgemäß konsequent auf den Schwerpunkt und bestimmen die potentielle Energie der Einzelmassen in bezug auf die zugehörige Ersatzmasse (s. Tab. 4) als die Arbeit, welche notwendig ist, um jede von ihnen aus der Entfernung r vom Schwerpunkt ins Unendliche zu befördern. Das erreicht man dadurch, daß man nicht R, sondern r als Integrationsvariable nimmt, die Kraftgesetze also nicht in der Form (99), sondern in der in Tab. 4 gegebenen Form ansetzt. Da die Verhältnisse r/R konstant sind, findet man z. B. für die potentielle Teilenergie der Masse μ in bezug auf ihre Ersatzmasse:

$$-\int_{r_\mu}^{\infty} f \frac{M + m + \mu}{r_\mu^2} \mu \left(\frac{r_\mu}{R} \right)^3 d r_\mu = - f \frac{M + m + \mu}{R} \left(\frac{r_\mu}{R} \right)^2 \mu$$

und entsprechendes für die beiden anderen Massen. Die potentielle Gesamtenergie des Systems bezogen auf den Schwerpunkt ist die Summe der Teilenergien:

$$P = -f \frac{M+m+\mu}{R} \left\{ M \left(\frac{r_M}{R} \right)^2 + m \left(\frac{r_m}{R} \right)^2 + \mu \left(\frac{r_\mu}{R} \right)^2 \right\}. \tag{117}$$

Diese Gleichung enthält wieder mit $\mu = 0$ das Ergebnis (74b) für zwei Körper, und dieses kann auch auf demselben Wege gewonnen werden. Beim Zweikörper-Problem ist aber der hier notwendige Weg über die Teilenergien überflüssig, weil die zwei Massen unabhängig von dem Wege, auf dem man sie ins Unendliche führt, ihre Konstellation — die gerade Linie — erhalten.

Mit $r_M = 0$, $r_m = r_\mu = R$ findet man schließlich noch die potentielle Energie in bezug auf die Masse M:

$$P = -f \frac{M+m+\mu}{R} (m+\mu). \tag{118}$$

Die Gln. (115) und (117) bzw. (116) und 118) ergeben die Gesamtenergie auf demselben Wege, auf dem wir zu der Gl. (45) gelangt sind:

bezogen auf den Schwerpunkt:

$$E = f (M + m + \mu) \left\{ M \left(\frac{r_M}{R} \right)^2 + m \left(\frac{r_m}{R} \right)^2 + \mu \left(\frac{r_\mu}{R} \right)^2 \right\} \frac{\varepsilon^2 - 1}{2p} \tag{119}$$

und bezogen auf die Masse M:

$$E = f (M + m + \mu) (m + \mu) \frac{\varepsilon^2 - 1}{2p}. \tag{120}$$

Die Formeln für die Gesamtenergie des Zweikörper-Systems sind wieder Spezialfälle der Gln. (119) und (120) für $\mu = 0$.

· Auch bezüglich der Gleichungen für die Energien herrscht vollkommene Analogie zwischen dem Zweikörper-Problem und dem Lagrangeschen Dreikörper-Problem, wenn auch die Ausdrücke scheinbar verschieden sind. Diese scheinbare Verschiedenheit ist aber nur eine Folge des Schwerpunktsatzes, den wir nach Gl. (58) für zwei Körper in der Form schreiben:

$$M r_M = m r_m,$$

und der die einfache Beziehung zwischen den Massen und ihren Schwerpunktsabständen darstellt, welche bei drei Körpern nicht mehr besteht, auch dann nicht, wenn sie alle auf einer Geraden liegen. Macht man von dieser Beziehung keinen Gebrauch, dann stimmen die Gleichungen für das Zweikörper-Problem formal vollkommen mit den obigen überein.

19. Drei weitere lösbare Fälle des Dreikörper-Problems

Ein Blick auf die Zusammenstellung der Tab. 4, S. 81 zeigt, daß in dem Lagrangeschen lösbaren Fall des Dreikörper-Problems für jeden der drei Körper das Spiel der Kräfte genau so stattfindet, wie wir es im Abschnitt 8 für das Zweikörper-Problem dargestellt haben. Das ist auch selbstverständlich, da es sich auch hier um ein dynamisch vollkommen ausgewogenes System handelt. Im Falle von Kreisbahnen ($\varepsilon = 0$, $p = r$) ist dann auch, wie Tab. 4 zeigt, die Fliehbeschleunigung v^2/r in jedem Bahnpunkt für jeden der drei Körper entgegengesetzt gleich der Zentralbeschleunigung b. Wir haben aber im Abschnitt 14

gesehen, daß die Zentralbeschleunigung eines Körpers, der sich auf der Mittel-
senkrechten der Verbindungslinie zweier Massen befindet, immer nach dem Schwerpunkt der beiden letzteren gerichtet ist, daß also im Lagrangeschen Dreikörper-
System alle drei Zentralbeschleunigungen nach dem gemeinsamen Schwerpunkt
aller drei Körper gerichtet sind. Da dieser aber an der Bewegung nicht teilnimmt,
also gemeinsamer Mittelpunkt (oder Brennpunkt) aller drei Bahnen ist, so ist die
Fliehbeschleunigung von ihm fortgerichtet. Mithin sind im Lagrangeschen
Dreikörper-Problem für jeden der drei Körper Fliehbeschleunigung und Zentralbeschleunigung nicht nur dem Vorzeichen, sondern auch der Richtung nach einander genau entgegengesetzt gleich. Eben darum ist dieses System, wenn einmal
die notwendigen Anfangsbedingungen verwirklicht sind, dynamisch stabil, und
das gilt naturgemäß für jedes System von drei Körpern, für welches sich diese
Forderung erfüllen und dauernd erhalten läßt. Das ist außer für die Anordnung
im gleichseitigen Dreieck auch dann möglich, wenn die drei Massen auf einer
Geraden liegen, denn dann ist die eine Forderung, daß Zentrifugal- und Zentralbeschleunigung einander genau
entgegengesetzte Richtung haben,
eo ipso erfüllt. Wenn es auf der
Verbindungslinie zweier Massen,
die den gemeinsamen Schwerpunkt umkreisen, einen oder
mehrere Punkte gibt, in denen
auf eine dort befindliche Masse
eine resultierende Zentralkraft
wirkt, welche derjenigen Fliehkraft dem Betrage nach gleich ist,
welche dieser Körper dann erfährt, wenn er dauernd in diesem
Punkt der Geraden bleiben soll,
dann ist auch eine solche Konstellation bei Einhaltung bestimmter
Anfangsbedingungen stabil. In
der Tat gibt es drei solcher
Punkte, und wir wollen uns davon
an Hand der Abb. 16 zunächst anschaulich überzeugen. Unter der
Annahme eines Massenverhältnisses $M : m = 10 : 1$ und eines
Radienverhältnisses der beiden

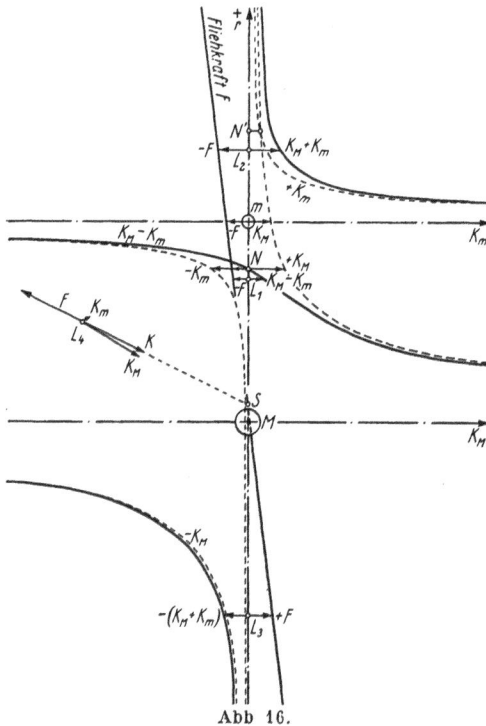

Abb 16.

Massen von 2 : 1 (d. h. nahezu gleicher Dichte), ist in Abb. 16 dargestellt:

1. Strichliert die Kraft K_M von M auf eine Masse μ im Abstand r von M, oder
   auch die Beschleunigung einer sehr kleinen Masse μ in Bezug auf M bzw. die
   Beschleunigung der Masse m in Bezug auf den Schwerpunkt S von M und m.
2. Strichliert die Kraft K_m von m auf dieselbe Masse μ im Abstand r von m, oder
   die Beschleunigung von μ in Bezug auf m bzw. die Beschleunigung der Masse
   M in Bezug auf den Schwerpunkt S.

3. Ausgezogen die Summe $K_M + K_m$ dieser Kräfte, d. i. auch die Beschleunigung der sehr kleinen Masse μ in Bezug auf den Schwerpunkt S von M und m.

Die Abstände r sind dabei auf der vertikalen Achse $M\,m$ aufgetragen, die Kräfte senkrecht dazu nach links, wenn sie die Richtung der positiven Achse $\overrightarrow{M\,m}$ haben, im anderen Falle nach rechts. Wir betrachten dabei nur die Punkte der Geraden $M\,m$, in denen die Kräfte K_M und K_m gleiche oder entgegengesetzte Richtung haben. Die eine Summenkurve schneidet die vertikale Achse zwischen M und m im abarischen Punkt N, hier sind K_M und K_m einander entgegengesetzt gleich. In dessen Antipoden N' auf der Isoquoten $K_m/K_M = 1$ sind sie mit gleichem Vorzeichen einander gleich.

Die Fliehkraft in jedem Punkt der Geraden $M\,m$, die mit der Winkelgeschwindigkeit ω von M und m um den Schwerpunkt S als Angel rotiert, ist als $F = \omega^2 r$ eine Gerade durch den Schwerpunkt. An der Stelle der Mittelpunkte von m und M schneidet sie auf den horizontalen Achsen K_m bzw. K_M Stücke ab, welche (für die Kreisbahn in jeden Augenblick) entgegengesetzt gleich sind den dort herrschenden Anziehungskräften K_M bzw. K_m. Vorausgesetzt wird dabei aber wiederum, daß μ im Vergleich zu M und m so klein ist, daß es deren Bahnen um den gemeinsamen Schwerpunkt nicht merklich stört. Es gibt dann drei und nur drei Punkte L_1, L_2, L_3, in denen die Fliehkraft F und die Summe $K_M + K_m$ einander entgegengesetzt gleich sind. Wenn also in einem dieser Punkte eine kleine Masse μ mit der Winkelgeschwindigkeit von M bzw. m senkrecht zu der Geraden $M\,m$ (Kreisbahn) auf die Reise geht, dann bleibt sie dauernd in diesem Punkt auf der Geraden $M\,m$, bildet also mit M und m ein lösbares Dreikörper-Problem. Auch diese Fälle sind schon von Lagrange behandelt worden.

In Abb. 16 ist noch der eine Lagrangesche Dreieckspunkt L_4, eingezeichnet. Die dort in Abstand $R = M\,m$ von M und m herrschenden Kräfte bzw. Beschleunigungen lassen sich leicht an den Stellen M und m auf den strichlierten Kurven abgreifen. Sie sind, dreifach vergrößert, als Pfeile nach M und m hin aufgetragen. Die Resultierende K ist, wie in Abschnitt 14 gezeigt, zum Schwerpunkt S gerichtet. Die Fliehkraft F greift man, mit SL_4 als Ordinate, als Abszisse der Geraden F ab. Sie ist vom ruhenden Schwerpunkt fort gerichtet und der Resultierenden K dem Betrage nach gleich.

Im abarischen Punkt N kann eine Masse niemals in Ruhe relativ zu M und m verharren, denn dort herrscht als Restkraft eine Fliehkraft (in Abb. 16 nach links gezeichnet), welche sie sofort abdrängt, und zwar in Richtung m. Man kann sie mit keiner Anfangsgeschwindigkeit dort halten, weil N im Gegensatz zu den Punkten L_1 bis L_4 kein dynamischer, sondern nur ein statischer Gleichgewichtspunkt ist.

Zur rechnerischen Ermittlung der Lage der drei Punkte L_1, L_2, L_3 unterscheiden wir diese drei Fälle, je nachdem wie die drei Massen M, m, μ zueinander angeordnet sind. Sie können also in folgender Reihenfolge auf der Geraden liegen: Erstens: M, μ, m, zweitens: M, m, μ, drittens μ, M, m. Diese drei Fälle sind in Abb. 17 dargestellt. Wir bezeichnen mit R ohne Index immer den Abstand von M und m. Durch den Index m ist der Abstand der Masse μ in den drei möglichen Lagen μ_1, μ_2 und μ_3 von der Masse m, durch den Index M ihr Abstand von M bezeichnet.

Alle Größen R nehmen wir grundsätzlich positiv. Als positive Richtung für die auftretenden Beschleunigungen setzen wir die Richtung von M über m fest. Zur Vereinfachung der Rechnung wollen wir annehmen, daß M und m von vergleichbarer Größe sind, μ aber sehr klein sein soll, also: $M \sim m \gg \mu$. Es handelt sich

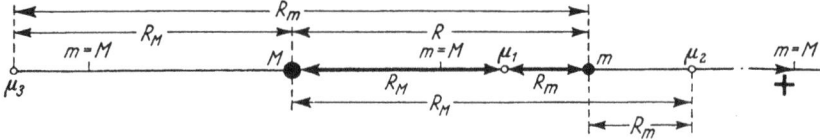

Abb. 17.

dann um das sog. eingeschränkte (restingierte) Dreikörper-Problem. Unter dieser Voraussetzung stellen wir die Beschleunigungen zusammen, die jeder der Massen durch die beiden anderen erteilt werden:

1. Fall: M, μ, m 　　　2. Fall: M, m, μ 　　　3. Fall: μ, M, m

$$b_\mu = -f \frac{M}{R_M^2} + f \frac{m}{R_m^2} \qquad b_\mu = -f \frac{M}{R_M^2} - f \frac{m}{R_m^2} \qquad b_\mu = f \frac{M}{R_M^2} + f \frac{m}{R_m^2}$$

$$b_M = f \frac{m}{R^2} \left[+f \frac{\mu}{R_M^2} \right] \qquad b_M = f \frac{m}{R^2} \left[+f \frac{\mu}{R_M^2} \right] \qquad b_M = f \frac{m}{R^2} \left[-f \frac{\mu}{R_M^2} \right] \quad (121)$$

$$b_m = -f \frac{M}{R^2} \left[-f \frac{\mu}{R_m^2} \right] \qquad b_m = -f \frac{M}{R^2} \left[+f \frac{\mu}{R_m^2} \right] \qquad b_m = -f \frac{M}{R^2} \left[-f \frac{\mu}{R_m^2} \right]$$

Wir wollen uns weiter auf die relativen Bahnen in bezug auf die Masse M beschränken, also aus den Gln. (121) die relativen Beschleunigungen bilden, wobei wir die in eckige Klammern gesetzten Terme wegen der oben über μ getroffenen Verabredung vernachlässigen. Beschränken wir uns weiter auf Kreisbahnen — das bedeutet nur eine Vereinfachung der Rechnung, keine Einschränkung der Allgemeingültigkeit — dann müssen diese Beschleunigungen dem Betrage nach gleich sein den auftretenden Zentrifugalbeschleunigungen v^2/R:

$$1. \; b_\mu = -f \frac{M}{R_M^2} + f \frac{m}{R_m^2} - f \frac{m}{R^2} = \frac{v_\mu^2}{R_M}; \qquad b_m = -f \frac{M+m}{R^2} = \frac{v_m^2}{R};$$

$$2. \; b_\mu = -f \frac{M}{R_M^2} - f \frac{m}{R_m^2} - f \frac{m}{R^2} = \frac{v_\mu^2}{R_M}; \qquad b_m = -f \frac{M+m}{R^2} = \frac{v_m^2}{R}; \quad (122)$$

$$3. \; b_\mu = +f \frac{M}{R_M^2} + f \frac{m}{R_m^2} - f \frac{m}{R^2} = -\frac{v_\mu^2}{R_M}; \qquad b_m = -f \frac{M+m}{R^2} = \frac{v_m^2}{R}.$$

Diese Gleichungen sind mit den Gln. (78) identisch, wenn man dort die x-Achse in die Verbindungslinie der drei Massen legt. Da die Zentrifugalbeschleunigungen für die beiden ersten Fälle beide die positive Richtung haben, brauchen wir sie nicht durch Vorzeichen voneinander zu unterscheiden. Im dritten Falle dagegen müssen wir der Zentrifugalbeschleunigung von μ das negative Vorzeichen geben.

Wenn nun die beiden Massen m und μ wie ein starres Gebilde um die Masse M umlaufen sollen, dann müssen ihre Bahngeschwindigkeiten v folgende Bedingung erfüllen (s. Abb. 16):

$$\frac{v_m}{v_\mu} = \frac{R}{R_M}. \tag{123}$$

Also wird:

$$\frac{v_\mu^2}{R_M} = \frac{v_m^2}{R}\frac{R_M}{R}.$$ (123a)

Damit sind auch gleich die notwendigen Anfangsgeschwindigkeiten in ihrem Verhältnis zueinander festgelegt.

Für v_m^2/R setzen wir den Wert aus der zweiten der Gln. (122) ein:

$$\frac{v_\mu^2}{R_M} = -\frac{R_M}{R}f\frac{M+m}{R^2}.$$

Das in die ersten der Gl. (122) eingetragen, ergibt:

1. $\dfrac{\dfrac{M}{R_M^2} - \dfrac{m}{R_m^2} + \dfrac{m}{R^2}}{\dfrac{M+m}{R^2}} = \dfrac{R_M}{R};$ $M\dfrac{R^2}{R_M^2} - m\left(\dfrac{R^2}{R_m^2} - 1\right) = \dfrac{R_M}{R}(M+m);$

2. $\dfrac{\dfrac{M}{R_M^2} + \dfrac{m}{R_m^2} + \dfrac{m}{R^2}}{\dfrac{M+m}{R^2}} = \dfrac{R_M}{R};$ $M\dfrac{R^2}{R_M^2} + m\left(\dfrac{R^2}{R_m^2} + 1\right) = \dfrac{R_M}{R}(M+m);$

3. $\dfrac{\dfrac{M}{R_M^2} + \dfrac{m}{R_m^2} - \dfrac{m}{R^2}}{\dfrac{M+m}{R^2}} = \dfrac{R_M}{R};$ $M\dfrac{R^2}{R_M^2} + m\left(\dfrac{R^2}{R_m^2} - 1\right) = \dfrac{R_M}{R}(M+m).$

Zur Abkürzung setzen wir nun:

$$\frac{R_m}{R_M} = \alpha,$$

erhalten also für jeden einzelnen Fall nach Abb. 16:

$$R = R_M + R_m = R_M(1+\alpha) = R_m\frac{1+\alpha}{\alpha};$$

$$R = R_M - R_m = R_M(1-\alpha) = R_m\frac{1-\alpha}{\alpha};$$ (124)

$$R = R_m - R_M = R_M(\alpha-1) = R_m\frac{\alpha-1}{\alpha}.$$

Damit ersetzen wir alle Verhältnisse der R durch α:

1. $M\left\{(1+\alpha)^2 - \dfrac{1}{1+\alpha}\right\} = m\left\{+\dfrac{(1+\alpha)^2}{\alpha^2} + \dfrac{1}{1+\alpha} - 1\right\}$

2. $M\left\{(1-\alpha)^2 - \dfrac{1}{1-\alpha}\right\} = m\left\{-\dfrac{(1-\alpha)^2}{\alpha^2} + \dfrac{1}{1-\alpha} - 1\right\}$

3. $M\left\{(\alpha-1)^2 - \dfrac{1}{\alpha-1}\right\} = m\left\{-\dfrac{(\alpha-1)^2}{\alpha^2} + \dfrac{1}{\alpha-1} + 1\right\},$

oder   1. $M \dfrac{(1+\alpha)^3 - 1}{1+\alpha} = m \dfrac{(1+\alpha)^3 + \alpha^2 - \alpha^2(1+\alpha)}{\alpha^2(1+\alpha)}$;

2. $M \dfrac{(1-\alpha)^3 - 1}{1-\alpha} = m \dfrac{-(1-\alpha)^3 + \alpha^2 - \alpha^2(1-\alpha)}{\alpha^2(1-\alpha)}$;

3. $M \dfrac{(\alpha-1)^3 - 1}{\alpha-1} = m \dfrac{-(\alpha-1)^3 + \alpha^2 + \alpha^2(\alpha-1)}{\alpha^2(\alpha-1)}$.

Schließlich wird für das Massenverhältnis:

$$\frac{m}{M} = \alpha^2 \frac{(1+\alpha)^3 - 1}{(1+\alpha)^3 - \alpha^3} \qquad \frac{m}{M} = -\alpha^2 \frac{(1-\alpha)^3 - 1}{(1-\alpha)^3 - \alpha^3} \qquad \frac{m}{M} = -\alpha^2 \frac{(1-\alpha)^3 + 1}{(1-\alpha)^3 + \alpha^3}$$
$$\dots (125)$$

Das ist für ein vorgegebenes Massenverhältnis m/M je eine Gleichung 5. Grades für α, welches seinerseits die drei gesuchten Lagen der Masse μ festlegt. Jede dieser Gleichungen hat nur eine reelle Lösung. Die Auflösung nach α erfolgt am schnellsten durch Versuche. Für die beiden ersten Fälle hat man mit $\alpha = \pm \sqrt{m/M}$ rohe Näherungswerte (nach der später folgenden Gln. (126) ist das der abarische Punkt und sein Antipode in bezug auf m). Die Grenzen, zwischen denen α zu suchen ist, findet man für $m = 0$ und $m = M$. Für diese und das Massenverhältnis 0,1 stellen wir die α-Werte zusammen und bezeichnen sie für die drei Fälle durch entsprechende Indizes (Tab. 5).

Tabelle 5.

m/M	α_1	α_2	α_3
0,0	0,00	0,00	2,000
0,1	0,40	0,26	2,055
1,0	1,00	0,41	2,44

Das Massenverhältnis 0,1 ist in Abb. 17 maßstabsrichtig dargestellt. Wenn sich in einem der Punkte μ_1, μ_2 oder μ_3 eine Masse befindet, die gegen M und m sehr klein ist, dann liegt ein lösbares Dreikörper-Problem vor. Die Gerade, welche die drei Massen verbindet, dreht sich um die Zentralmasse M bzw. um den gemeinsamen Schwerpunkt aller drei Massen. Die Massen m und μ beschreiben ungestörte Keplerbahnen, wenn die durch die Gl. (123) fixierten Anfangsbedingungen vorliegen.

Das Massenverhältnis Null wollen wir in dem Sinne interpretieren, daß außer μ auch m gegen M sehr klein sein soll. In diesem Falle, der in Abb. 18 durch $m = 0$ markiert ist, existieren nur zwei Punkte m, μ_3, die mit M auf einer Geraden liegen, und in denen man gegen M kleine Massen deponieren kann, ohne daß sie sich gegenseitig stören. Sie liegen antipodisch in bezug auf M, d. h. M liegt in ihrer Mitte. Das letztere folgt aus dem Wert $\alpha_3 = 2$, denn damit wird nach der letzten der Gln. (124) $R_M = R/(\alpha - 1) = R$. Wir kommen auf diesen Fall im nächsten Paragraphen noch einmal zurück.

Für das Massenverhältnis 1 ergibt sich aus obigen Zahlen, daß der Punkt μ_1 sowohl in der Mitte zwischen M und m, als auch in der Mitte zwischen μ_2 und μ_3

liegt. Man rechnet leicht nach, daß mit den α-Werten für $m = M$ nach den Gln. (124) die dafür notwendige Bedingung:

$$\frac{R}{2} + \frac{R}{\alpha_3 - 1} = \frac{R}{1 - \alpha_2} - \frac{R}{2} \, , \text{ oder } \alpha_2\,\alpha_3 = 1$$

erfüllt ist. Aus Symmetriegründen war das zu erwarten. In Abb. 17 sind die entsprechenden Punkte durch $m = M$ markiert.

20. Die Librationszentren im Dreikörper-System und ihre Isoquoten

Das im vorigen Paragraphen erzielte Ergebnis gilt zunächst für den Fall, daß man sich auf die Masse M als Koordinatenursprung bezieht. Zu demselben Resultat gelangt man aber auch, wenn man etwa μ als Nullpunkt wählt. Man darf dieses dann zunächst nicht als verschwindend klein annehmen, das geschieht erst im letzten Schritt bei der Bildung der Verhältnisse m/M und μ/M. Wenn das letztere dann mit der Annahme $\mu = 0$ vernachlässigt wird, ergeben sich wieder die Gln. (125) auf demselben Wege.

Die Konstellation auf der Geraden unterscheidet sich wesentlich von der Konstellation im gleichseitigen Dreieck nur dadurch, daß bei der letzteren die Stabilität durch die geometrische Konfiguration gegeben, d. h. unabhängig von den Massen ist. Auf der Geraden ist die Lage der ausgezeichneten Punkte — man nennt sie Librationszentren (Libra = die Waage) — durch das Massenverhältnis m/M festgelegt. Mit abnehmender Masse m wandern L_1 und L_2 auf m zu, während sich L_3 von M entfernt (Abb. 18). Für $m = 0$ fallen L_1 und L_2 mit m zusammen, während L_3 genau antipodisch zu m liegt. Es handelt sich dann um ein Dreikörper-Problem mit zwei kleinen Massen, die eine Zentralmasse M in gleichen Abständen umkreisen und einander gegenüberliegen. Diese Möglichkeit folgt sofort aus dem Zweikörper-Problem. Wir haben früher gesehen, daß man das Zweikörper-System als zwei voneinander unabhängige Einkörper-Systeme behandeln kann, wenn man für die Beschleunigung von M eine Ersatzmasse:

$$\mathfrak{M} = (M + m)\left(\frac{r_M}{R}\right)^3 = \frac{m^3}{(M + m)^2},$$

zur Beschleunigung von m eine Ersatzmasse:

$$\mathfrak{M}' = (M + m)\left(\frac{r_m}{R}\right)^3 = \frac{M^3}{(M + m)^2}$$

in dem Schwerpunkt:

$$\frac{M}{m} = \frac{r_m}{r_M}$$

von M und m annimmt. Wenn man sich z. B. die Masse m entfernt denkt, dafür aber im Schwerpunkt von M und m die Ersatzmasse $\mathfrak{M}$ tatsächlich anbringt, dann bewegt sich M in derselben Bahn wie vordem um den Schwerpunkt, also um die Masse $\mathfrak{M}$ als Brennpunkt. Die absolute Bahn von M um den Schwerpunkt von M und m ist also identisch mit der relativen Bahn von M um die Ersatzmasse $\mathfrak{M}$ als ruhende. Da aber nach den Betrachtungen in 10 der Übergang von der absoluten zur relativen Bahn gleichbedeutend ist mit einer Verkleinerung der umlaufenden Masse auf einen unendlich kleinen Wert unter gleichzeitigem Anwachsen der ruhenden Masse bis zum Wert der Massensumme $M + m$, so bedeutet die Einführung der Ersatzmasse $\mathfrak{M}$ oder $\mathfrak{M}'$ ebenfalls ein Schwinden der Massen M und m auf sehr kleine Werte dM und dm, jedoch so, daß das Massenverhältnis

$$\frac{M}{m} = \frac{dM}{dm}$$

erhalten bleibt. Das muß gefordert werden, damit sich die Lage des Schwerpunktes nicht ändert. Für die relative Bahn von M um $\mathfrak{M}$ ist nun die Gesamtmasse

$$\mathfrak{M} + dM = \mathfrak{M}$$

verantwortlich, also tatsächlich die Ersatzmasse $\mathfrak{M}$.

Diese Betrachtungen gelten aber nur dann, wenn man die Masse m auch tatsächlich entfernt. Da für die Bewegung von m eine andere Ersatzmasse $\mathfrak{M}'$ verantwortlich ist, so kann man nicht unter Belassung von M und m an ihrem Ort in den Schwerpunkt nach Belieben eine der Ersatzmassen $\mathfrak{M}$ oder $\mathfrak{M}'$ deponieren. Tut man das, so liegt das allgemeine Dreikörper-Problem vor. Möglich ist das aber, wenn die Massen M und m von solcher Größe sind, daß sie dieselbe Ersatzmasse liefern. Das ist offenbar der Fall, wenn:

$$r_M = r_m; \quad M = m.$$

Wegen $r_M + r_m = R$ ergibt sich als Ersatzmasse:

$$\mathfrak{M} = \mathfrak{M}' = \frac{M}{4}.$$

Diese kann man also als reelle Masse in die Mitte von M und m ($M = m$) setzen, ohne den Ablauf der Ereignisse zu stören, denn dadurch wird nicht einmal die Lage des Schwerpunktes verändert. Aus dem ursprünglichen Zweikörper-System wird dann aber ein echtes Dreikörper-Problem, und zwar ein lösbares, da es sich formal gar nicht von dem Zweikörper-Problem unterscheidet, aus dem es entstanden ist. Nur sind die beiden umlaufenden Massen klein gegenüber der Zentralmasse M. Diese braucht aber nicht unbedingt den oben gegebenen Wert zu haben. Man kann jede der Massen M und m mit demselben endlichen Faktor multiplizieren, dadurch wird auch die Ersatzmasse um denselben Faktor größer. Die Stabilität der Anordnung ist also tatsächlich von der Größe der Ersatzmasse unabhängig.

Wir haben hier den umgekehrten Weg eingeschlagen, wie beim gleichseitigen Dreieck. Damals sind wir vom „freien Fall" ohne Anfangsgeschwindigkeit ausgegangen, haben daraus die Anfangsgeschwindigkeiten abgeleitet und dann die Verhältnisse auf die Bewegung in Kegelschnitten übertragen. Hier gehen die Anfangsbedingungen als Forderung (123) in den Ansatz ein, und daraus wird die gegenseitige Konstellation, charakterisiert durch die Zahl α, hergeleitet. Man braucht dabei nicht von der Keplerbewegung auszugehen, man kann auch hier ebensogut die Bewegung betrachten, welche sich ergibt, wenn man die drei Massen sich selbst mit der Anfangsgeschwindigkeit Null überläßt. Bezogen auf M als Ursprung haben dann μ und m nach Ablauf des Zeitelementes dt die Geschwindigkeiten:

$$v_\mu = b_\mu \, dt$$
$$v_m = b_m \, dt.$$

Auch hier ist die Forderung (123) zu stellen, wenn die relative Konstellation erhalten bleiben soll (α = const). Das System schrumpft dann immer mehr, sich selbst ähnlich bleibend, ein. Mit der Bedingung (123) ergibt sich zur Bestimmung von α in allen drei Fällen der Ansatz:

$$b_\mu = \frac{R_M}{R} b_m.$$

Das ist derselbe, wie oben. Es gelten hier weiter dieselben Betrachtungen wie in den Abschnitten 9 und 17, auch hier kann die geradlinige Bewegung mit durch Gl. (123) gebundenen Anfangsgeschwindigkeiten begonnen werden.

Es ist übrigens fast selbstverständlich, daß sich das System der Librationszentren immer ähnlich bleibt, gleichgültig, ob es sich um Kegelschnittbahnen oder um geradlinige Bewegung mit und ohne Anfangsgeschwindigkeit handelt, denn zwischen diesen möglichen Bewegungsformen besteht nur ein gradueller, aber kein grundsätzlicher Unterschied, der gegeben ist durch die Richtung der Anfangsgeschwindigkeiten.

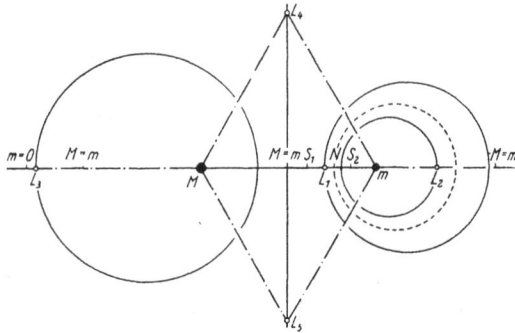

Abb. 18.

Aus der geradlinigen Bewegung ergibt sich noch eine weitere Folgerung über die Beziehung der Librationszentren zu den Isoquoten des Systems. In Abb. 18 sind die Isoquoten gezeichnet, auf denen die Librationszentren liegen, außerdem gestrichelt die Isoquote $K_m/K_M = 1$ mit dem abarischen Punkt N von M und m. Nach den Gln. (80) handelt es sich um die Isoquoten:

$$\frac{K_m}{K_M} = \frac{R_M^2}{R_m^2}\frac{m}{M} = \frac{1}{\alpha^2}\frac{m}{M}. \tag{126}$$

Ihre Exzentrizitäten und Radien ergeben sich mit den Gln. (83) und (84):

$$e = R \frac{\alpha^2}{1-\alpha^2}; \quad \varrho = R \frac{\alpha}{1-\alpha^2}.$$

also auch nach Gl. (85):

$$e = \varrho \alpha$$

Aus den im Abschnitt 13 entwickelten Formeln folgt, daß alle das Feldlinienbild bestimmenden Größen proportional dem Abstand R von M und m sind. Wenn also M und m aufeinander zueilen, oder sich voneinander entfernen — das ist auch bei der Bewegung in jedem Kegelschnitt $\varepsilon > 0$ der Fall —, dann ändert sich das Bild der Abb. 14 derart, daß es sich selbst ähnlich bleibt. Daraus und aus dem Vorangehenden folgt aber, daß die Librationszentren immer auf derselben Isoquoten bleiben, ebenso eine dort befindliche Masse μ, und das gilt auch nur für diese Punkte. Dieselbe Eigenschaft haben natürlich auch die Dreieckspunkte L_4 und L_5, sie liegen immer, sogar unabhängig von den Massen, auf der Mittelisoquoten von M und m. Daraus ergibt sich dann weiter, daß drei Massen, mit den Anfangsgeschwindigkeiten Null sich selbst überlassen, dann und nur dann gleichzeitig im gemeinsamen Schwerpunkt zusammenstoßen, wenn sie ein streng lösbares Dreikörper-Problem darstellen. In jedem anderen Falle erfolgt vorher eine Vereinigung von zwei der drei Massen, d. h. eine Katastrophe.

In Abb. 18 ist noch die Lage der Librationszentren L_1 bis L_3 für die Fälle $M = m$ und $m = 0$ eingetragen. Im ersten Falle liegt L_1 sowohl auf der Mittelisoquoten von M und m, als auch in deren Schwerpunkt. Im zweiten Falle rücken L_1 und L_2 nach m, und L_3 liegt genau antipodisch zu m in bezug auf M. Die drei Punkte $m \, (= 0)$, L_4 und L_5 bilden dann wieder ein gleichseitiges Dreieck, da sie auf dem Kreis mit dem Radius $M m$ um M als Mittelpunkt liegen und untereinander gleiche Abstände haben. Bringt man in ihnen gleiche Massen an, dann hat man den einfachsten Fall des ersten Lagrangeschen Dreikörper-Systems. Da sich die Masse M in deren Schwerpunkt befindet, kann sie dort belassen werden, ohne die Bewegung zu stören, denn für die Bewegung von drei gleichen Massen im gleichseitigen Dreieck gehört zu jeder von ihnen nach Tab. 4, S. 81, dieselbe Ersatzmasse $\mathfrak{M}$ (s. auch Abschnitt 17, Gl. 103). Es liegt dann ein lösbares Vierkörper-Problem vor. Belegt man auch die in bezug auf M antipodisch zu L_4 und L_5 liegenden Punkte und den Ort von m mit den gleichen Massen, dann bilden diese ohne M ein lösbares Sechs-, mit M ein lösbares Siebenkörper-Problem. Sie stellen Kern und Elektronenschale des Bohrschen Atommodells dar, und man hat einer solchen Konstellation einmal den Namen Ellipsenverein gegeben, as man noch annehmen durfte, im Atom ein einigermaßen vollkommenes Pendant zlum Sonnensystem erblicken zu können.

Die Librationszentren sind durchaus stabile, keineswegs labile Gleichgewichtslagen. Nach Abschnitt 14 gehört zu jeder Isoquoten ein bestimmtes scheinbares Kraftzentrum S, nach dem die resultierende Zentralbeschleunigung gerichtet ist. In Abb. 18 sind diese für die beiden Isoquoten von L_1 und L_2 als S_1 und S_2 eingetragen. In den Librationszentren ist die Resultierende aller wirkenden Kräfte gleich Null. Befördert man die Masse μ durch eine geringe Beschleunigung ein wenig aus dem Punkt L_1 heraus, so wird das Gleichgewicht gestört. Wird ihr nur eine geringe Beschleunigung etwa senkrecht zur Verbindungslinie $M m$ erteilt, so bleibt sie praktisch auf der Isoquoten von L_1. Die resultierende Zentralbeschleunigung hat also dann die Richtung nach S_1 hin, und sie ist, da die Abstände $\mu \, m$ und $\mu \, M$ nahezu konstant bleiben, nach den Gln. (93) oder (94), S. 70, dem Abstand $s = \mu \, S_1$ direkt proportional. Zusammen mit der Fliehbeschleunigung, die vom Schwerpunkt S von M und m fortgerichtet ist, welche aber nun, je nachdem die der Masse μ erteilte Beschleunigung im Sinne der Bewegung von m um S oder ihr entgegen erfolgt, größer oder kleiner ist als ihr ursprünglicher Wert im Punkt L_1, bildet sie eine Resultierende, welche die Masse μ nach L_1 zurückzieht. Die anfängliche Beschleunigung hat also, wenn sie nicht zu groß ist, keine Zerstörung der ursprünglichen Konstellation zur Folge, sondern eine periodische Bewegung der Masse μ um das Librationszentrum. Die gleiche Betrachtung gilt auch für die anderen Librationszentren, welche damit als stabile Gleichgewichtslagen gekennzeichnet sind. Aus jedem Librationszentrum läßt sich eine ganze Schar zueinandergehöriger periodischer Bahnen entwickeln, welche eine Familie oder Klasse bilden. Wir werden solche Bahnen am Schluß noch kurz betrachten.

In der Tat sind solche periodische Bahnen in der Natur in dem System Sonne —
Jupiter—Trojanergruppe verwirklicht. Diese Gruppe umfaßt 14 kleine Planeten,
die sich teils in der Nähe von L_4, teils in der Nähe von L_5 aufhalten, periodische
Bahnen um sie beschreiben und mit ihnen so um die Sonne kreisen, daß sie mit
dieser und dem Planeten Jupiter immer ein gleichseitiges Dreieck bilden. Eine
solche Möglichkeit wird allerdings durch die Bedingung stark eingeschränkt, daß
ihre Massen sehr klein sein müssen, damit sie die Lage des Gesamtschwerpunktes
nicht merklich beeinflussen.

Was früher schon beim Dreiecksproblem gesagt wurde, gilt natürlich auch für
drei Massen auf einer Geraden in den Librationszentren L_1 bis L_3. Wenn nur die
Bindung (123) der Anfangsgeschwindigkeiten beachtet wird, sind alle Kegelschnitte als Bahnen möglich. Bei Ellipsen pulsiert die Konstellation, sich selbst
ähnlich bleibend, mit ihr auch das Feldlinienbild. Bei Parabeln und Hyperbeln
streben die Massen dauernd auseinander. Die Bahnen sind einander ähnlich, und
ihre Achsen haben im 1. und 2. Fall gleiche, im 3. Fall entgegengesetzte Richtung.

21. Die Energie des Dreikörper-Systems auf der Geraden

Unter Beschränkung auf die Kreisbahn und unter Bezugnahme auf die Masse M
als Ursprung wollen wir noch kurz auf die Ausdrücke für die potentielle und die
kinetische Energie auf der Geraden eingehen. Die potentielle Energie definieren
wir wieder wie in Abschnitt 7 durch:

$$P = \int\limits_r^\infty K\, dr.$$

Die Integration ist für die Masse μ von R_M, für die Masse m von R bis ∞
zu erstrecken. Die Kraft K ergibt sich aus den Gln. (122) nach Multiplikation
mit μ bzw. m. Wir beschränken uns auf den ersten Fall und führen in die Gleichung für K_μ nach den Überlegungen in Abschnitt 18 grundsätzlich die Größe
R_M als Variable ein. Mit den Beziehungen (124) wird:

$$K_\mu = -f\,\frac{M}{R_M^2}\,\mu + f\,\frac{m}{R_M^2}\,\mu\,\frac{1}{\alpha^2} - f\,\frac{m}{R_M^2}\,\mu\,\frac{1}{(1+\alpha)^2}$$

$$K_m = -f\,\frac{M+m}{R^2}\,m.$$

Damit erhält man für die potentielle Energie der Einzelmassen:

$$P_\mu = -f\,\frac{M}{R_M}\,\mu + f\,\frac{m}{R_M}\,\mu\,\frac{1}{\alpha^2} - f\,\frac{m}{R_M}\,\mu\,\frac{1}{(1+\alpha)^2}$$

$$P_m = -f\,\frac{M}{R}\,m - f\,\frac{m}{R}\,m,$$

und für die potentielle Energie des Gesamtsystems als Summe, wenn man nun
wieder R als Veränderliche einführt:

$$P = -f\,\frac{M}{R}\left\{\mu\,(1+\alpha) + m\right\} - f\,\frac{m}{R}\left\{m - \mu\,\frac{1+2\,\alpha}{\alpha^2\,(1+\alpha)}\right\}. \qquad (127)$$

Die Hälfte dieses Wertes mit umgekehrtem Vorzeichen muß man nach der Energiebilanz für die Kreisbahn für die kinetische Energie erhalten. Diese bilden wir aus den Gln. (122) in Übereinstimmung mit den Gln. (107) und folgende:

$$\frac{1}{2}\,\mu\,v_\mu^2 = \frac{1}{2}\left\{ f\,\frac{M}{R_M} - f\,\frac{m}{R_m}\,\frac{R_M}{R_m} + f\,\frac{m}{R}\,\frac{R_M}{R} \right\}\mu = -\frac{1}{2}\,b_\mu\,R_M\,\mu$$

und, wenn man die Verhältnisse der R nach den Gln. (124) durch α ausdrückt:

$$\frac{1}{2}\,\mu\,v_\mu^2 = \frac{1}{2}\left\{ f\,\frac{M}{R}\,\mu\,(1+\alpha) - f\,\frac{m}{R}\,\mu\,\frac{1+\alpha}{\alpha^2} + f\,\frac{m}{R}\,\mu\,\frac{1}{1+\alpha} \right\}.$$

Weiter ist:

$$\frac{1}{2}\,m\,v_m^2 = \frac{1}{2}\left\{ f\,\frac{M}{R}\,m + f\,\frac{m}{R}\,m \right\} = -\frac{1}{2}\,b_m\,R\,m.$$

Damit wird die kinetische Energie des Gesamtsystems:

$$K = \frac{1}{2}\left[f\,\frac{M}{R}\left\{ \mu\,(1+\alpha) + m \right\} + f\,\frac{m}{R}\left\{ m - \mu\,\frac{1+2\,\alpha}{\alpha^2\,(1+\alpha)} \right\} \right], \qquad (128)$$

und das ist in der Tat der halbe Absolutwert der Gl. (127). Die Gln. (127) und (128) gehen mit $\mu = 0$ in die entsprechenden Gln. (37) und folgende für das Zweikörper-Problem über.

Es sei darauf hingewiesen, daß sich für die Masse m Energiewerte ergeben, welche ebenfalls mit denen des Zweikörper-Systems übereinstimmen, so, als wäre die Masse μ gar nicht vorhanden. Aber wir haben diese ja gegen m vernachlässigt, so daß die Bewegung von m als ungestört anzusehen ist und sich nach den Gesetzen des Zweikörper-Problems regelt, während das für das Gesamtsystem nicht gilt.

Die Gl. (128) schreiben wir ein wenig anders, indem wir in allen Gliedern mit μ wieder R_M einführen:

$$K = \frac{1}{2}\left[f\,\frac{M}{R_M}\,\mu + f\,\frac{M}{R}\,m + f\,\frac{m}{R}\,m - f\,\frac{m}{R_M}\,\mu\,\frac{1+2\,\alpha}{\alpha^2\,(1+\alpha)^2} \right]$$

oder:

$$K = \frac{1}{2}\left[f\,\frac{M}{R_M^3}\,\mu\,R_M^2 + f\,\frac{M+m}{R^3}\,m\,R^2 - f\,\frac{m}{R_M^3}\,\mu\,R_M^2\,\frac{1+2\,\alpha}{\alpha^2\,(1+\alpha)^2} \right]$$

$$K = \frac{1}{2}\left[\mu\,R_M^2\,f\,\frac{M - m\,\dfrac{1+2\,\alpha}{\alpha^2\,(1+\alpha)^2}}{R_M^3} + m\,R^2\,f\,\frac{M+m}{R^3} \right]. \qquad (129)$$

In dieser Gleichung treten wieder die Trägheitsmomente:

$$J_\mu = \mu\,R_M^2 \qquad J_m = m\,R^2$$

von μ und m in bezug auf eine Achse durch die Masse M auf. Das Verhältnis α haben wir bisher nur als Abkürzung benutzt, über seinen Wert aber insofern schon verfügt, als wir $\alpha = $ const angenommen haben. Das bedeutet, daß die beiden Massen μ und m wie ein starres Gebilde um die Masse M rotieren sollen. Dann muß die Gl. (129) mit der im Abschnitt 18 angeführten Gleichung für die kinetische Energie des rotierenden starren Körpers identisch sein. Da der letzte Term in Gl. (129) ohne den Faktor $m\,R^2$ nach Gl. (72) das Quadrat der Winkelgeschwindigkeit ω der Masse m ist, welche bei starrer Rotation dieselbe wie die von μ sein muß, wobei das Quadrat der letzteren durch den Bruch im ersten Term der Gl. (129) dargestellt wird, so muß:

$$M - m \frac{\dfrac{1 + 2\,\alpha}{\alpha^2\,(1 + \alpha)^2}}{R_M^3} = \frac{M + m}{R^3} \quad \text{(Winkelgeschwindigkeit von } \mu \text{ auf der } \xi\text{-Achse für beliebiges } \alpha\text{)}$$

sein, oder, mit der ersten der Gln. (124):

$$M\,\alpha^2\,(1 + \alpha)^2 - m\,(1 + 2\,\alpha) = (M + m)\,\frac{\alpha^2}{1 + \alpha}.$$

Das ist eine Bestimmungsgleichung für den Wert von α, bei dem der Fall der starren Rotation eintritt, bei dem es sich also um den einen lösbaren Fall des Dreikörper-Problems handelt. Drückt man α aus dieser Gleichung aus, so kommt:

$$\frac{m}{M} = \alpha^2\,\frac{(1 + \alpha)^3 - 1}{1 + 3\,\alpha + 3\,\alpha^2} = \alpha^2\,\frac{(1 + \alpha)^3 - 1}{(1 + \alpha)^3 - \alpha^3}. \tag{130}$$

Das ist aber derselbe Ausdruck, wie die erste der Gln. (125), welche damit bestätigt ist. Es handelt sich allerdings nicht um eine unabhängige Ableitung, sondern nur um eine Rechenprobe, denn die Gln. (125) und die Gl. (130) beruhen auf derselben Voraussetzung der starren Rotation, welche ja auch in der Forderung (123) ihren Ausdruck findet. Die beiden anderen Fälle mit der Reihenfolge M, m, μ und μ, M, m lassen sich in derselben Weise behandeln.

Wir haben diese kleine Untersuchung noch angefügt, weil sie wohl am überzeugendsten die Berechtigung der Schlüsse dartut, die wir am Ende des vorigen Abschnitten bezüglich der möglichen Bahnformen für drei Massen auf einer Geraden gezogen haben. Die Behandlungsweise schließt sich ganz eng an diejenige an, welche wir beim Zweikörper-Problem und beim ersten Lagrangeschen Dreikörper-Problem angewendet haben. Das Problem auf der Geraden hat ja auch mit den beiden anderen, dem Zweikörper-Problem und dem Dreieck-Problem, die Anfangsbedingungen gemein, das ist der für die starre Rotation gültige lineare Zusammenhang zwischen der Geschwindigkeit und dem Abstand vom Rotationszentrum. Die Tatsache, daß die Schwerkraft zusammen mit der Fliehkraft bei bestimmten Konstellationen eine quasistarre Bindung darstellt — quasistarr deshalb, weil sie nur beim Vorliegen bestimmter Anfangsgeschwindigkeiten eintritt — bedingt die Möglichkeit der lösbaren Fälle des Dreikörper-Problems, die damit auch ausgeschöpft sind, wenn das Wort lösbar in dem Sinne streng lösbar verstanden wird. Entfällt dieses Attribut, dann zählt auch die Bewegung der Planeten um die Sonne, der großen und der kleinen, zu den lösbaren Fällen. Dabei ist immer eine Masse überwiegend groß und mindestens eine verschwindend klein. Man kennt hier in dem obigen Sinne aber keine strengen, sondern nur periodische Lösungen für die gestörte Bewegung der kleinsten Masse — die nicht gestörten der großen sind eo ipso periodisch — wobei zwischen Periode und Umlaufzeit wohl zu unterscheiden ist. Die Periodizität einer Bewegung im Dreikörper-Problem ist im wesentlichen dadurch charakterisiert, daß nach einer bestimmten Zeit, der Periode, der Anfangszustand einer bestimmten Konstellation und die Anfangsgeschwindigkeiten reproduziert werden, ohne daß die Periode mit der Umlauf-

zeit, die ja, von den obigen Sonderfällen abgesehen, für jeden der beteiligten
Körper eine andere ist, identisch ist, wie es bei den strengen Lösungen und auch
beim Zweikörper-Problem der Fall ist.

22. Anschauliche Merkmale des allgemeinen und eingeschränkten Dreikörper-Problems und die Librationszentren als singuläre Punkte

Wir haben beim Lagrangeschen Dreikörper-Problem gesehen, daß drei Massen
in den Ecken eines gleichseitigen Dreiecks schließlich im gemeinsamen Schwerpunk
zusammenstoßen, diesem auch auf dem kürzesten, geradlinigen Wege zustreben,
wenn man sie sich selbst mit der Anfangsgeschwindigkeit Null überläßt. Der
Schwerpunkt bleibt also dauernd in Ruhe. Auch drei Massen in beliebiger Konstellation streben, sich selbst mit der Anfangsgeschwindigkeit Null überlassen,
zunächst dem gemeinsamen Schwerpunkt zu. Sie führen aber, wenn sie von
vergleichbarer Größe sind, schwer übersehbare Bewegungen aus, weil dann das

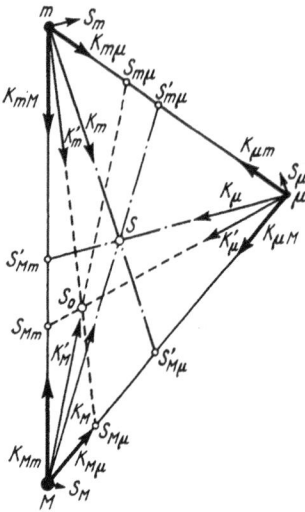

Abb. 19.

Dreikörper-Problem in seiner ganzen Allgemein-
heit vorliegt. Die einzigen bestimmten Aussagen,
die hier a priori gemacht werden können, sind die,
daß vor Erreichung des ruhenden Schwerpunktes
eine Katastrophe in Form eines Zusammenstoßes
von zwei der drei Massen erfolgt. und die, daß der
Satz von der Erhaltung der Energie gilt. Wir
wollen hier diesen Fragen nur insofern nachgehen,
als wir uns an Hand der Abb. 19 die Verhältnisse
anschaulich klarmachen. Diese stellt drei Massen
$M : m : \mu = 4 : 2 : 1$ dar. Durch S mit Doppelindex sind die Schwerpunkte je zweier von ihnen
bezeichnet. Dann ist S_0 ihr gemeinsamer Schwerpunkt. Die auf jede Masse wirkenden Kräfte sind
in einer willkürlichen Einheit aber maßstabsrichtig
eingetragen und durch K mit Doppelindex bezeichnet. K mit einfachem Index sind dann die wirksamen resultierenden Kräfte. Die Schnittpunkte
ihrer Richtungen mit der Verbindungslinie der
jeweils beiden anderen Massen tragen die Bezeichnung S' mit Doppelindex. Ihre
Lage ist nach den Darlegungen des Abschnittes 13 leicht zu berechnen. Diese
Richtungen schneiden sich in einem Punkt S, dem scheinbaren Kraftzentrum.
Wir haben aber im Abschnitt 13 auch gesehen, daß die Punkte S', damit auch
S, nur dann eine feste Lage haben, wenn sich die zugehörige Masse auf derselben
Isoquoten der beiden anderen bewegt. Eine solche ist aber im allgemeinen keine
mögliche Bahnform. Mithin sind die Punkte S' und damit auch das Kraftzentrum S beweglich. Die Resultierenden K sind daher keine Zentralkräfte in
dem eingangs definierten Sinne mehr. Man kann sie aber in zwei zueinander senkrechte Komponenten K' und S mit entsprechendem Index zerlegen, von denen
die eine K' nach dem Schwerpunkt S_0 gerichtet ist. Die mit S bezeichneten
Komponenten sind dann die störenden Kräfte, welche die Abweichung von der

Keplerbewegung zur Folge haben. Diese sind selbst in nicht ohne weiteres über-
sehbarer Weise veränderlich. Daher bleibt auch das Dreieck, das die drei
Massen bilden, sich selbst nicht ähnlich, wenn diese mit der Anfangsgeschwindigkeit Null sich selbst überlassen werden. Das ist eben dann und nur dann der
Fall, wenn es sich um ein gleichseitiges Dreieck handelt, weil dann die Punkte
S_0 und S dauernd zusammenfallen.

Ein wenig übersichtlicher werden die Verhältnisse im eingeschränkten Dreikörper-Problem bei sehr kleiner Masse μ. Dann fällt nämlich der Punkt S mit
dem Punkt $S'_{M, m}$ auf der Verbindungslinie $M m$ zusammen, und er bleibt auch
immer auf dieser Geraden. Wenn er auch noch keine feste Lage hat, so wissen
wir doch, daß er nur eine geradlinige Bewegung ausführt. Das hat weiter zur Folge,
daß die störenden Kräfte S_M und S_m verschwinden, M und m führen also nun eine
ungestörte Keplerbewegung aus. Dieser Fall liegt immer im Sonnensystem vor,
wo dann M die Sonne, m einer der großen Planeten, in der Hauptsache Jupiter
und μ der gestörte Planet ist. Bei dem System Sonne—Erde—Mond ist die Erde
der Zentralkörper, die Sonne der störende und der Mond der gestörte Körper,
wenn man sich auf ein Koordinatensystem bezieht, dessen Ursprung im Erdmittelpunkt ruht.

Man kann sich bei der Behandlung des eingeschränkten Dreikörper-Problems
auf die Bewegungsgleichungen des gestörten Körpers beschränken. Wir stellen
diese in rechtwinkligen Koordinaten für
einen besonderen Fall auf. Die Masse
M machen wir zum Ursprung eines
ebenen rechtwinkligen Koordinatensystems x, y (Abb. 20). Der Einfachheit halber nehmen wir an, daß die
(ungestörte) Bahn von m eine Kreisbahn ist, und wir fassen den Moment
ins Auge, in welchem die Masse m gerade die x-Achse passiert. Mit den hier
gewählten Bezeichnungen wird dann

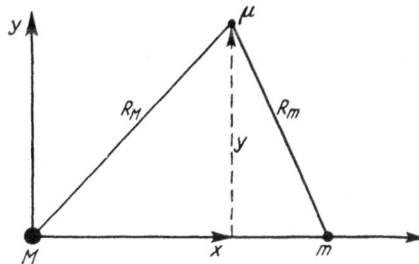

Abb. 20.

nach der ersten der Gln. (78), da hier in der früheren Bezeichnungsweise für den
ausgewählten Augenblick

$$x_m = r_{M m} = R \quad y_M = y_m = 0:$$

$$\frac{\mathrm{d}^2 x}{\mathrm{d} t^2} = -f \frac{M}{R_M^2} \frac{x}{R_M} - f \frac{m}{R_m^2} \frac{x}{R_m} + f \frac{m}{R_m^2} \frac{R}{R_m} - f \frac{m}{R^2}$$

$$\frac{\mathrm{d}^2 y}{\mathrm{d} t^2} = -f \frac{M}{R_M^2} \frac{y}{R_M} - f \frac{m}{R_m^2} \frac{y}{R_m}.$$

Die erste dieser Gleichungen ist mit der ersten der Gln. (122) identisch, wenn
$y = 0$ ist, also $R - x = R_m$ wird. Beide sind, um es nochmals zu betonen, die
rechtwinkligen Komponenten der relativen Beschleunigung von μ in bezug auf
M in dem Augenblick, in welchem die Masse m die x-Achse passiert. Man kann sie
auch in folgender Form schreiben:

$$\frac{\mathrm{d}^2 x}{\mathrm{d}t^2} \equiv \frac{\mathrm{d}x}{\mathrm{d}t}\frac{\mathrm{d}}{\mathrm{d}x}\left(\frac{\mathrm{d}x}{\mathrm{d}t}\right) \equiv v_x \frac{\mathrm{d}v_x}{\mathrm{d}x} = \frac{\partial}{\partial x}\left\{f\,\frac{M}{R_M} + fm\left(\frac{1}{R_m} - \frac{x}{R^2}\right)\right\} \equiv \frac{\partial V}{\partial x}$$
$$\frac{\mathrm{d}^2 y}{\mathrm{d}t^2} \equiv \qquad\qquad v_y \frac{\mathrm{d}v_y}{\mathrm{d}y} = \frac{\partial}{\partial y}\left\{f\,\frac{M}{R_M} + fm\left(\frac{1}{R_m} - \frac{x}{R^2}\right)\right\} \equiv \frac{\partial V}{\partial y}.$$
(131)

Durch Ausführung der partiellen Differentiation läßt sich die Identität der Gln. (131) mit den Ausgangsgleichungen verifizieren, wenn man noch beachtet, daß:

$$R_M = (x^2 + y^2)^{1/2}; \quad R_m = \left\{(R - x)^2 + y^2\right\}^{1/2}.$$

Der mit V bezeichnete Ausdruck in den geschweiften Klammern der Gln. (131) ist eine Ortsfunktion, welche nur von den Koordinaten abhängt und die Zeit nicht explizit enthält. V ist gemäß der früheren Definition der potentiellen Energie eine dieser nahe verwandte Größe. Ihren negativen Wert nennt man das Potential der Massen M und m an der Stelle μ. Der Zusammenhang mit der potentiellen Energie P ist gegeben durch:

$$P = -\mu\,V.$$

Man kann die Gln. (131) auch abgekürzt schreiben:

$$v_x\,\mathrm{d}v_x = \frac{\partial V}{\partial x}\,\mathrm{d}x$$

$$v_y\,\mathrm{d}v_y = \frac{\partial V}{\partial y}\,\mathrm{d}y\,.$$

Addiert man diese, so kommt:

$$v_x\,\mathrm{d}v_x + v_y\,\mathrm{d}v_y = \frac{\partial V}{\partial x}\,\mathrm{d}x + \frac{\partial V}{\partial y}\,\mathrm{d}y = \mathrm{d}V,$$

wo also $\mathrm{d}V$ das sog. totale Differential der Ortsfunktion V ist. Diese Gleichung ist integrierbar und liefert:

$$\frac{1}{2}\,v_x^2 + \frac{1}{2}\,v_y^2 = V + C = f\,\frac{M}{R_M} + fm\left(\frac{1}{R_m} - \frac{x}{R^2}\right) + C. \tag{132}$$

Das ist wieder der Energiesatz in der Koordinatenschreibweise, in dieser Form gültig für den oben fixierten Zeitpunkt. Wir verewigen diesen Moment dadurch, daß wir ein Koordinatensystem ξ, η einführen, das mit der konstanten Winkelgeschwindigkeit ω rotiert, so daß m nach der oben getroffenen Verabredung über die Bahnform immer auf der ξ-Achse im Abstand R von M bleibt. Die potentielle Energie von μ in bezug auf dieses System ergibt sich sofort, wenn man in dem obigen Ausdruck für V die Abszisse x durch ξ ersetzt, da das Potential eine reine Ortsfunktion ist und von der Geschwindigkeit nicht explizit abhängt. Hinzuzufügen ist aber noch der Betrag der Rotationsenergie:

$$\frac{1}{2}\,J_\mu w^2 = \frac{1}{2}\,\mu R_M^2 w^2,$$

um die kinetische Energie K' von μ im System ξ, η zu erhalten, wobei J_μ das Trägheitsmoment von μ um M ist. Bezogen auf das System ξ, η gilt also:

$$\frac{K'}{\mu} = \frac{1}{2}\,(v_\xi^2 + v_\eta^2) = f\,\frac{M}{R_M} + fm\left(\frac{1}{R_m} - \frac{\xi}{R^2}\right) + C + \frac{1}{2}\,R_M^2\,\omega^2. \tag{133}$$

Die Winkelgeschwindigkeit ω ist durch die Kreisgeschwindigkeit von m bestimmt, dessen Bewegung wir ja gemäß der für μ getroffenen Vereinbarung als ungestört ansehen. Nach den Gln. (72) ist:

$$\omega^2 = f\,\frac{M+m}{R^3}.$$

Damit wird also:

$$2\,\frac{K'}{\mu} = 2\,f\,\frac{M}{R_M} + 2\,f\,\frac{m}{R_m} - 2\,f\,m\,\frac{\xi}{R^2} + f\,M\,\frac{R_M^2}{R^3} + f\,m\,\frac{R_M^2}{R^3} + C$$

$$= f\,M\left(\frac{2}{R_M} + \frac{R_M^2}{R^3}\right) + f\,m\left(\frac{2}{R_m} + \frac{R_M^2 - 2\,\xi\,R}{R^3}\right) + C.$$

Aus Abb. 20 folgt aber sofort:

$$\eta^2 = R_M^2 - \xi^2 = R_m^2 - (R - \xi)^2$$

$$R_M^2 - 2\,R\,\xi = R_m^2 - R^2,$$

also auch:

$$2\,\frac{K'}{\mu} = f\,M\left(\frac{2}{R_M} + \frac{R_M^2}{R^3}\right) + f\,m\left(\frac{2}{R_m} + \frac{R_m^2}{R^3}\right) - C_0, \quad (134)$$

wo zur Abkürzung:

$$-C_0 = C - f\,\frac{m}{R}$$

gesetzt ist. Die linke Seite dieser Gleichung ist das Quadrat der Geschwindigkeit von μ in bezug auf das System ξ, η. Sie führt zu der folgenden bündigen Schlußfolgerung:

Für jede Bewegung, die μ im System ξ, η ausführt, kommt ihm eine bestimmte kinetische Energie zu, und diese muß, da sie durch das Quadrat der Geschwindigkeit bestimmt ist, notwendig positiv, also größer als Null sein. Sie kann aber auch gleich Null werden, dann nämlich, wenn μ mit M und m starr rotiert. Das ist nach den Überlegungen im vorigen Paragraphen in den fünf Librationszentren der Fall. Aber es existieren auch noch weitere Punkte, in denen $K' = 0$ wird, ohne daß es sich um eine starre Rotation handelt. Diese Punkte müssen der Bedingung:

$$F(R_M, R_m) = f\,M\left(\frac{2}{R_M} + \frac{R_M^2}{R^3}\right) + f\,m\left(\frac{2}{R_m} + \frac{R_m^2}{R^3}\right) = C_0 \qquad (135)$$

genügen. Bei einem vorgegebenen Wert für C_0 kann also die Masse μ alle die Punkte berühren, für welche die Funktion $F(R_M, R_m)$ größer oder höchstens gleich C_0 ist. Die Werte:

$$F(R_M, R_m) = C_0$$

stellen demnach Grenzkurven dar, welche die Masse μ bei ihrer Bewegung nicht überschreiten kann. Da die Integrationskonstante beliebige Werte haben kann, handelt es sich um eine unendliche Kurvenschar, welche, wie wir oben schon bemerkten, in bestimmter Beziehung zu den Librationszentren steht. Mit der früher definierten Größe $\alpha = R_m/R_M$ und den Beziehungen (124) findet man aus Gl. (135) mit $M = 10$, $m = 1$, wenn man die Gravitationskonstante f mit der

Konstanten C_0 verbindet, für die Librationszentren folgende Werte, wobei noch $R = 1$ gesetzt ist:

$$
\begin{array}{ccccc}
& L_1 & L_2 & L_3 & L_4, L_5 \\
C' = C_0/f = & 40{,}18 & 38{,}88 & 34{,}91 & 33{,}00
\end{array}
$$

Die Werte für L_4 und L_5 ergeben sich demnach sehr einfach mit $R_M = R_m = R = 1$

Zur Bestimmung zusammengehöriger Werte von R_M und R_m für einen gegebenen Wert von C' hat man nach Gl. (135) folgende Gleichungen:

Entweder:

$$R_M^3 + R_M\left(\frac{0{,}2}{R_m} + 0{,}1\,R_m^2 - 0{,}1\,C'\right) + 2 = 0$$

oder: (136)

$$R_m^3 + R_m\left(\frac{20}{R_M} + 10\,R_M^2 - C'\right) + 2 = 0.$$

Diese haben die reduzierte Form der Gleichung 3. Grades:

$$x^3 - p\,x \pm q = 0; \quad p > 0, \; q > 0.$$

Es existieren immer dann drei reelle Lösungen, wenn sich ein Winkel φ so bestimmen läßt, daß:

$$\cos\varphi = \frac{\frac{1}{2}q}{\frac{1}{3}p\sqrt{\frac{1}{3}p}}; \quad \frac{1}{3}p\sqrt{\frac{1}{3}p} > \frac{1}{2}q; \quad \left(\frac{1}{3}p\right)^3 > \left(\frac{1}{2}q\right)^2.$$

Gemäß den Gln. (136) bedeutet das in unserem Falle, daß:

Entweder:

$$0{,}1\,C' - \frac{0{,}2}{R_m} - 0{,}1\,R_m^2 \geqq 3$$

oder:

$$C' - \frac{20}{R_M} - 10\,R_M^2 \geqq 3,$$

sein muß, wenn sich bei vorgegebenem R_m oder R_M für R_M bzw. R_m reelle Werte ergeben sollen. Damit ist für C' eine untere Schranke festgelegt durch:

Entweder:

$$C' \geqq \frac{2}{R_m} + R_m^2 + 30$$

oder: (137)

$$C' \geqq \frac{20}{R_M} + 10\,R_M^2 + 3.$$

Die Größe des Grenzwertes hängt von R_M und R_m ab. Durch Gleichsetzen der Gln. (137) erkennt man, daß im Grenzfall beide der Bedingung:

$$\frac{2}{R_m} + R_m^2 + 30 = \frac{20}{R_M} + 10\,R_M^2 + 3.$$

genügen müssen. Man bildet daraus leicht durch Auflösen nach R_M oder R_m zwei Gleichungen 3. Grades:

Entweder:

$$R_M^3 - 0{,}1\,R_M\left(\frac{2}{R_m} + R_m^2 + 27\right) + 2 = 0$$

oder: (138)

$$R_m^3 - R_m\left(\frac{20}{R_M} + 10\,R_m^2 - 27\right) + 2 = 0.$$

Wir erinnern daran, daß wir als Längeneinheit $R = 1$ gewählt haben. Die erste der Gln. (138) hat mit $R_m = 1$ drei reelle Lösungen, von denen zwei identisch sind:

$$R_M = -2; \ R_M = +1.$$

Dasselbe gilt natürlich von der zweiten Gleichung. Mit $R_M = 1$ hat sie die Lösungen:

$$R_m = -2; \ R_m = +1.$$

Zum Minimalwert von C' gehören also die Werte:

$$R_M = R_m = R = 1.$$

Die negativen Lösungen scheiden aus, weil hier nur positive Werte von R sinnvoll sind. Diese Lösungen befriedigen auch die Gln. (137), sie stellen die Dreieckspunkte L_4 und L_5 dar, denen der oben schon ermittelte Wert $C' = 33{,}00$ zukommt, und der mithin der Minimalwert ist.

Es ist nicht schwer, die Form der Kurven (135) zu ermitteln. Wenn R_M und R_m groß gegenüber R sind, so daß praktisch $R_M = R_m = R'$ gesetzt werden kann, so wird mit $R = 1$ aus der Gl. (134):

$$C_0 = f (M + m) R'^2$$

Die Kurven sind dann nahezu Kreise mit dem Halbmesser R' um M als Zentrum. Man erkennt ebenso aus Gl. (134), daß sich nahezu Kreise um m bzw. M ergeben, je nachdem R_m klein, also $R_M = R = 1$, oder R_M klein, also $R_m = R = 1$ wird. Die Halbmesser der Kreise sind in jedem Falle nur durch die Konstante C_0 bestimmt, solange das Massenverhältnis M/m fest vorgegeben wird, wobei nach der obigen Zusammenstellung $C' = C_0/f$ erheblich größer sein muß als der Minimalwert 33,00. Für die angenommenen Grenzfälle bestehen also für große Werte von C' oder C_0 die Kurven aus drei Kreisen, von denen je einer M und m, M oder m umschließt. Für abnehmendes C' werden diese Kreise zu Ovalen, von denen eines M und m, die beiden anderen M oder m enthalten. Die beiden letzten begegnen sich für C' = 40,18 im Librationszentrum L_1, sie bilden dann eine geschlossene 8förmige Kurve mit dem Doppelpunkt L_1 (s. Abb. 21). Wird C' noch kleiner, dann verschwindet dieser Doppel-

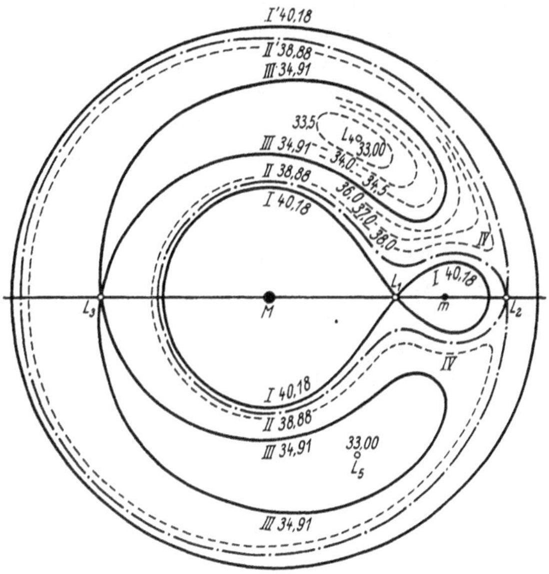

Abb. 21.

punkt, es bildet sich eine Kurve aus, die M und m umschließt, und diese hat
für $C' = 38,88$ mit dem äußeren Oval, welches ebenfalls M und m enthält, den
Doppelpunkt L_2. Für den Minimalwert $C' = 33,00$ schrumpfen die Kurven auf
die beiden Librationszentren L_4 und L_5, für alle Werte $34,91 > C' > 33,00$ ist
nur noch ein Kurvenzug vorhanden, der weder M noch m enthält, und der für
den oberen Intervallwert einen Doppelpunkt in dem Librationszentrum L_3 hat.
Für alle kleineren Werte von C' entstehen zwei getrennte Kurvenzüge, von denen
der eine ganz oberhalb, der andere ganz unterhalb der ξ-Achse liegt, die Sym-
metrieachse der ganzen Konfiguration ist.

Die Kurven der Abb. 21 scheiden Gebiete, in denen sich die Masse μ bei vor-
gegebener kinetischer Energie (in bezug auf das rotierende System) bewegen kann
von solchen, die für sie nicht zugänglich sind. Die Librationszentren sind singuläre
Punkte dieser Kurven. Bei festen Werten von R_M und R_m wird die kinetische
Energie nach Gl. (134) durch die Konstante C_0 bestimmt. Für einen vorgegebenen
Ort ist sie um so größer, je kleiner C_0 ist. Wenn sich also die Masse μ an einer
Stelle R_m, R_M mit einem Wert von C_0 befindet, der kleiner ist als die linke Seite
der Gl. (135), dann kann sie auf ihrem Wege niemals die diesem C_0 zugeordnete
Kurve überschreiten, denn auf dieser wird ihre kinetische Energie in bezug auf
das rotierende System, d. h. ihre Geschwindigkeit gleich Null. Befindet sie sich
mit einem Wert $C' > 40,18$ in dem kleinen Oval I um m, so bleibt sie darin, sie
verläßt das größere Oval I um M nicht, wenn sie sich in diesem befindet. Ist sie
schließlich außerhalb des großen Ovals I', so bleibt sie stets außerhalb, sie ist also
entweder ein Trabant von m, oder ein Trabant von M, oder sie umkreist in großer
Entfernung M und m. Niemals kann sie ohne zusätzlichen äußeren Impuls aus
dem einen Gebiet in das andere übertreten. Die Librationszentren sind gemeinsame Punkte zweier zusammengehöriger Bereiche. Eine dort befindliche Masse
kann sich also zu dem einen oder anderen, oder zu keinem von beiden bekennen.
Das letztere geschieht, wenn sie den Sollwert Null der kinetischen Energie gerade
dort erreicht. Diese Forderung ist identisch mit den früher studierten notwendigen
Anfangsbedingungen. Eine Masse μ, deren kinetische Energie durch die Konstante $40,18 > C' > 38,88$ bestimmt ist, bleibt immer innerhalb des strichpunk-
tierten Bereiches II um M und m, wenn sie sich einmal dort befindet, oder immer
außerhalb des Ovales II'. Schließlich kann eine Masse innerhalb des Bereiches
$C' < 34,91$ mit der entsprechenden kinetischen Energie niemals nach L_4 oder L_5
gelangen, solange $C' > 33,00$ ist. Über die Bahnen der Masse μ innerhalb des zugelassenen Bereiches lassen sich aber bestimmte Aussagen nicht ohne weiteres
machen. Diese hängen wesentlich nicht nur von der Größe, sondern auch von
der Richtung der Geschwindigkeit ab, über die unsere Gleichung (135) nichts
aussagt.

23. Eine Nutzanwendung

Die Kurven der Abb. 21 sind, darauf möge nochmals ausdrücklich hingewiesen
werden, keine möglichen Bahnen. Eine Masse, die sich längs einer solchen Kurve
bewegen sollte, hätte ja beständig die kinetische Energie Null, d. h. sie würde in
Bezug auf das rotierende System in Ruhe verharren, also starr mit diesem rotieren.
Möglich ist das nach den bisherigen Untersuchungen nur in den Doppelpunkten

L_1 bis L_3 und in den isolierten Punkten L_4 und L_5. Die ersteren sind dabei als Librationszentren im wesentlichen dadurch gekennzeichnet, daß in ihnen die Differenz (Punkt L_1) bzw. die Summe (Punkte L_2 und L_3) der Absolutbeträge der Anziehungskräfte von M und m der dort herrschenden Zentrifugalkraft entgegengesetzt gleich ist, nach den Untersuchungen des Abschnittes 8 für die Kreisbahn in jedem einzelnen Zeitelement, für die Ellipse im Mittel über einen Umlauf. Für die Librationszentren L_4 und L_5 gilt dasselbe in bezug auf die Vektorsumme der Anziehungskräfte von M und m.

Die Bedingung dafür, daß sich die Masse μ innerhalb eines bestimmten Bereiches aufhält, lautet streng genommen:

$$C_0 \leqq fM\left(\frac{2}{R_M} + \frac{R_M^2}{R^3}\right) + fm\left(\frac{2}{R_m} + \frac{R_m^2}{R^3}\right). \tag{139}$$

Der Minimalwert von $C' = C_0/f$, für den die *Gleichung* (139) noch erfüllbar ist, ist mit den früheren Maßeinheiten 33,00. Er wird nur in den beiden isolierten Punkten L_4 und L_5 angenommen. Für noch kleinere Werte von C' gibt es keine reellen Wertepaare R_M, R_m mehr. Man darf daraus jedoch nicht schließen, daß für $C' < 33,00$ überhaupt keine Bewegung mehr möglich wäre, denn die *Ungleichung* (139) ist gerade dann für alle möglichen Wertepaare R_M, R_m erfüllbar. Für $C' > 33,00$ sind aber die durch die Gl. (139) abgegrenzten Bereiche ausgeschlossen. Wenn z. B. die Masse μ mit einer kinetischen Energie auf dem Wege ist, welche der Konstanten $C' = 34,91$ entspricht, und wenn sie sich mit diesem Wert außerhalb der Kurve III befindet, kann sie niemals in deren Inneres eindringen, sie kann höchstens bis zu dieser Kurve gelangen, also auch den Punkt L_3 erreichen. Tritt das letztere ein, dann verläßt sie diesen Punkt nicht mehr, in jedem anderen Falle kehrt sie in das Gebiet zurück, welches von der Kurve III nicht umrandet wird. Wörtlich dasselbe gilt für die anderen Grenzkurven. Für $C' \leqq 33,00$ ist also jeder Punkt ohne Ausnahme erreichbar, für diesen Wert gibt es kein Sperrgebiet mehr. Für $C' \leqq 40,18$ liegen die zulässigen Bereiche in der Umgebung von M oder m, die Grenzkurve I, $C' = 40,18$, trennt mithin die ausschließlichen Einflußsphären der Massen M und m voneinander.

Daraus ergeben sich weitere Folgerungen. Nach Gl. (134) ist die kinetische Energie um so größer, je kleiner C_0, also auch $C' = C_0/f$ ist, da diese Konstanten positive Größen sind. Sie sind als gegeben zu betrachten, wenn die Geschwindigkeit der Masse μ relativ zu der Masse m an irgendeiner Stelle R_M, R_m bekannt ist. Die Konstante C_0 bestimmt die sog. Anfangsbedingung, also auch die Anfangsgeschwindigkeit v_0, mit der man etwa von der Oberfläche der Masse m, deren Halbmesser r sein möge, in den Raum startet. Wir wollen dabei annehmen, daß r klein gegen R ist. Dadurch ist der Ausgangsort mit $R_M = R$ und $R_m = r$ festgelegt. Die Konstante ist dann nach Gl. (134) durch die Anfangsgeschwindigkeit v_0 bestimmt, mit der man startet, und nach den bisherigen Überlegungen begrenzen die Kurven der Abb. 21 die Reichweite der von m startenden Masse μ, also deren Aktionsradius ohne weiteren Energieaufwand als den, der zur Erzielung der Anfangsgeschwindigkeit notwendig ist.

Umgekehrt läßt sich für eine angestrebte Reichweite dann auch die notwendige Anfangsgeschwindigkeit ermitteln. Das sei zunächst an ein paar einfachen Beispielen erläutert.

1. Es wird nur eine geringe Reichweite angestrebt. Der Abstand R_m, in welchem die kinetische Energie der startenden Masse μ, d. h. ihre Geschwindigkeit relativ zu m den Wert Null erreicht, soll immer noch klein sein gegenüber dem Abstand der Massen M und m voneinander. Damit wird dann auch ohne merkbaren Fehler noch $R_M = R$. Mit diesen Annahmen, also $v = 0$, $R \gg R_m$ und $R_M \sim R$ ergibt sich aus Gl. (134) die Konstante

$$C_0 = 3 f \frac{M}{R} + 2 f \frac{m}{R_m}. \tag{140}$$

Mit diesem Wert hat also der Start zu erfolgen, und zwar an der Stelle $R_m = r$ und $R_M = R$ (Oberfläche von m). Die notwendige Anfangsgeschwindigkeit an diesem Ort ergibt sich dann aus Gl. (134) mit der Konstanten (140) zu:

$$v_0{}^2 = 2 f m \left(\frac{1}{r} - \frac{1}{R_m} \right), \tag{141}$$

wo nun R_m die angestrebte Reichweite ist. Die Gl. (141) ist nichts anderes als die gewöhnliche Formel für die notwendige Startgeschwindigkeit einer Rakete von der Erdoberfläche, wenn man nur relativ kleine Entfernungen R_m vom Erdmittelpunkt erreichen will. Sie ist nur abhängig von der Erdmasse m und wegen der verabredeten Voraussetzungen unabhängig von der Masse M, die beim Start von der Erde durch die Sonne repräsentiert wird. Mit $R_m = 2 r$, d. h. für eine Wurfhöhe über der Erdoberfläche von der Länge des Erdhalbmessers liefert die Gl. (141) mit:

$$v_0{}^2 = f \frac{m}{r} \tag{141 a}$$

die bekannte Kreisgeschwindigkeit von 7,9 km/sec. Für den Fall $R_m > 2 r$ ergibt die Gl. (141) die elliptische Geschwindigkeit, solange die Voraussetzung $R \gg R_m$ ohne merkbaren Fehler zutrifft. Sie enthält also nicht mehr den Fall der parabolischen Geschwindigkeit, weil für diesen $R_m \gg R$ wird. Dieser Fall bedarf also einer besonderen Behandlung.

2. Die erstrebte Reichweite soll sehr groß werden. Es kann dann trotzdem R_M mit R vergleichbar bleiben, dann nämlich, wenn der Start von m in Richtung nach M oder in Richtung der Bahnbewegung von m um M bzw. ihr entgegen erfolgt. Nur in Richtung von M fort wird bei hinreichend großer Anfangsgeschwindigkeit mit R_m auch R_M groß gegenüber R. In diesem Falle kann man in Gl. (135) sowohl $2/R_M$ als auch $2/R_m$ ohne merkbaren Fehler vernachlässigen. Mit $v = 0$ ergibt sich dann:

$$C_0 = f M \frac{R_M^2}{R^3} + f m \frac{R_m^2}{R^3}, \tag{142}$$

wo nun also R_M und R_m die erzielten Reichweiten in bezug auf M und m sind. Damit erhält man die Geschwindigkeit an irgendeiner anderen Stelle R_M, R_m:

$$v^2 = 2 f \frac{M}{R_M} + 2 f \frac{m}{R_m}. \tag{143}$$

Die Anfangsgeschwindigkeit an der Oberfläche von m, $R_M = R$ und $R_m = r$ wird also:

$$v_0{}^2 = 2 f \frac{M}{R} + 2 f \frac{m}{r}. \tag{143 a}$$

Sie setzt sich zusammen aus der parabolischen Geschwindigkeit im Schwerefeld der Masse M im Abstand R von dessen Mittelpunkt und aus derjenigen im Schwerefeld der Masse m an deren Oberfläche. Ist M die Sonne, m die Erde, dann wird mit $M = 2 \times 10^{33}$ g, $R = 1,495 \times 10^{13}$ cm, $m = 6 \times 10^{27}$ g, $r = 6,368 \times 10^8$ cm für den ersten Term $v_0{}' = 42,2$ km/s, während die notwendige Anfangsgeschwindigkeit zum Verlassen des Sonnensystems

$$v_0 = 43,5 \text{ km/s}$$

wird. Mit diesem Anfangswert erreicht man natürlich auch in jeder anderen als der verabredeten Richtung unendlich große Entfernung, wenn nicht ein Zusammenstoß mit M erfolgt. Andererseits braucht man aber auch diese Anfangsgeschwindigkeit, wenn man in der Richtung über die Sonne das Sonnensystem verlassen will, denn dann muß der Punkt L_1 mit der dort gültigen parabolischen Geschwindigkeit in bezug auf die Sonne passiert werden. Dieser ist aber nur unwesentlich größer als 42,2 km/s, da sich der Punkt L_1 in einer Entfernung von nur 240 Erdhalbmessern vom Erdmittelpunkt befindet, also praktisch in derselben Entfernung von der Sonne wie die Erde.

3. Wir wollen noch die Anfangsgeschwindigkeit ermitteln, welche zur Erreichung eines der Punkte L_4 oder L_5 notwendig ist. Wenn man einen dieser Punkte $R_M = R_m = R$ mit der kinetischen Energie Null erreichen will, dann wird also mit $v^2 = 0$:

$$C_0 = 3 f \frac{M}{R} + 3 f \frac{m}{R}. \tag{144}$$

Wird das wiederum in die Gl. (139) mit $R_M = R$ und $R_m = r$ eingesetzt, so findet man:

$$v_0{}^2 = 2 f \frac{m}{r} - 3 f \frac{m}{R}. \tag{145}$$

Das ist nur unmerklich weniger als die parabolische Geschwindigkeit an der Oberfläche von m ohne Berücksichtigung des Einflusses von M, also nahe 11,2 km/sec.

Mit diesen Beispielen ist wohl das Wesen der Gl. (135) und der Konstanten C_0 hinreichend erläutert. C_0 ist durch die Anfangsgeschwindigkeit, oder allgemein durch die Geschwindigkeit an irgendeiner Stelle R_M, R_m eindeutig festgelegt. Ohne äußere Einwirkung ändert sich der einmal der Masse μ mitgegebene C-Wert nicht mehr. Bei einem Start von der Erde mittels einer Rakete heißt das, daß C_0 solange veränderlich ist, und zwar ständig abnimmt, wie der Motor arbeitet. In dem Augenblick, in welchem die Düsen schweigen, hat C_0 seinen definitiven Wert erreicht, mit dem nun die Rakete μ in die dazugehörige Entfernung gelangt und weiterhin eine ganz bestimmte Bahn innerhalb der Grenzkurve C_0 beschreibt, welche durch die Gl. (135) bestimmt ist. Welcher Art diese Bahn ist, läßt sich auf Grund der bisherigen Überlegungen im einzelnen nicht voraussagen, denn das hängt nicht nur von der Größe, sondern auch ganz wesentlich von der Richtung der Anfangsgeschwindigkeit ab. Über die letztere sagt aber die Gl. (135) nichts aus. Mit Sicherheit läßt sich aber folgendes feststellen:

Bei einem Start von m aus mit $C' \geqq 40{,}18$ verläßt die Masse μ den Bereich des kleineren Ovals I um m nicht, sie kann also auch niemals nach M gelangen. Erreicht sie mit $C' = 40{,}18$ einmal das Librationszentrum L_1, so bleibt sie dort für alle Zeiten. L_1 ist ein „Landeplatz" in dem System M, m, ohne daß sich dort Materie befindet. Bei einem Start mit $40{,}18 > C' > 38{,}88$ kann die Masse μ sowohl um M oder m als auch um M und m umlaufen, da ihr jeder Punkt innerhalb des eingebeulten Ovals II zugänglich ist. Mit $C' = 38{,}88$ kann sie auch nach L_2 gelangen. Geschieht das, so bleibt sie dauernd dort. Wird $C' < 38{,}88$ gewählt, dann entsteht in der Umgebung von L_2 ein „Loch", wie es durch die gestrichelte Grenzkurve IV für $C' = 38{,}0$ angedeutet ist. Durch dieses „Loch" kann μ auch in den Bereich außerhalb des großen Ovals II′ gelangen, unerreichbar ist ihr nur der durch die Kurven $C < 38{,}88$ umrandete Bezirk. Immerhin kann μ aber auch jetzt noch sowohl um m oder M, als auch um m und M umlaufen, letzteres sowohl innerhalb des inneren Zweiges der Kurve $C' < 38{,}88$, der M und m birnenförmig umschließt, als auch außerhalb des äußeren nahe kreisförmigen Zweiges. Ist μ einmal mit $C' < 38{,}88$ in das Äußere des Ovales II′ gelangt, und wird dann durch einen Eingriff die Konstante nach $C' > 38\ 88$ beeinflußt, dann ist es für μ unmöglich, jemals wieder nach M oder m zu gelangen, weil es nun immer außerhalb von II′ bleiben muß. Für $C' > 40{,}18$ bleibt es sogar außerhalb des Ovales I′. Man muß also nicht nur Energie aufwenden, um eine Rakete ins Äußere des Ovales II′ zu treiben, es ist auch ein weiterer Aufwand notwendig, wenn sie mit Sicherheit dort bleiben soll. Ist das geschehen, dann ist ein weiterer Impuls erforderlich, wenn man sie nach m zurückbringen will.

Bei weiterer Verkleinerung von C' am Start, also Vergrößerung der Anfangsgeschwindigkeit wird das nicht erreichbare Sperrgebiet immer kleiner, es wird für $C' = 34{,}91$ durch die Kurve III begrenzt, schrumpft für noch kleineres C' auf zwei getrennte Bereiche oberhalb und unterhalb der ξ-Achse und schließlich für $C' = 33{,}00$ auf die Lagrangeschen Dreieckspunkte L_4 und L_5 zusammen. Beim Start mit $C' \leqq 33{,}00$ gibt es also keinen unerreichbaren Punkt mehr. Nach dem oben unter Punkt 3 durchgerechneten Beispiel heißt das für den Start von der Erde, daß mit der parabolischen Geschwindigkeit von 11,2 km/sec jeder Punkt des Sonnensystems zugänglich ist, daß diese aber auch mindestens erforderlich ist. Am Rande sei noch vermerkt, daß L_3, L_4 und L_5 in demselben Sinne „Landeplätze" sind wie L_1 und L_2.

Die soeben geschilderten Verhältnisse lassen sich durch eine andere Deutung der Abb. 21 sehr eindringlich vor Augen führen. Wenn man in Abb. 21 noch mehrere Grenzkurven für andere Werte von C' zeichnet, wie es dort bereits durch einkrokierte Stücke von solchen angedeutet ist, dann drängt sich von selbst der Eindruck des Schichtlinienbildes auf. In der Tat begrenzen ja die Kurven der Abb. 21 die „Wurfhöhen" für bestimmte Anfangsgeschwindigkeiten beim Start von m bzw. für bestimmte C'-Werte am Start. Die Grenzkurven lassen sich demnach als Isohypsen deuten. Bei Beleuchtung der Abb. 21 von links und entsprechende Schattierung ergibt sich dann das Bild 22. Die Massen M und m

liegen auf dem Grund je eines Trichters, dessen Tiefe sowohl durch die Größe der Massen, als auch durch ihre Halbmesser bestimmt wird. Für wachsendes C' sind ja die inneren Ovale der Abb. 21 praktisch Kreise um M oder m, wobei die Grenzkurve mit dem größten C' durch den Umfang von M bzw. m repräsentiert wird. Die entsprechenden Werte für C' findet man z. B. an der Oberfläche von m aus Gl. (135) mit $R_M = R$ und $R_m = r$.

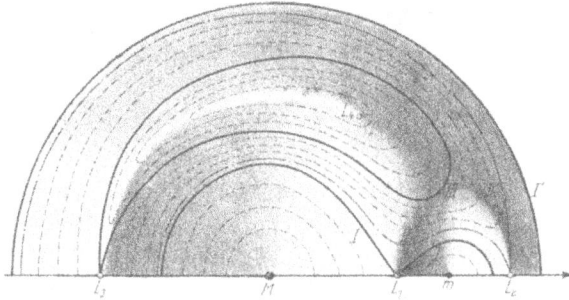

Abb. 22.

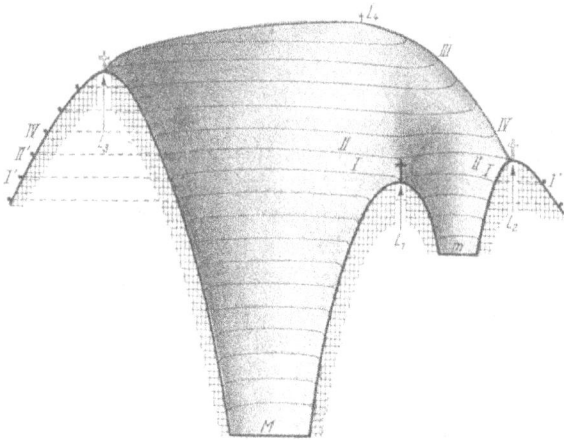

Abb. 23.

Noch eindringlicher wird diese Darstellung, wenn man die Abb. 22 im Aufriß zeichnet, längs der Achse L_2, L_3 aufgeschnitten, wie es Abb. 23 zeigt. Dabei sind die C'-Werte, also die Quadrate der Startgeschwindigkeiten $v_0{}^2$ direkt als Höhen aufgetragen. Man erkennt sofort wieder die 8förmige Grenzkurve I der Abb. 21, die im Librationszentrum L_1 einen Doppelpunkt hat, ferner das eingebeulte Oval II mit dem Librationszentrum L_2. Das ihm zugehörige Oval II' liegt ganz auf dem „äußeren Hang" und ist durch den entsprechenden links aufliegenden Punkt markiert. Die auf das Oval II folgende Isohypse ist identisch mit der Kurve IV der Abb. 21, sie verläuft teils auf dem äußeren, teils auf dem inneren Hang. Die von oben vorletzte Isohypse ist identisch mit der Kurve II der Abb. 21, welche in L_3 ihren Doppelpunkt hat.

Es erscheinen nun in Übereinstimmung mit den früheren Darlegungen:

1. Die Librationszentren L_4 und L_5 als „Gipfel", von denen aus man — sit venia verbo — Ausschau in die weitere Umgebung der Massen m und M halten kann.

2. Die Librationszentren L_1, L_2 und L_3 als „Pässe". Über L_1 gelangt man mit dem geringsten Aufwand von m nach M, über L_2 mit dem geringsten Aufwand nach „draußen", während L_3 nur unwesentlich niedriger liegt als L_4, aber ebenfalls einen Sattel darstellt wie L_1 und L_2. Es ist nun auch sehr augenfällig, warum diese Punkte den Namen Librationszentrum, und daß sie ihn zu Recht tragen. Man erkennt auch, warum für $C' > 40{,}18$ die Grenzkurven aus drei getrennten Ovalen bestehen. Eins liegt ganz auf dem Außenhang, die beiden anderen ganz auf dem Innenhang der Trichter M und m. Durch die beiden „Sättel" werden sie voneinander getrennt.

24. Periodische Bahnen im eingeschränkten Dreikörper-Problem.

In Abb. 24 ist dargestellt, was nach den bisherigen Erörterungen beinahe selbstverständlich ist. Sie gibt das Bild 18 der Isoquoten der fünf Librationszentren und die Isoquote $K_m/K_M = 1$ mit dem abarischen Punkt N. Eingetragen ist ferner strichpunktiert die Kammlinie der Abb. 21 L_3, L_4, L_2, L_5 mit ihrer Verzweigung L_4, L_1, L_5, und strichliert die Senke L_4, m, L_5. Diese Kurven schneiden also alle Isohypsen der Abb. 21 senkrecht. In einigen Punkten 1 bis 9 und in den Librationszentren sind, in willkürlicher Einheit, aber einander maßstabsgleich, die für die Geschwindigkeit Null auf der rotierenden Ebene wirksamen Kräfte eingetragen. In den beiden Punkten L_4 und 1 sind die nach m bzw. M gerichteten Gravitationskräfte K_m und K_M zur Resultierenden K zusammengesetzt. Diese wiederum setzt sich mit der von dem Schwerpunkt S fortgerichteten Fliehkraft F zur Resultierenden R zusammen, welche nach den früheren Darlegungen in den Librationszentren, aber auch nur hier verschwindet. In jedem anderen Punkte der Kammlinie und der Senke liegt sie tangential an diese. Eine Masse μ, mit der Anfangsgeschwindigkeit Null auf der rotierenden Ebene sich selbst überlassen, setzt sich sicher in Richtung der Normalen der Isohypse des Ausgangspunktes in Bewegung. Die beschleunigende Resultierende R steht in jedem Falle senkrecht auf dessen Isohypse, in der Kammlinie also tangential zu dieser.

Die Punkte 2 und 3 liegen auf der Isoquoten $K_m/K_M = 1$. Hier ist also nach Abschnitt 14 die resultierende Gravitationskraft K nach dem abarischen Punkt N gerichtet. Ihre in Abschnitt 15 hergeleitete Proportionalität mit dem Abstand von N ist hier aber wegen des der Abb. 24 zugrunde liegenden großen Massenverhältnisses 10 : 1 und des kleinen Abstandes $M\,m$ nicht mehr erfüllt. Im Punkt 4, der auf der Isoquoten des Librationszentrums L_1 liegt, ist die Resultierende K nach dem scheinbaren Kraftzentrum S_1 (s. Abb. 18) gerichtet. Da nach Abschnitt 14 für jeden Punkt der Mittelisoquoten $L_4\,L_5$ die Resultierende K nach dem Schwerpunkt S gerichtet ist, ist sie der Fliehkraft F genau entgegengesetzt gerichtet (Punkt 9). Die Resultierende liegt also auch in dieser Geraden.

Die Hauptkammlinie L_3, L_4, L_2, L_5 scheidet die Bereiche innen und außen voneinander. Sie ist dadurch gekennzeichnet, daß auf ihr resultierende Schwerkraft K und Fliehkraft F dem Betrage nach einander gleich sind. Aber nur in den Librationszentren haben sie genau entgegengesetzte Richtung, wenn man von den übrigen Punkten der Mittelisoquoten absieht. Da jeder innere Punkt kleineren Abstand von m und M hat als jeder äußere Punkt, so ist die Resultierende R

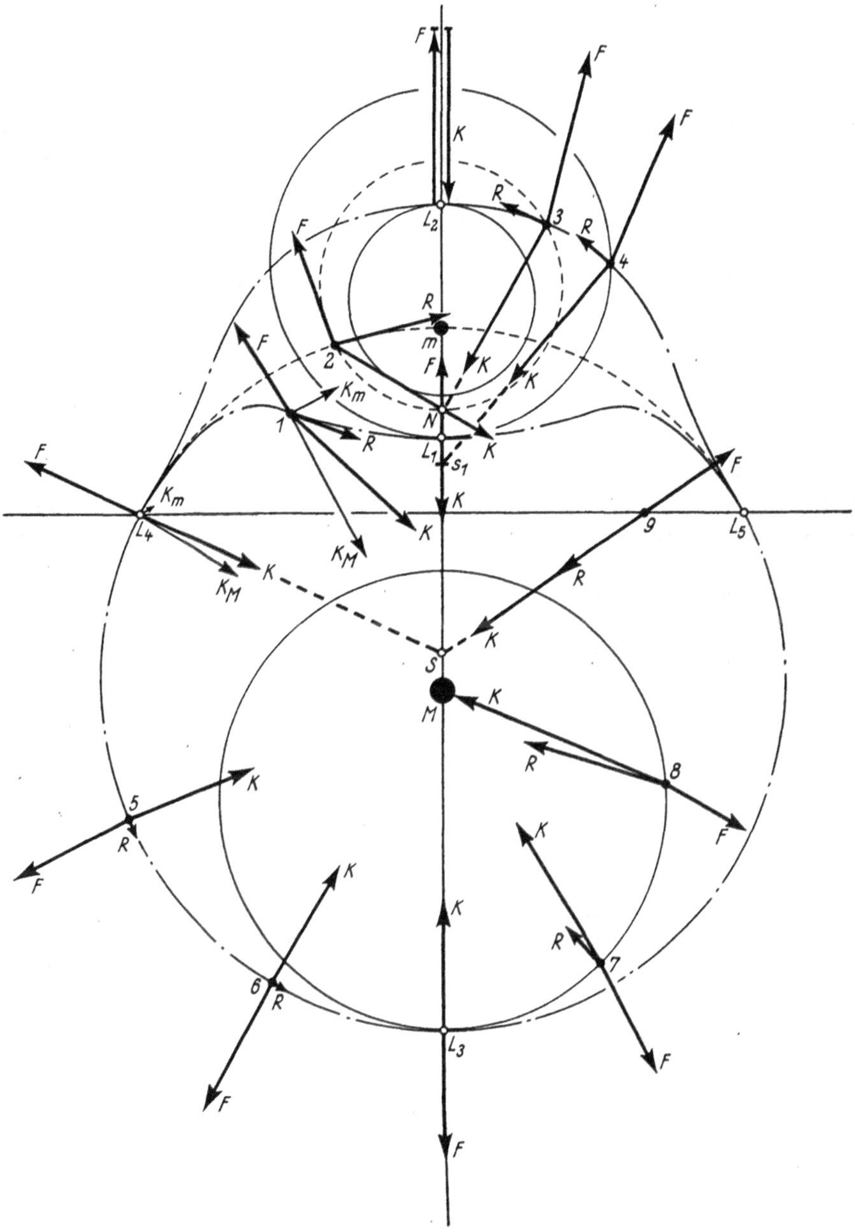

Abb. 24.

innerhalb des Hauptkammes immer nach innen, außerhalb desselben immer nach außen, d. h. von m und M fort gerichtet. Sie zeigt stets „hangabwärts", in dem

Trichter um m also auch immer in diesen hinein. Auf der Mittelisoquoten L_4, L_5 ist sie also nur zwischen L_4 und L_5 zum Schwerpunkt S gerichtet, jenseits von L_4 und L_5 aber von ihm fort. In diesen beiden Punkten selbst verschwindet sie.

Wenn wir oben festgestellt haben, daß eine Masse μ mit der Anfangsgeschwindigkeit Null die Ausgangsisohypse in Richtung von deren Normalen verläßt, so gilt das nur für das erste Zeitelement. Schon die nächste schneidet sie nicht mehr senkrecht, weil sie diese nun mit einer von Null verschiedenen Geschwindigkeit passiert. Man erkennt das am leichtesten, wenn μ seine Bewegung auf der Kammlinie beginnt, etwa zwischen L_3 und L_4 (s. auch Abb. 21). Der erste Schritt erfolgt dann in der Kammlinie von L_4 nach L_3, da die beschleunigende Kraft diese Richtung hat. Nehmen wir an, daß m, damit also auch das ganze Bild 21, entgegengesetzt dem Uhrzeiger um M bzw. S rotiert. Wir nennen diese Bewegung rechtläufig im Gegensatz zu der umgekehrten, die rückläufig heißt. Dann hat μ nach dem ersten Schritt eine größere Winkelgeschwindigkeit als das rotierende Koordinatensystem, es ist damit also auch rechtläufig in bezug auf dieses. Die auf die Masse wirkende Fliehkraft ist also größer als die, welche an ihrem Ort auf der rotierenden Ebene allein wirksam ist. μ wird auf den Außenhang gedrängt, auf dem es sich zunächst hangabwärts bewegt, und zwar mit zunehmender Geschwindigkeit v, es wird also scheinbar von m und M abgestoßen. Da aber auch der Abstand R_M vom M wächst, kann und wird einmal der Fall eintreten, daß die Fliehkraft $F \sim v^2/R_M$ soweit abnimmt, daß μ auch wieder infolge der dann überwiegenden Schwerkraft den Hang hinaufsteigt. Es kann dabei aber nach den früheren Darlegungen niemals das Niveau der Ausgangsisohypse überschreiten, d. h. niemals in den Bereich eindringen, der von dieser umschlossen wird. Beim Start z. B. von der Grenzkurve I der Abb. 21 mit der Anfangsgeschwindigkeit Null bleibt es stets in deren Inneren, beim Start von I' aber immer in deren Äußeren.

Genau umgekehrt ist es auf dem Kammstück L_3, L_5. Hier ist μ nach dem ersten Schritt rückläufig im rotierenden System. Damit wird die Fliehkraft von der Schwerkraft überboten, und μ rutscht auf den Innenhang. Dabei kann aber mit zunehmender Geschwindigkeit v und abnehmendem R_M die Fliehkraft so groß werden, daß μ auch wieder hangaufwärts steigt. Zwischen L_4 und L_2 bzw. L_5 und L_2 herrschen dieselben Verhältnisse im umgekehrten Sinne, und eine Reise. die auf der Kammlinie zwischen L_4 und L_2 bzw. L_5 und L_2 beginnt, führt je nachdem in den Trichter um M oder in den Trichter um m. Ein Start auf dem Grunde der Senke $L_4\,m\,L_5$ führt hingegen in jedem Falle zuerst hangaufwärts.

Diese rein qualitativen Betrachtungen mögen zeigen, daß es für die Bahn. welche die Masse μ im Dreikörper-System beschreiben soll, nicht gleichgültig ist, ob sie ihre Bewegung rechtläufig oder rückläufig beginnt. Die rechtläufige Relativgeschwindigkeit hat größere Zentrifugalkraft zur Folge, sie kann die Masse μ also auch auf einem Innenhang aufwärts treiben, während sie umgekehrt durch rückläufige Geschwindigkeit auch am Außenhang hochsteigen kann. Eben das ereignet sich ja auch im Zweikörper-System bei nichtkreisförmiger Bahn. Solange hier, etwa bei einer elliptischen Bahn, die umlaufende Masse dem mit gleichförmiger Winkelgeschwindigkeit rotierenden Koordinatensystem vorauseilt — das ist zwischen Peri- und Apozentrum der Fall — entfernt sie sich vom Zentralkörper, danach nähert sie sich ihm wieder. Eine Rakete, die mit großer Anfangsgeschwindigkeit in Richtung der Bahngeschwindigkeit der Erde senkrecht startet, muß aus demselben Grunde weiter von der Sonne fort. Im Dreikörper-System sind aber die Verhältnisse weitaus vielgestaltiger als im Zweikörper-System, weil es sich hier immer um das dynamische Wechselspiel von drei Kräften handelt, die im allgemeinen vektoriell zusammenzusetzen sind.

Neben diese ganz allgemeinen Aussagen lassen sich noch einige andere, aber nicht weniger allgemeine stellen. Eine Masse μ verläßt deshalb mit der Anfangsgeschwindigkeit Null die zugehörige Isohypse in Richtung von deren Normalen, weil die beschleunigende Kraft R diese Richtung hat. Daraus folgt, daß sie auch das höchste Niveau, das sie vermöge ihrer Anfangsgeschwindigkeit überhaupt erreichen kann, im letzten Zeitelement senkrecht ansteuert. Jede Bahn, welche das höchste Niveau erreicht, hat hier eine Spitze, sie verläuft in dessen unmittelbarer Nähe senkrecht zur Grenzkurve, ohne aber in sich selbst zurückzukehren.

Es ist aber durchaus nicht notwendig, daß eine Masse die zu ihrer Geschwindigkeit gehörige Grenzkurve wirklich erreicht, sie kann auch stets in ihrem Inneren (oder Äußeren) bleiben, d. h. ihre kinetische Energie braucht nicht notwendig den Wert Null anzunehmen.

Daß das durchaus nicht notwendig ist, läßt sich ohne weiteres einsehen. Beim horizontalen Start von der Erde mit der Geschwindigkeit von 7,9 km/sec ergibt sich als Bahn ein Kreis mit dem Erdradius als Halbmesser, der mit eben dieser Geschwindigkeit durchlaufen wird. Die kinetische Energie ist also hier konstant und von Null verschieden. Das ist selbstverständlich, denn die zu einer Anfangsgeschwindigkeit von 7,9 km/sec gehörige Grenzkurve ist sicher nicht mit dem Erdumfang identisch. Sie ist aber noch praktisch ein Kreis um den Erdmittelpunkt, und sein Halbmesser ist durch die Wurfhöhe beim vertikalen Wurf mit dieser Anfangsgeschwindigkeit bestimmt. Diese ist gleich dem Erdhalbmesser r. Der Halbmesser der zugehörigen Grenzkurve, an der der vertikal geworfene Körper die Geschwindigkeit Null relativ zur Erde erreicht, ist also gleich $2\,r$. Dasselbe besagt die Gl. (141), wenn man darin für v^2_0 den Wert (141a) einsetzt. Das gilt aber nur angenähert für kleine Wurfhöhen. Wenn nämlich eine von m startende Masse μ in bezug auf das rotierende Koordinatensystem die kinetische Energie Null erlangen soll, dann heißt das, daß sie mit derselben Winkelgeschwindigkeit wie m um M umläuft (starre Rotation). μ nimmt aber von m infolge seiner Trägheit nicht dessen Winkelgeschwindigkeit, sondern seine lineare Bahngeschwindigkeit mit. Beim vertikalen Wurf von der Oberfläche von m hat daher μ im Gipfelpunkt eine geringere Winkelgeschwindigkeit als m, vorausgesetzt, daß der Wurf in Richtung von m fort erfolgt. In der entgegengesetzten Richtung hat es eine höhere Winkelgeschwindigkeit. Es läuft also in keinem Falle längs der ξ-Achse, sondern bleibt hinter dieser zurück, oder läuft gegen sie vor. Im Gipfelpunkt ist es daher gegenüber m im Sinne von dessen Bewegungsrichtung entweder rückläufig oder rechtläufig. Darum hat es auch in der größten Wurfhöhe noch eine tangentiale Relativgeschwindigkeit in bezug auf das rotierende System, die niemals Null wird. μ erreicht daher auch nicht die seiner Anfangsgeschwindigkeit entsprechende Grenzkurve. Will man das erreichen, dann muß man der Geschwindigkeit von μ noch eine transversale Komponente erteilen, die so groß ist, wie die Geschwindigkeit des Zielpunktes auf der zur gewählten Anfangsgeschwindigkeit gehörigen C-Kurve, d. h. man darf nicht vertikal zu der Geschwindigkeit von m starten. Diese Wurfrichtung führt im allgemeinen sicher nicht bis zu der Grenzkurve. Über die Startrichtung lassen sich aus Gl. (134) keine direkten Schlüsse ziehen, da diese nur eine Aussage über den Betrag der Geschwindigkeit macht. Nur dann, wenn die Entfernung der Masse μ von der Zentralmasse M konstant bleibt — das ist nahe der Fall beim Wurf von m aus in Richtung von dessen Bahnbewegung oder ihr entgegen — erreicht μ tatsächlich die seiner Anfangsgeschwindigkeit zugehörige Grenzkurve. In jedem anderen Fall kehrt es vorher in einer glatten Kurve um, es braucht auch bei großen Wurfhöhen nicht einmal nach m zurückzukehren, sondern kann an diesem vorbeifahren, d. h. zu seinem Trabanten werden. Diese wenigen Bemerkungen mögen zur Charakterisierung der Kompliziertheit schon des eingeschränkten Dreikörper-Problems genügen.

Wird bei entsprechender Wurfrichtung die zugehörige Grenzkurve, d. h. die Relativgeschwindigkeit Null tatsächlich erreicht, so bedeutet das, daß die Bahnkurve an dieser Stelle eine Spitze, d. h. einen unstetigen ersten Differentialquotienten hat. Das gilt allgemein mit Ausnahme der Librationszentren, in denen die Masse μ dauernd bleibt, wenn sie dort mit der Relativgeschwindigkeit Null anlangt. Umgekehrt ist auch die Bedingung, daß die Geschwindigkeit den Wert Null annimmt, zur Ausbildung einer Spitze notwendig, mit Ausnahme der Librationszentren und der Massen M und m. Die letzteren sind als Quellen des Gravitationsfeldes ebenfalls singuläre Punkte. Bahnen, die in ihnen beginnen oder enden, man nennt sie Ejektionsbahnen, bilden hier ebenfalls eine Spitze, aber nicht mit der Geschwindigkeit Null, sondern bei unendlich großer Geschwindigkeit, die Massen als punktförmig vorausgesetzt.

Es gibt in der Tat solche Bahnen, die also etwa in der Masse m beginnen und dort wieder enden, die also periodisch sind. Es gibt auch eine ganze Anzahl anderer periodischer Bahnen im eingeschränkten Dreikörper-Problem. Wir nennen dabei eine Bahn dann periodisch, wenn μ nach einer bestimmten Zeit sowohl den Ausgangsort, als auch die Anfangsgeschwindigkeit wieder annimmt. Die zwischen diesen Zeitpunkten verstrichene Zeit heißt die Periode. Es ist dabei durchaus möglich, daß der Anfangszustand erst nach mehreren Umläufen von μ um m oder um M und m erreicht wird, d. h. Umlaufzeit und Periode sind nicht notwendig miteinander identisch.

Man kann die allgemeinen Eigenschaften dieser Bahnen durch analytische Entwicklung, also durch Integration der Bewegungsgleichung unter Zugrundelegung bestimmter Anfangsbedingungen ermitteln. Ihre genaue Form ergibt sich am einfachsten — allerdings durch eine ziemlich langwierige Rechnung — durch numerische Integration. Wir wollen uns hier darauf beschränken, diesen Weg kurz zu skizzieren und zum Schluß drei Klassen von Bahnen zu beschreiben. Man geht von einem bestimmten Ort mit einer vorgegebenen Anfangsgeschwindigkeit aus. Die Beschleunigung ist an jeder Stelle durch die Bewegungsgleichung gegeben. Mit der Anfangsgeschwindigkeit tut man den ersten Schritt zum nahe benachbarten zweiten Ort. Größe und Richtung der Geschwindigkeit ergeben sich hier aus der Beschleunigung, und mit diesem neuen Wert kommt man einen Schritt weiter zum dritten Ort. Das Verfahren muß durchgerechnet werden, bis man wieder am Ausgangsort mit der Anfangsgeschwindigkeit anlangt. Ist das

Ziel nicht erreichbar, dann geben die gewählten Anfangsbedingungen keine periodische Bahn. Auf diesem Wege sind von Strömgren und seiner Schule in Kopenhagen eine ganze Anzahl periodischer Bahnen ermittelt worden. Sie lassen sich, wie die Kegelschnitte im Zweikörper-Problem, zu Familien oder Klassen zusammenfassen. Zu jeder Klasse gehört eine Schar von Bahnen, die gemeinsame Merkmale haben, und von denen sich die eine aus der anderen durch Variation der Anfangsbedingungen ergibt.

Wir stellen zunächst fest, daß der Kreis um beide Massen M und m eine mögliche periodische Bahn ist, und zwar immer dann, wenn der gegenseitige Abstand von M und m klein ist gegen den Bahnhalbmesser. In diesem Falle wirken M und m wie eine Masse $M + m$, um welche dann μ umläuft. Es ist wohl auch ohne weiteres plausibel, daß sich die Bahn mit Schrumpfung des Halbmessers abplattet und zu einem Oval um M und m wird. Dabei wird die Anfangsgeschwindigkeit von μ immer größer. Im Grenzfall entartet die Bahn zu einer Geraden, der Verbindungslinie M, m, auf der an jeder Stelle die Geschwindigkeit von μ

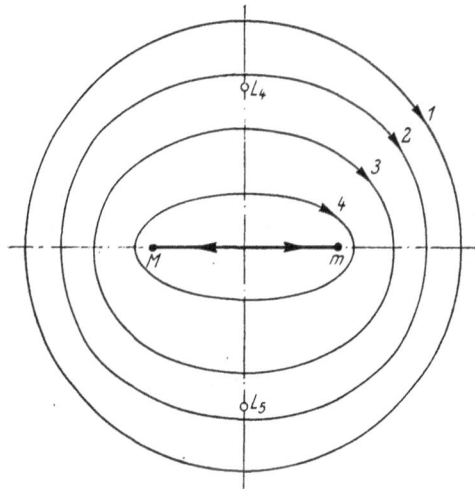

Abb. 25.

unendlich groß ist. In Abb. 25 ist diese Klasse periodischer Bahnen dargestellt. Im Sinne der Bewegung von m um M, die wir als rechtläufig bezeichnen wollen, ist die Bewegung von μ rückläufig, sowohl im festen, als auch im rotierenden Koordinatensystem. Dadurch ergibt sich bei geringer Absolutgeschwindigkeit große Relativgeschwindigkeit von μ in der Nähe von m, was zur Ausbildung einer langgestreckten elliptischen oder einer parabolischen Bahn führt, die sich aber unter dem Einfluß von M in dessen Nähe wieder schließt. Diese Bahnformen haben Bedeutung für eine etwaige Umfahrung des Mondes von der Erde aus.

Eine zweite Klasse von periodischen Bahnen ist in Abb. 26 dargestellt. Hier ist μ rückläufig in bezug auf das rotierende, rechtläufig in bezug auf das feste Koordinatensystem. μ hat geringe Relativgeschwindigkeit gegen m und um-

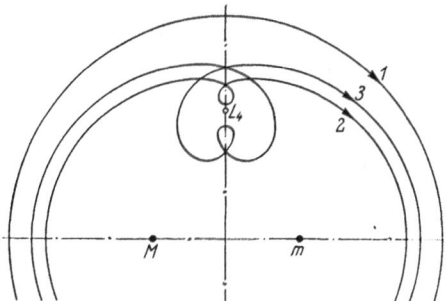

Abb. 26.

kreist demgemäß M und m in großem Abstand. Weit draußen ist die Bahn wieder ein Kreis (Bahn 1). Bei Annäherung an die Lagrangeschen Dreieckspunkte L_4 und L_5 bildet sich eine Schleife (Bahn 2). Im Verlaufe der weiteren

Entwicklung innerhalb der Klasse wird diese größer, sie umschließt das Librationszentrum, und es bilden sich auf ihr kleinere Schleifen aus (Bahn 3). Auf jeder dieser Unterschleifen können wieder solche um L_4 und L_5 entstehen, und im Grenzfall endet die Bahn asymptotisch in einem der Librationszentren, nachdem sie sich aus dem anderen in der gleichen Weise entwickelt hat.

Diese eigenartige Schleifenbildung um die Punkte L_4 und L_5 wird im wesentlichen dadurch verursacht, daß nach Abb. 24 in der Nähe dieser beiden Librationszentren die Resultierende R von ihnen fort gerichtet ist. Eine sich ihnen mit abnehmender Geschwindigkeit nähernde Masse μ wird also abgestoßen und vermag sie nur dann wirklich zu erreichen, wenn sie über die gehörige kinetische Energie verfügt.

Anders ist es mit den Librationszentren L_1, L_2, L_3. In ihrer Nähe wirkt die Resultierende teilweise nach ihnen hin. Es herrschen also ähnliche Verhältnisse, wie in der Umgebung der Massen M und m. Schon daraus folgt, daß periodische Bahnen um diese Zentren möglich sein müssen. Betrachten wir den Punkt L_2. Die Bewegung von m um M erfolge wieder entgegen dem Uhrzeiger (rechtläufig). Schickt man dann eine Masse μ in der Nähe von L_2, zwischen m und L_2 rechtläufig, jenseits von L_2 aber rückläufig auf den Weg, dann tritt wegen der dadurch vermehrten bzw. verminderten Fliehkraft eine Resultierende auf, die immer nach L_2 gerichtet ist, und die zu einer rückläufigen periodischen Bewegung um L_2 Anlaß gibt. Versucht man dagegen eine rechtläufige Bewegung zu erzwingen, dann entfernt sich μ immer weiter von L_2.

Man erkennt, daß man auf diesem Wege aus dem Librationszentrum heraus eine weitere Klasse von periodischen Bahnen, sog. Librationen entwickeln kann (Abb. 27). Das Librationszentrum bildet den natürlichen Anfang und das natürliche Ende dieser Klasse.

Eine Bahn Nr. 2 schlingt sich um das Librationszentrum. Aus ihr läßt sich die Ejektionsbahn 3 entwickeln, die in m beginnt und endet, bei punktförmiger Masse mit unendlich großer Geschwindigkeit. In der Nähe von m zeigt sich die oben schon erwähnte Erscheinung. Die Masse μ tritt in Richtung M aus m aus. Da sie die lineare Bahngeschwindigkeit von m mitnimmt, die hier, wie in den beiden anderen Abbildungen dem Uhrzeiger entgegen angenommen ist, eilt sie m im Sinne von dessen Bewegung voraus.

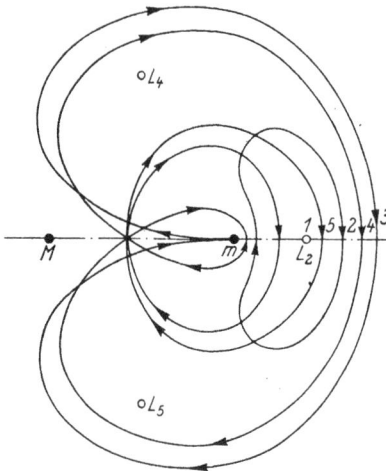

Abb. 27.

Zu dieser Klasse gehören weitere Bahnen der Form 4, welche eine Schleife um m zeigen. Wird diese Schleife größer, dann schrumpft die Bahn (Kurve 5), und Bahn und Schleife vertauschen danach die Rollen. Die Ejektionsbahn ist die Bahn mit unendlich kleiner Schleife, während das Librationszentrum als Gleichgewichtslage eine Bahn mit unendlich kleinem Halbmesser darstellt. Die Tatsache,

daß es periodische Bahnen um L_2 gibt, zeigt, daß dieser Punkt eine stabile Gleichgewichtslage ist, was wir schon im Abschnitt 20, S. 92 festgestellt haben. Wenn sich
die Masse μ nicht zu weit von dem Librationszentrum entfernt, d. h. dort mit nur
geringer Relativgeschwindigkeit in bezug auf m startet, bleibt sie immer in der
Nähe von L_2. Das gilt auch für die anderen Librationszentren, in Sonderheit auch
für L_3 jenseits der Masse M, und aus Symmetriegründen gibt es auch eine der
Klasse 3 ähnliche Klasse von Bahnen in bezug auf M und L_3. Bei den Bahnen 4
und 5 der Klasse 3 ist die Periode gleich der doppelten Umlaufzeit, denn erst nach
zwei Umläufen nimmt die Masse μ die Anfangsbedingungen wieder an. Die
Ejektionsbahn ist diejenige, auf der man z. B. von der Erde aus starten und wieder
zu ihr zurückkehren kann, ohne daß es dazu eines weiteren Energieaufwandes
bedarf als den zur Erreichung der Anfangsgeschwindigkeit und den zur Vernich-
tung der Anfangsenergie bei der Rückkehr. Auf einer Bahn von der Form 2 kann
man sich u. a. in der Nähe des Mondes beliebig lange aufhalten, das Librationszentrum L_2 ist in dem System der Grenzkurven um Erde und Mond nur rund 10
Erdhalbmesser vom Monde entfernt. Um in dieser Bahn zu bleiben, bedarf es,
wenn ein Punkt derselben erreicht ist, eines zusätzlichen einmaligen Energieaufwandes zur Erzeugung der notwendigen Anfangsbedingungen, welche die Masse μ
in diese Bahn zwingt.

Die Außenstation

Von Rolf Engel, U.T. Bödewadt, Kurt Hanisch
Ingénieurs de Recherches à l'O.N.E.R.A.

0 Einleitung

Die Diskussion um die Möglichkeit des Baues einer Außenstation fordert eine nüchterne Stellungnahme. Im gegenwärtigen Stadium der Entwicklung (der Beitrag wurde 1948/49 verfaßt), wo die technischen Schwierigkeiten zumeist als ungeheuerlich groß und daher die Leistungsfähigkeit der heutigen Technik bei weitem übersteigend angesehen, gelegentlich auch unterschätzt werden, wäre es reizvoll, aber wertlos, die Inneneinrichtung, die Schlaf- oder Arbeitsräume der Außenstation zu entwerfen. Notwendig dagegen erscheint eine Darlegung der physikalischen und technischen Bedingungen und besonders eine Abschätzung des Aufwandes, den der Bau einer Außenstation erfordert. Um Maßstäbe zu gewinnen, müssen folgende Fragen beantwortet werden:

Welchen physikalischen Bedingungen unterliegt eine zu errichtende Außenstation (= A-Station)?

Lassen sich heute bereits Angaben über den wahrscheinlichen Bahnbereich der A-Station machen?

Welche Größenordnung hätten im gegenwärtigen Stadium der Raketentechnik die Raketen, die zum Ausbau der A-Station bestimmt sind?

Es werden im folgenden Antworten gegeben, die dazu beitragen sollen, den ganzen Fragenkomplex der A-Station aus der Sphäre phantasievoller Spekulation in die Ebene der technisch-wirtschaftlichen Betrachtung zu ziehen. In unserer Zeit wird über die Realisierung einer großen technischen Aufgabe nicht nach Maßgabe der technischen Durchführbarkeit entschieden, sondern allein nach Maßgabe der Kosten im Verhältnis zum erzielbaren Erfolg.

1 Gesichtspunkte für die Auswahl der Bahn der A-Station

Bei den nachfolgenden Betrachtungen wird angenommen, daß die zu bauende A-Station auf einer Kreisbahn um die Erde gravitieren soll. Diese Annahme vereinfacht die rechnerische Arbeit ein wenig, muß jedoch in kommenden oder bereits vorhandenen Planungen nicht unbedingt erfüllt sein. Es kommen auch elliptische Bahnen in Frage, die allerdings hier aus Platzgründen nicht betrachtet werden können.

11. Grundlegende Bedingungen

Bei einer Kreisbahn ist die Höhe über der Erdoberfläche der charakteristische Wert, und es fragt sich, in welcher Höhe eine A-Station wünschenswert wäre. Selbstverständlich hängt die Beantwortung dieser Frage wesentlich davon ab, was man mit der Station selbst erreichen will. Ohne auf die vielen, z. T. recht phantasievollen Vorschläge einzugehen, was man „auf und mit der A-Station alles machen kann", läßt sich eines klar und sicher aussagen: Die erste A-Station, die einmal gebaut wird, hat ausschließlich den Zweck, der Erforschung ihrer eigenen Betriebsbedingungen und ihres Höhenbereiches zu dienen. Unsere Kenntnis von dem Zustand der höchsten Schichten der Erdatmosphäre (oberhalb 300 km) ist so dürftig, und die zur endgültigen Eroberung dieses Bereiches noch zu lösenden technisch-physikalischen (z. T. auch physiologischen) Probleme sind so mannigfaltig und verwickelt, daß selbst nach Gründung der ersten bemannten Station noch geraume Zeit vergeht, bis eine Nutzbarmachung der neu gewonnenen Kenntnisse möglich wird. Man kann also ohne weiteres unterstellen, daß die erste A-Station eine reine Forschungsstation sein wird. Mit dieser Feststellung läßt sich aber bereits eine gewisse Eingrenzung der für die Kreisbahn in Frage kommenden Höhenbereiche vornehmen, denn für die Planung der ersten Forschungsstation kann man wohl folgende Bedingungen aufstellen:

a) Die Bahn der A-Station soll außerhalb der eigentlichen Lufthülle der Erde liegen.

b) Die Entfernung von der Erde soll nicht zu groß sein, damit der Versorgungsverkehr nicht zu kostspielig wird. Außerdem soll eine Erforschung der hohen Atmosphärenschichten (200 bis 400 km) von der Station aus erfolgen, so daß der Abstand von ihnen nicht zu groß sein darf.

c) Die erste A-Station muß vor allem dazu dienen, die Lebens- und Arbeitsbedingungen von Mensch und Gerät unter diesen neuen, uns noch unzureichend bekannten physikalischen Umständen zu erforschen. Ferner sollen mit ihr die grundsätzlichen Betriebserfahrungen gesammelt werden, die zum späteren Ausbau der Station bzw. zur Errichtung weiterer Stationen notwendig sind. Insbesondere sind die Bedingungen der Stabilität der Bahn, also die säkularen Störungen, eingehend zu erfassen, weil zu einer exakten Vorausberechnung dieser Störungsauswirkungen unsere allgemeinen geophysikalischen Kenntnisse nicht ausreichend sind. Im Hinblick auf die im voraus nicht bekannte Größe der säkularen Bahnstörungen ist daher gerade bei der ersten Station eine möglichst laufende Messung der Bahn erforderlich. (Dies gilt besonders auch deshalb, weil man wahrscheinlich zu Beginn des Baues der A-Station mit einem zunächst unbemannten Gerät arbeiten wird.) Eine schnelle und einfache Feststellung kleiner Bahnabweichungen ist aber nur möglich, wenn die Bahn so gelegt wird, daß die A-Station in regelmäßigen Zeitabständen für die Vermessungsstation wieder am gleichen Himmelsort erscheint.

Die Bedingung a) wird erfüllt sein, wenn die Kreisbahn der A-Station mehr als 500 km Höhe über der Erdoberfläche hat. Die Bedingung c) aber ist für die Wahl der Höhe von primärer Bedeutung und soll daher auch zuerst behandelt werden, bevor auf b) eingegangen wird.

12. Höhe und Kreisbahngeschwindigkeit

Bei einer Kreisbahn stehen Höhe H (über der Erdoberfläche) und Umlaufsgeschwindigkeit v nach dem 3. Keplerschen Gesetz in folgendem Zusammenhang:

$$v = \sqrt{\frac{r_0^2 \cdot g_0}{r_0 + H}} \, . \tag{1}$$

Hierbei ist nachstehend stets das Geoid durch eine homogene Kugel mit dem Halbmesser $r_o = 6{,}375 \cdot 10^6$ m und der Oberflächenschwere $g_0 = 9{,}80665$ m/sec ersetzt worden, was für Zwecke eines vorläufigen Überblickes völlig zureichend ist.

Grundsätzlich sind zwei verschiedene Kreisbahn-Typen zu unterscheiden:

Bahnen, die in der Ebene des Erdäquators liegen und,

Bahnen, deren Ebene um einen Winkel δ schief zum Erdäquator steht.

Für beide Bahntypen ist die Umlaufszeit in Sekunden gegen den (als ruhend vorausgesetzten) Sternhimmel gegeben durch

$$T_a = \frac{2\,\pi\,(r_0 + H)}{v}. \tag{2}$$

Da nun die Erdoberfläche selbst in Bezug auf den Sternhimmel sich in

$$T_o = 86\,164\;\text{sec} \quad (= \text{Sonnenzeitsekunden}),\;\text{das sind}$$
$$T_o = 86\,400\;\text{sec*} \quad (= \text{Sternzeitsekunden}) \tag{3}$$

einmal dreht, so ergibt sich für eine in der Äquatorebene umlaufende Station eine scheinbare Umlaufszeit von

$$T = \frac{T_a \cdot T_0}{T_0 - T_a} \qquad \text{(bei ,,Ostflug``)} \tag{4}$$

bzw.

$$T = \frac{T_a \cdot T_0}{T_0 + T_a} \qquad \text{(bei ,,Westflug``).}$$

Da jeder von der Erdoberfläche aufsteigende Körper die Bodengeschwindigkeit seines Standortes

$$v_\varphi = \frac{2\,\pi\,r_0}{T_0}\cos\varphi \tag{5}$$

bei Ostflug zusätzlich gewinnt, bei Westflug aber erst vernichten muß, so wird man von vornherein aus Ersparnisgründen nur mit einem Aufstieg in östlicher Richtung (d. h. im Sinne der Erddrehung) zu rechnen haben. Eine in der Äquatorebene umlaufende Station überfliegt den gleichen Äquatorort (z. B. auch den Aufstiegsort) nach je T sec, also an einem Sonnentage

$$n = \frac{86\,400}{T} \tag{6}$$

mal, d. h. sie vollführt täglich n Umläufe. Die Umlaufszahl n braucht zunächst keine ganze Zahl zu sein. Die Bedingung c) ist dann trotzdem insoweit erfüllt, als die A-Station bei jedem Umlauf für jede Vermessungsstation durch den gleichen Himmelsort geht. Weil nun aber kleinere Bahnabweichungen bei nur einem Umlauf noch nicht zu bemerken sind, muß die Feststellung dieser Abweichungen nach einer festen Zahl von Umläufen vorgenommen werden. Die Zählung und Zuordnung dieser Umläufe wird jedoch über längere Beobachtungszeiten entscheidend erleichtert, wenn auf jeden Tag eine ganze Zahl von Umläufen entfällt, wenn also in der Gl. (6) n eine ganze Zahl ist. (Es würde auch noch genügen, wenn erst auf 2 oder 3 Tage eine ganze Zahl von Umläufen entfiele.)

Etwas anders liegt der Fall bei Bahnen, die gegen den Äquator um den Winkel δ geneigt sind. In erster Näherung kann man davon ausgehen, daß die Bahnebene der Station in ihrer Stellung zum Sternhimmel fest bleibt. Störungen, wie

z. B. durch Inhomogenität des Erdschwerefeldes, durch Mond, Sonne und andere Himmelskörper, sowie durch Reibung an noch vorhandenen Resten der Atmosphäre müssen zwar bei eingehender Planung mit in Betracht gezogen werden, sind aber doch relativ geringfügig, so daß sie hier außer Acht gelassen werden dürfen. Soll nun nach einer Anzahl n von Umläufen die Station sich wieder im Zenith desselben Erdortes befinden (vergleiche Bedingung c), so bedeutet dies, daß nach $n \cdot T_a$ Sekunden — vom Erdmittelpunkt aus gesehen — der betreffende Erdort sich wieder in der Bahnebene und damit in der gleichen Richtung zum (ruhenden) Sternhimmel befinden muß wie die Station selbst. Inzwischen hat also zugleich eine Umdrehung der Erde stattgefunden. Es muß daher gelten $n \cdot T_a = T_o$ oder

$$T_a = \frac{1}{n} \cdot T_0. \tag{7}$$

In Worten: Die Umlaufszeit der Station T_a muß ein Bruchteil der Erdumdrehungszeit T_o sein. Die Station macht dann während eines Sternzeit-Tages

$$n = \frac{T_0}{T_a} \tag{8}$$

Umläufe; daher ist es zweckmäßig, die Umlaufszeit T_a in Sternzeit zu messen. Tabelle 1 zeigt alle im Höhenbereich zwischen 500 und 1700 km liegenden Bahnen, die diesen Anforderungen einer ganzen Anzahl von Umläufen genügen. Dabei sind die Bahnen mit 13 und 14 Umläufen pro Tag hier nicht aufgeführt, weil ihre Umlaufszeit sich nicht durch eine ganze Zahl von (Sternzeit-)Sekunden angeben läßt. Dafür sind die Bahnen mit $n = 12^1/_2$ und $n = 13^1/_3$ aufgeführt, wo die Station also nach zwei bzw. drei Tagen wieder zur gleichen Zeit im Zenith desselben Erdortes erscheint.

13. Sichtfeld der Station

Mit der Tabelle 1 werden also die allgemeinen Bedingungen a) und c) erfüllt. Hinzu kommt eine weitere, für den Nutzen solcher Station wesentliche Bedingung, die durch folgende Fragestellung charakterisiert wird:

Welchen Teil der Erdoberfläche vermag man von diesen Bahnhöhen zu übersehen?

Tabelle 1. Umlaufszahlen, Umlaufszeiten, Höhe und Geschwindigkeit auf verschiedenen Kreisbahnen.

n	T_a Sternzeit-sec	T Sonnenzeit-sec	H km	V m/sec
Schiefe Bahnen ($\delta \neq 0$)				
15	5760	—	557	7582
$13^1{}_3$	6480	—	1124	7290
$12^1{}_2$	6912	—	1453	7135
12	7200	—	1669	7039
Äquatoriale Bahnen ($\delta = 0$)				
15	—	5760	570	7576
$13^1/_3$	—	6480	1137	7284
$12^1{}_2$	—	6912	1467	7129
12	—	7200	1684	7033

Abb. 1 zeigt die Definition des Sichtbarkeitsbereiches. Aus ihr geht hervor, daß der Anteil der Erdoberfläche, den man in jedem Zeitmoment von der Station aus „übersehen" kann, durch den Winkel β bestimmt wird. Es gilt:

$$\cos \beta = \frac{r_0}{r_0 + H}; \qquad (9)$$

daraus folgt für den von der Station aus sichtbaren Teil der Erdoberfläche

$$F = 4\,\pi\,r_0^2 \cdot \sin^2 \frac{\beta}{2}. \qquad (10)$$

Näherungsweise kann für β die Formel

$$\beta \sim \sqrt{H} \qquad (11)$$

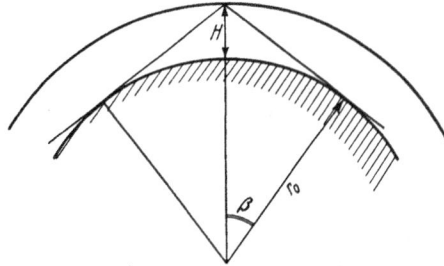

Abb. 1. Beziehung für den Sichtfeldwinkel der Außenstation.

benutzt werden, wobei H in km und β in Altgrad zu messen sind. Eine Auswertung dieser Relationen für die in Tabelle 1 genannten Höhen zeigt, daß nur 4 bis 10% der Erdoberfläche gleichzeitig sichtbar sind. Entscheidend ist jedoch nicht, was man zugleich sieht, sondern welche Gebiete der Erdoberfläche man überhaupt „übersehen" kann.

Für äquatoriale Bahnen ist dies die Kugelzone zwischen den Breitengraden $\varphi = +\beta$ und $\varphi = -\beta$. Flächenmäßig gesehen beträgt also der gesamte während eines Umlaufes übersehbare Bereich

$$F = 4\,\pi\,r_o^2 \cdot \sin \beta, \qquad (12)$$

was immerhin schon 40 bis 60% der gesamten Erdoberfläche ausmacht.

Für Bahnen, die mit einem Winkel δ gegen die Äquatorebene schief gestellt sind, ergibt sich für den gesamten während eines Tages übersehbaren Bereich zunächst die Kugelzone zwischen den Breitengraden $\varphi = +\delta$ und $\varphi = -\delta$, zusätzlich der Randstreifen von je β Breitengraden, die von der Höhe abhängen. Statt Formel (12) gilt hier also (diese Formel hat nur Näherungscharakter und ist nur für nicht zu weite Abstände r zutreffend)

$$F = 4\,\pi\,r_o^2 \cdot \sin (\delta + \beta). \qquad (13)$$

Um einen Anhalt für die Größenordnung der so übersehbaren Teile der Erdoberfläche zu geben, sei erwähnt, daß bei $\delta = 30^0$ Bahnschiefe 70 bis 90% übersehbar sind, während bei einer Bahnschiefe von 60^0 bereits 99% der gesamten Erdoberfläche sichtbar werden. Dieser Umstand dürfte für eine „nichtzivile" Verwendung der A-Station von erheblicher Bedeutung sein. Abschließend mag noch betont werden, daß der Begriff der „Sichtbarkeit" sich hier nicht auf die optische Sicht beschränkt.

14. Sonstige Bedingungen für die Bahnwahl

Die eingangs genannte Bedingung c), daß die Station sich von der Erdoberfläche laufend verfolgen lassen soll, wird später an einem Beispiel behandelt werden. Für die endgültige Auswahl einer Bahn sind jedoch noch weitere Überlegungen wichtig. Zunächst betrifft dies die Licht- und Wärmeverhältnisse der Station selbst. Bei jedem Umlauf geht die Station für eine kurze Zeit durch den

Erdschatten, wenn ihre Bahnebene nicht gerade sehr steil zur Ekliptik steht und sich zugleich während eines Jahres einmal so um sich selbst dreht, daß die Sonne stets nahe dem Bahnpole stehenbleibt. Für die Arbeitsverhältnisse auf der Station ist also die „Tag- und Nacht"-Verteilung von Bedeutung. Sie soll so beschaffen sein, daß die Station möglichst viel im „Licht" liegt. Maßgeblich ist für die Licht- und Wärmeverteilung die Stellung der Bahnebene zur Ekliptik. Abb. 2 a zeigt schematisch den Sachverhalt, wie er von der Sonne aus zu sehen

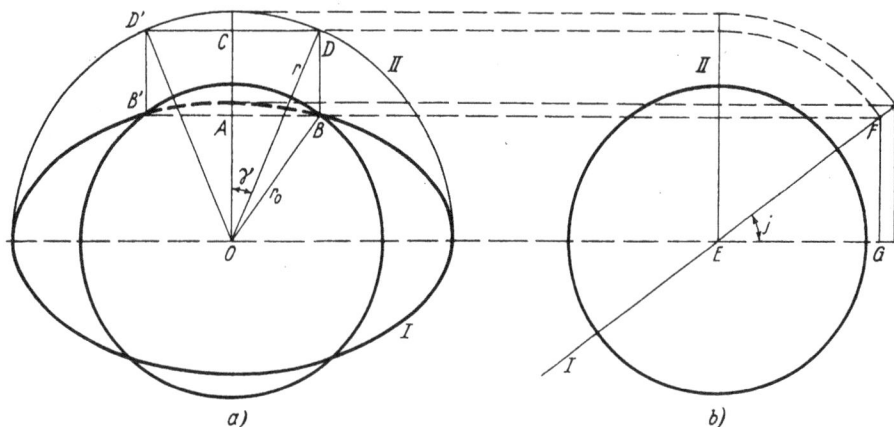

Abb. 2. Schematisches Bahnbild der Außenstation.

I = scheinbare Bahnellipse (Aufriß der Bahn, von der Sonne gesehen),
II = Bahn in die Zeichenebene geklappt,
γ = halber Schattenwinkel,
j = Neigungswinkel der Bahn gegen Sonnenrichtung (Sonne steht links),

$$\overline{OB} = r_0 = r \cdot \cos\beta; \quad \overline{OA} = \overline{FG} = \overline{EF} \cdot \sin j; \quad \cos\gamma = \frac{\sin\beta}{\cos j},$$
$$\overline{AB} = CD = r \cdot \sin\gamma; \quad \overline{EF} = \overline{OC} = r \cdot \cos\gamma.$$

wäre. Von B bis B' verschwindet die Bahn im Erdschatten. Dieses Bahnstück, d. h. der Bogen DD', ist durch den Schattenwinkel 2γ bestimmt. Die relative Schattendauer, d. h. der im Schatten verbrachte Bruchteil der Umlaufzeit, ist also definiert durch

$$\varepsilon = \frac{\gamma^{(0)}}{180}. \tag{14}$$

Der halbe Schattenwinkel γ ergibt sich nach Abb. 2 durch die Formel

$$\cos\gamma = \frac{\sin\beta}{\cos j}. \tag{15}$$

Hierin ist β entsprechend (9) durch die Bahnhöhe gegeben. Der Neigungswinkel j der Bahn gegen die Sonnenrichtung ist bestimmt durch die Bahnneigung i gegen die Ekliptik und die jeweilige mit der Jahreszeit veränderliche Stellung der Sonne zur Knotenlinie der Bahn. Aus Abb. 3 läßt sich ableiten, daß

$$\sin j = \sin i \cdot \sin (\Omega - L). \tag{16}$$

Die Bahnneigung i gegen die Ekliptik ist, wie aus Figur 4 zu ersehen ist, durch die Bahnschiefe δ und durch die Rektaszension α des Bahnknotens mit dem Äquator gegeben. Die Rektaszension α wird dabei durch die Sternzeit des Startaugen-

blickes festgelegt, denn die von einem bestimmten Startort aus erreichbare
Bahnebene (bei bestimmt gewählter Bahnschiefe δ) dreht sich als mögliche Bahnebene vor dem Start mit der Erdoberfläche im Raume und erscheint erst infolge
des Startes als eine gegenüber dem Fixsternhimmel fest-
stehende wirkliche Bahnebene. Die Rektaszension α durchläuft also im Laufe eines jeden Tages alle Werte von
0 bis 360°, so daß die Bahn-neigung i je nach dem Start-
augenblick jeden Wert zwischen

$$\delta - \delta_0 \text{ und } \delta + \delta_0$$

annehmen kann.

Mit Hilfe dieser Relationen
kann also die relative Schat-

Abb. 3. Lage der Bahn zur Ekliptik.

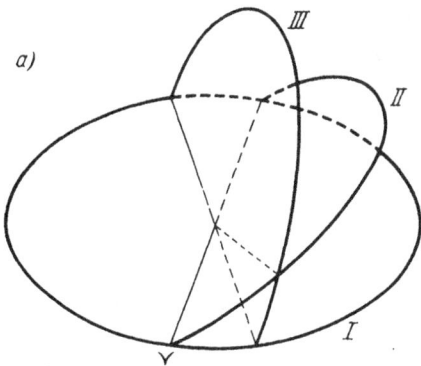

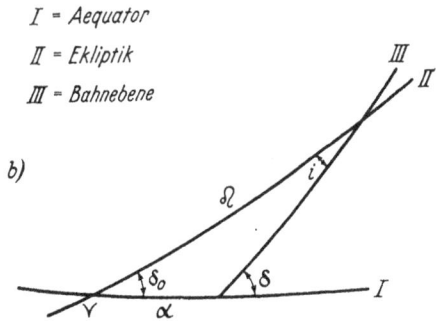

tendauer ε bestimmt werden, wenn die Bahnhöhe H und dadurch der Winkel β,
die Bahnschiefe δ, sowie Ort und Zeit des Startes angenommen werden. Die
Gleichungen zeigen, daß es für gute Licht- und Wärmeverhältnisse günstig
ist, die Bahn möglichst steil gegen die Ekliptik anzustellen.

Neben den Gesichtspunkten einer Licht- und Wärmeverteilung besteht natürlich noch die Frage der kosmischen Höhenstrahlung. Diese harte Strahlung
dürfte sowohl als Forschungsobjekt wie auch als ernste Gefahr für die Bewohner
einer A-Station von erheblicher Bedeutung sein. Unsere gegenwärtige Kenntnis
ist — trotz aller Bemühungen der Ionosphärenforschung — nicht ausreichend,
um heute Endgültiges über die Rolle aussagen zu können, die das Problem der
kosmischen Höhenstrahlung beim Bau einer A-Station spielen wird. Hierfür
muß man die Ergebnisse der Höhenforschungs-Geräte abwarten, die gegenwärtig

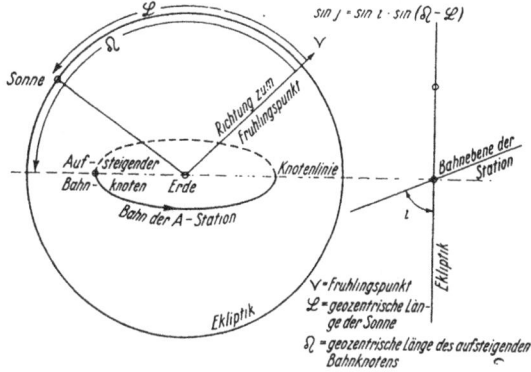

Abb. 4. Lage der Bahn zur Ekliptik- und Äquatorebene.

a = räumliches Bild; b = bestimmendes Dreieck.

$$\cos i = \cos \delta \cdot \cos \delta_0 + \sin \delta \cdot \sin \delta_0 \cdot \cos \alpha,$$
$$\sin \Omega = \sin \alpha \cdot \frac{\sin \delta}{\sin i},$$

δ_0 = Schiefe der Ekliptik zum Äquator,
δ = Schiefe der Bahnebene zum Äquator,
Ω = Länge des Bahnknotens,
i = Neigung der Bahnebene gegen die Ekliptik,
α = Rektaszension der Bahn beim Äquator-durchgang.

in den USA sich im Bau bzw. in der Erprobung befinden. Dabei ist es ohne weiteres denkbar, daß ähnliche, jedoch bessere Gerätkombinationen, wie die im Februar 1949 erprobte Kombination zwischen einer A4 und einem Wac Corporal, bereits an die unteren Grenzen des Höhenbereiches heranreichen, der laut Tabelle 1 für die A-Station in Frage kommt. Wir müssen also hier zunächst diese Frage offen lassen, da in vorliegender Studie ja nur die technische Realisierbarkeit des Baues einer A-Station interessieren soll.

15. Vergleich der in Frage kommenden Bahnen

Nach der allgemeinen Behandlung der für die Auswahl der Kreisbahn einer A-Station wesentlichen Gesichtspunkte sollen nunmehr die in Tabelle 1 aufgeführten Bahnen kritisch miteinander verglichen werden, um aus ihnen zwei Bahnen auszuwählen, für die dann eingehender die Bahneigenschaften dargelegt werden.

Zunächst ist die Frage zu diskutieren, ob man eine äquatoriale Bahn oder eine zum Äquator schief angestellte als vorteilhaft ansehen soll. Geht man davon aus, daß die erste A-Station als Forschungsstation einen möglichst großen Teil der gesamten Erdoberfläche bei jedem Umlauf übersehen soll, so zeigen die Gl. (12) und (13) deutlich die Überlegenheit der schief gegen den Äquator angestellten Bahn. Hinzu tritt die Überlegung, daß bei der äquatorialen Bahn auch der Startort, d. h. die ständige Versorgungsbasis der Station an der Erdoberfläche, sich in Äquatornähe befinden müßte. Hierbei wäre (beim Ostflug) der zusätzliche Geschwindigkeitsgewinn nach (5) am größten. Nun ist jedoch aus rein technischen und auch geographischen Überlegungen die Gründung des Startortes in Äquatornähe wenig wahrscheinlich. Zunächst gibt es zu wenig geographische Gebiete auf der Erde, die hierfür geeignet wären, und auch die in der Äquatornähe üblichen Klimabedingungen sind technisch nicht erwünscht. Wenn also auch in mancher Hinsicht die äquatorialen Bahnen Vorteile besitzen, so wiegen diese bei weitem nicht die damit verknüpften Nachteile auf. Die Möglichkeit, außerhalb der Äquatorzone (als späterer Bahnebene) zu starten und erst im Verlauf des Aufstieges in die äquatoriale Bahn umzulenken, ist im gegenwärtigen Stadium der Raketentechnik zu unwirtschaftlich, da hierdurch der erforderliche Treibstoff- und Baubedarf wesentlich größer würde. Es ist daher wenig wahrscheinlich, daß eine äquatoriale Bahn als erste Kreisbahn einer festen A-Station ausgewählt werden wird.

Für die schief angestellten Bahnen ist der Gewinn aus der Bodengeschwindigkeit des Startortes gemäß (5) geringer, wenn der Start in einer geographischen Breite gleich der Bahnschiefe (d. h. auf dem Wendekreis der Station) erfolgt. Bei einem Start auf kleinerer geographischer Breite gewinnt man fast den gleichen Betrag, da zwar die Bodengeschwindigkeit größer ist, aber nicht in der Richtung der Bahnebene liegt. Für die Bahnschiefe bestehen keine so scharfen Auswahlbedingungen, wie sie für die Bahnhöhe durch den Zusammenhang mit der Umlaufszahl n geliefert werden. Für die Auswahl einer bestimmten Bahnschiefe sind folgende Gesichtspunkte bedeutsam:

a) Die Bahnneigung i zur Ekliptik, die gemäß (16) für die Licht- und Wärmeverteilung auf der Station wichtig ist;

b) die Breite des „übersehbaren" Erdoberflächenbereiches, die gemäß (13) auch
   noch von der Höhe abhängt;

c) der ausnutzbare Teil der Bodengeschwindigkeit des Startortes, der näherungsweise durch $v_o = (2\pi r_o/T_o) \cdot \cos \delta$ gegeben ist;

d) der Abflugkurs beim Start, für dessen engere Festlegung die geographischen
   Verhältnisse in der weiteren Umgebung des Startortes maßgeblich sind.

Da es sich in vorliegender Skizze nur darum handelt, die Größenordnungen
aller auftretenden Einflüsse und Faktoren anzugeben, wird als Bahnschiefe ein
mittlerer Wert mit $\delta = 45^0$ zugrunde gelegt. Um den Einfluß der Höhe zu
zeigen, wird es genügen, aus Tabelle 1 die beiden Bahnen mit $H = 557$ km und
$H = 1669$ km einander gegenüberzustellen. Es sei daran erinnert, daß diese
Zahlen sich nur auf die gedachte Erdkugel von 12750 km Durchmesser beziehen.
Über der wirklichen Erdoberfläche ist die Höhe etwas größer, außerdem schwan-
kend.

An dieser Stelle ist es zweckmäßig, kurz auf einen Irrtum hinzuweisen, den
man des öfteren bei Aufsätzen über das Thema der A-Station antrifft. Ein Blick
auf Tabelle 1 zeigt, daß die Bahn mit 1669 km Bahnhöhe eine um etwa 500 m/sec
kleinere Kreisbahngeschwindigkeit besitzt als die mit 557 km Bahnhöhe. Nun
wird vielfach gefolgert, daß der Antriebsbedarf für eine zur Kreisbahn aufsteigende Rakete gleich der zugehörigen Kreisbahngeschwindigkeit sein müsse.
Daher findet man oft Angaben, die die A-Station weit von der Erde entfernt
sein lassen. Besonders beliebt ist die Entfernung von 42000 km, bei der die
A-Station die gleiche Umlaufszeit T_o besitzt wie die Erdoberfläche, d. h. also
im Zenith eines bestimmten Erdortes stehenbleibt. Um die Einflüsse einer
verkleinerten Kreisbahngeschwindigkeit und einer größeren Bahnhöhe gegenseitig abwägen zu können, genügt in erster Näherung ein Vergleich der Gesamtenergie. Ein Körper vom Gewicht G kg, der in der Höhe H mit der zugehörigen
Geschwindigkeit v kreist, besitzt als Gesamtenergie (also als Summe der kinetischen und potentiellen) den Betrag von

$$G \left(\frac{v^2}{2\,g_0} + \frac{r_0 \cdot H}{r_0 + H} \right) \quad \text{[m kg]} \tag{17}$$

verglichen mit einem Körper, der im Abstande r_o vom Erdmittelpunkt ruht.
Um einem Körper gleichen Gewichtes in der Höhe $H = 0$ dieselbe Energie zu
erteilen, müßte man ihn dort auf die Geschwindigkeit

$$v^* = \sqrt{v^2 + 2\,g_0 H \frac{r_0}{r_0 + H}} \tag{18}$$

bringen. Dies ist also die in Geschwindigkeit (am Boden) umgerechnete Gesamtenergie, die eine untere (technisch nicht erreichbare) Grenze für den aufzubrin-
genden Antriebsbedarf darstellt. In der Praxis treten durch Luftwiderstand,
Umlenkverfahren und sonstige Besonderheiten der Aufstiegsbahn noch „Verluste" hinzu, die den Antriebsbedarf weiter vergrößern. In erster Näherung
kann man jedoch diesen Wert als Vergleichswert benützen. Wendet man ihn
auf die beiden ausgewählten Bahnen an, so ergibt sich folgende Tabelle 2. Statt

eines Minderbedarfes von 543 m/sec hat man also einen Mehrbedarf von mindestens 470 m/sec aufzubringen, um die größere Höhe zu erreichen.

Tabelle 2. Endgeschwindigkeit v und Mindestantrieb v * für den Aufstieg zu zwei Kreisbahnen.

n	H (km)	v (m/sec)	v^* (m/sec)
15	557	7582	8218
12	1669	7039	8689

2 Die ausgewählten Bahnen

Die beiden im vorigen Abschnitt ausgewählten Bahnen sollen nun etwas ausführlicher besprochen werden, um wenigstens in großen Zügen eine Vorstellung von den allgemeinen Verhältnissen zu vermitteln.

21. Die Bahnbilder

Die Bahn I ist gekennzeichnet durch eine Bahnhöhe $H = 557$ km, zu der eine Kreisbahngeschwindigkeit $v = 7582$ m/sec gehört. Die Station vollführt auf dieser Bahn einen Umlauf in 5760 (Sternzeit-)Sekunden, während einer Erdumdrehung vollführt sie 15 Umläufe. Die Bahn II hat eine Bahnhöhe $H = 1669$ km mit einer Kreisbahngeschwindigkeit $v = 7039$ m/sec. Die A-Station durchläuft diese Bahn in 7200 (Sternzeit-)Sekunden, d. h. während einer Erdumdrehung macht sie 12 Umläufe. Beide Bahnen besitzen gegen den Äquator eine Schiefe von $\delta = 45^0$ und sind gegen die Ekliptik um 68^0 geneigt. Abb. 5 zeigt schematisch die Ansicht der beiden Bahnen vom nördlichen Bahnpol aus, d. h. etwa aus der Richtung des Sternes „β Aurigae". Die Umlaufsrichtung der Station und der Umdrehungssinn der Erdrotation sind durch Pfeile gekennzeichnet. Anschaulicher für die Beurteilung einer Bahn ist das

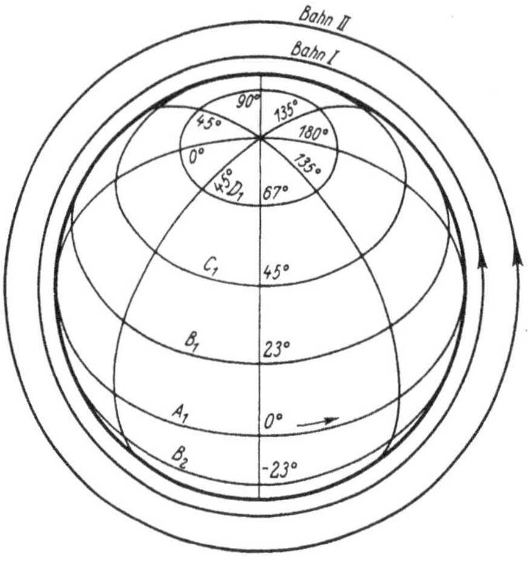

Abb. 5. Maßstäbliches Bahnbild für Bahn *I* und *II*.
A_1 = Äquator,
B_1 = nördlicher Wendekreis der Sonne,
B_2 = südlicher Wendekreis der Sonne,
C_1 = nördlicher Wendekreis der Station,
D_1 = nördlicher Polarkreis.

auf die Erdoberfläche projizierte Bahnbild, d. h. die Verbindungslinie aller Punkte der Erdoberfläche, bei denen die A-Station zu bestimmten Zeiten im Zenith steht. Abb. 6 zeigt die Bahnprojektion für die Bahn I und Abb. 7 die der Bahn II. Die Erdoberfläche ist hier in Merkatordarstellung wiedergegeben. Jede Bahn umkreist den Erdäquator im Laufe eines Tages $(n-1)$-mal, weil während ihrer n Umläufe die Erde sich einmal in der gleichen Richtung gedreht hat. Das Bahnbild besteht also aus $(n-1)$ Kurvenzügen (= Bahn-

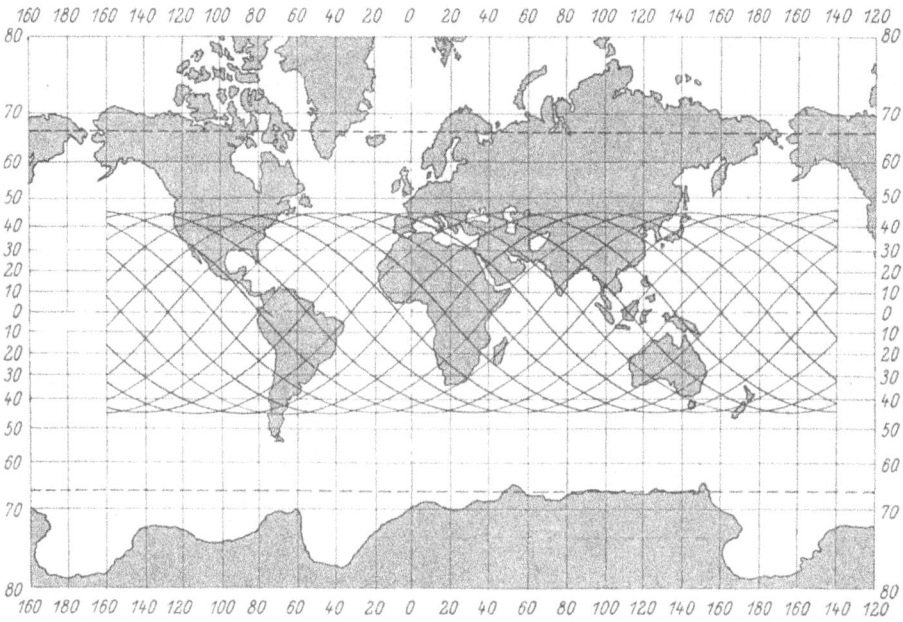

Abb. 6. Projektion der Bahn *I*.
- - - - - - - Sichtbarkeitsgrenze der Station.

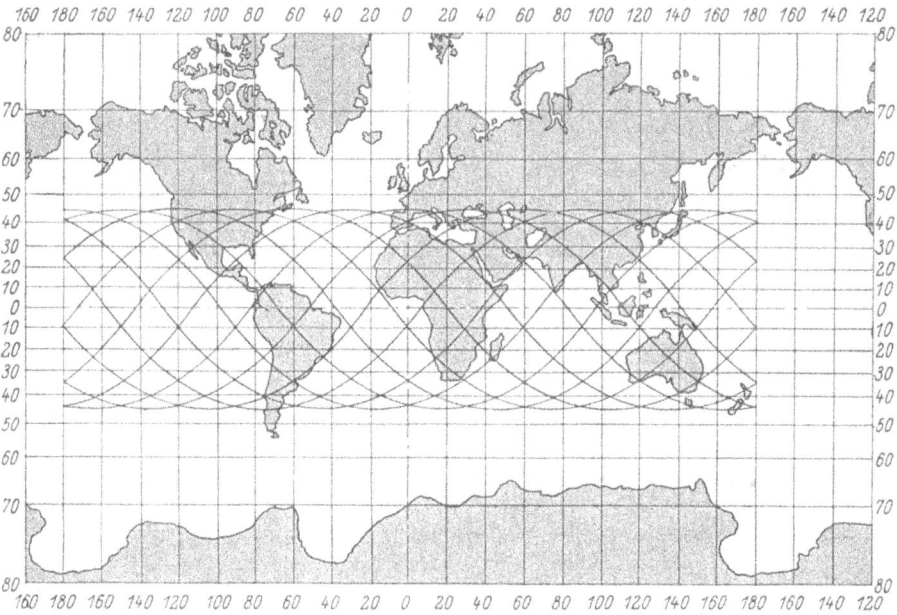

Abb. 7. Projektion der Bahn *II*.
(Sichtbarkeitsgrenze außerhalb der Karte.)

zweigen). Bei jedem Umlauf ist die Bahnspur auf dem Äquator um $1/n$ des Umfanges nach Westen zurückgeblieben. Das ganze in sich geschlossene Bahnnetz kann nun — je nach Wahl des Startortes — noch beliebig gegen das Gradnetz der Erde verschoben werden.

22. Sichtfeld der Station (auf Bahn I und II)

Aus Formel (9) ergibt sich der Halbmesser des momentan „sichtbaren" Bereiches der Erdoberfläche für die Bahn I zu $23,1^0 = 2580$ km; für die Bahn II zu $37,6^0 = 4180$ km. Entsprechend der Formel (13) wurde in Abb. 6 die während eines Tages ($= 15$ Umläufen der Station) übersehbare Zone gestrichelt eingetragen, die zwischen den Breitengraden $+ 68^0$ und $- 68^0$ liegt, also bis zu den Polarkreisen reichen würde. Die Darstellung zeigt, daß mit Ausnahme des Polargebietes fast die gesamte Erdoberfläche (über 90%) übersehen werden kann. Für die Bahn II ergeben sich als Grenzen der Sichtzone die Breitengrade $82,6^0$, die in Abb. 7 bereits außerhalb des Kartenbildes liegen. Wie weit sich nun dieser geometrisch „sichtbare" Bereich später wirklich übersehen lassen wird, kann erst durch die Versuche mit der ersten Forschungsstation selber geklärt werden. Auf jeden Fall sind noch zahlreiche technische Einzelprobleme für Sende- und Empfangsgeräte zu lösen, ehe diese auf der A-Station selbst zur Anwendung gelangen können.

23. Bodenstationen

Zum ständigen Betrieb einer A-Station gehört eine recht umfangreiche Bodenorganisation. Man kann diese nach ihren Aufgaben in drei Stationsformen unterteilen:

<ul style="list-style:none">
<li>a) Versorgungsstation,</li>
<li>b) Verbindungsstation,</li>
<li>c) Vermessungsstation.</li>
</ul>

Bei der Versorgungsstation handelt es sich praktisch um den „Startplatz", von dem aus die Geräte zur laufenden Versorgung der A-Station mit Baumaterial, Lebensmitteln usw. aufsteigen. Auf sie wird in einem späteren Abschnitt eingegangen.

Die Aufgabe der Verbindungsstationen wird darin liegen, einen ständigen Funkverkehr mit der A-Station aufrechtzuerhalten. Im voraus wird sich über die zweckmäßigste Verteilung der Verbindungsstationen auf der Erde wenig sagen lassen, weil diese Frage von sehr vielen Gesichtspunkten abhängig ist, die außerhalb des hier besprochenen Themas liegen. Um einen ersten Überblick zu geben, kann man davon ausgehen, daß die Verbindung höchstens solange erfolgen kann, wie die betreffende Bodenstation sich im momentanen Sichtfelde der A-Station befindet. Dann behält die Bodenstation solange „Sprechverbindung" mit der A-Station, wie diese sich innerhalb des Sichtkreises aufhält, den sie selber vom Zenith der Bodenstation aus überblicken würde. Nennen wir diesen Kreis den „Sprechkreis" der Bodenstation, so sind mindestens so viele Bodenstationen vorzusehen, daß ihre „Sprechkreise" die gesamte Erdzone zwischen Wendekreisen der A-Station bedecken, also zwischen den Breitengraden $+ 45^0$ und $- 45^0$. Abb. 8 zeigt, daß sich diese Forderung für die Bahn I

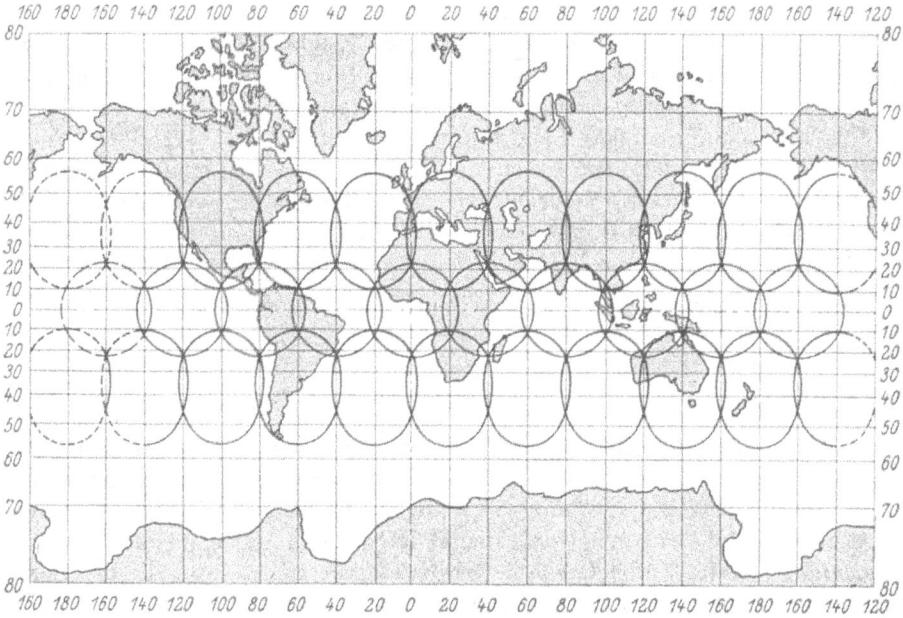

Abb. 8. Sichtkreise der Verbindungsstationen für die Bahn *I*.

mit 27 Verbindungsstationen erfüllen ließe, wenn diese auf den Breitenkreisen + 34°, 0° und — 34° im Abstande von je 40 Längengraden angeordnet werden. Bei der Bahn II wären nach Abb. 9 nur 12 Verbindungsstationen auf den Breiten-

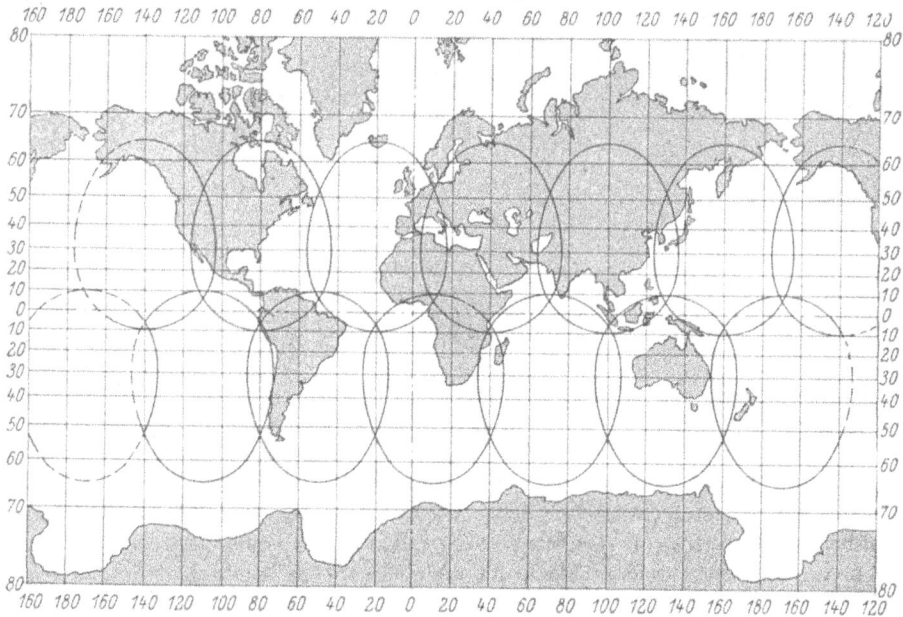

Abb. 9. Sichtkreise der Verbindungsstationen für die Bahn *II*.

kreisen $+ 27{,}5^0$ und $- 27{,}5^0$ mit einem Längenabstand von je 60^0 erforderlich. Diese „sparsamste" Verteilung wird sich aus geographischen Gründen nicht immer verwirklichen lassen. Die Anlage der auf See erforderlichen Verbindungsstationen dürfte oftmals leichter an dem geographisch geplanten Ort durchführbar sein als die der auf Land zu errichtenden.

Die Vermessungsstationen haben die Aufgabe, eine regelmäßige Kontrolle der Bahn durchzuführen. Dazu gehört in erster Linie eine Kontrolle der Umlaufszeit der A-Station, die z. B. mit Hilfe von Meridiandurchgängen bestimmt wird. Da bei der Vermessung eine große Genauigkeit notwendig ist, wird man Landstationen wählen müssen. Für die Lage dieser Vermessungsstationen bestehen keine weiteren einschränkenden Bedingungen, solange sie selbst innerhalb der Sichtzone liegen.

24. Beleuchtungsdauer der A-Station

Die für die Arbeitsbedingung der A-Station wichtige Dauer des Aufenthaltes im Erdschatten läßt sich mit den Gl. (14) bis (16) ermitteln. Die Sonnenlänge L in (16) ist abhängig von der Jahreszeit. Für den nachstehenden Vergleich wurde angenommen, daß der aufsteigende Bahnknoten der A-Station im Herbstpunkt liegt, d. h. $\Omega = 180^0$, weil sich auf diese Weise die steilste Stellung der Bahnebene zur Ekliptik mit $i = 68^0$ ergibt, wodurch die mittlere Schattendauer so kurz wie möglich wird. In Abb. 10 ist für beide Bahnen die Licht- und Schatten-

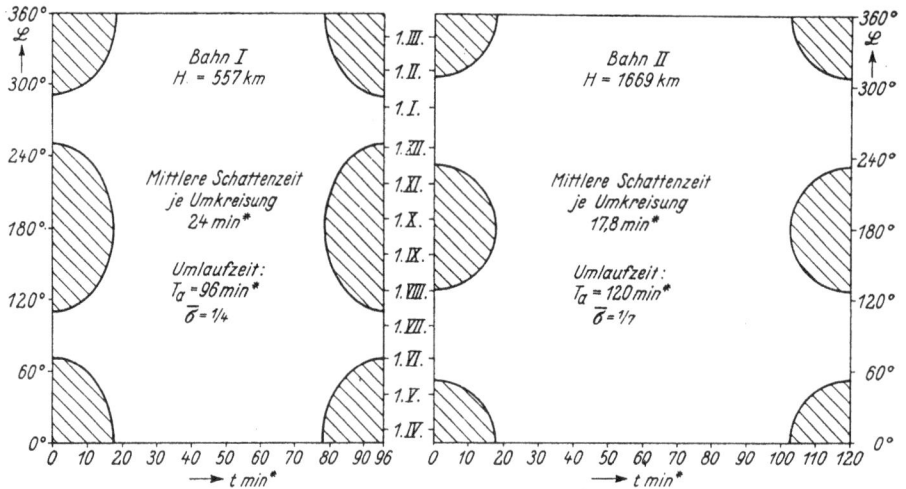

Abb. 10. Schattenzeiten der Außenstation während einer Erdumkreisung im Laufe des Jahres. Bahnschiefe 45^0; Bahnknoten im Herbstpunkt (steilste Lage zur Ekliptik); $L = $ Länge der Sonne.

verteilung graphisch dargestellt. Als Abzisse wurde die Umlaufzeit der A-Station genommen, gerechnet von dem Zeitpunkt an, wo die Station aufsteigend durch die Ekliptik geht. Als Ordinate wurde die Sonnenlänge L gewählt. Die Zeit des Aufenthaltes der A-Station im Erdschatten ergibt sich, indem man in der der Sonnenlänge L entsprechenden Höhe eine Parallele zur Zeitachse legt. So befindet sich z. B. die A-Station (auf der Bahn I) am 1. November (entsprechend $L \sim 218^0$) bei jedem Umlauf von ihrer „Mitternacht" an noch 15 min im Erdschatten, dann 66 min im Licht und anschließend wieder 15 min im Schatten. Insgesamt also beträgt an diesem Tage die Schattendauer 30 min, d. h. nahezu ein Drittel der Umlaufszeit. Am 1. Juli oder 1. Januar hingegen befindet sich die Station den ganzen „Tag" lang im Licht. Im Jahresdurchschnitt ergibt sich für die Bahn I eine mittlere Schattendauer von 24 min je Umlauf (= 25%), für die Bahn II von 17,8 min (= 15%).

Auf die zweifellos interessanten Probleme der Temperaturregelung auf der A-Station kann hier nicht weiter eingegangen werden. Es genüge der Hinweis, daß durch die Sonne der Station 19 kcal/m² min zugestrahlt werden (= mittlere Solarkonstante). Eine wärmetechnische Durchrechnung zeigt, daß sich verhältnismäßig einfach annehmbare Raumtemperaturen auf der A-Station erzielen lassen.

3 Richtlinien für die Wahl der Aufstiegsbahn

Nachdem im vorigen Abschnitt zwei in Frage kommende Bahnen beschrieben wurden, ist nunmehr zu untersuchen, in welchem Verhältnis der Versorgungsaufwand für diese beiden Bahnen steht. Hierzu sind kurz einige Erläuterungen allgemeiner Art notwendig.

31. Allgemeines über das Stufenprinzip

Die Grundgleichung des Raketen-Antriebes schreibt sich in der üblich gewordenen Form

$$exp\,\frac{v}{c} = \frac{G_S}{G_L} = G_L^S \left(= \frac{m_0}{m_1} \right), \tag{19}$$

worin der Quotient G_S/G_L das sogenannte „Massenverhältnis", also das Verhältnis des Anfangs-Normgewichtes der Rakete (beim Start) G_S zu ihrem Leergewicht (bei Brennschluß) G_L ist; v ist die ideale Endgeschwindigkeit, c die wirksame Ausströmgeschwindigkeit der Gase, und exp bedeutet die natürliche Exponentialfunktion.

Legt man vergleichsweise eine Ausströmgeschwindigkeit $c = 2800$ m/sec zugrunde und nimmt für die Brennschlußgeschwindigkeit die Mindestwerte nach Tabelle 2 (also v^*), die sicher für eine tatsächliche Erreichung der Bahnen I und II zu klein sind, so ergibt sich als „ideales" Massenverhältnis für die

Bahn I : $G_S/G_L = 18,82$;
Bahn II: $G_S/G_L = 22,27$;

das würde besagen, daß der Anteil der Brennstoffe am Gesamtanfangsgewicht (= Treibstoffverhältnis) bei der

Bahn I : $G_6/G_S = (G_S - G_L)/G_S = 94,7\%$,
Bahn II: $G_6/G_S = (G_S - G_L)/G_S = 95,5\%$

betragen müßte. Es ist ersichtlich, daß sich diese Werte mit einer einzelnen Rakete technisch nicht erreichen lassen. Technisch ohne große Schwierigkeit realisierbar sind Treibstoffverhältnisse der Größenordnung 0,65, d. h. also Massenverhältnisse der Größenordnung 2,9. Bezeichnet man das Treibstoffverhältnis mit G_S^6, so kann man das in der Literatur bekannte Stufenprinzip so formulieren, daß

$$G_s^6 = 1 - (1 - G_{s\,I}^6)\,(1 - G_{s\,II}^6)\,(1 - G_{s\,III}^6) \cdots \tag{20}$$

9*

ist, wobei G_{SI}^6, G_{SII}^6, G_{SIII}^6 usw. die Treibstoffverhältnisse der ersten, zweiten usw. Stufe bedeuten und G_s^6 in diesem Falle das Gesamt-Treibstoffverhältnis des Stufengerätes ist. Hiernach würden wegen $2,9^3 = 24,4$ bereits drei Stufen genügen, um die oben als notwendig errechneten Massenverhältnisse zu erreichen. Selbstverständlich soll diese Überschlagsrechnung nur das Prinzip der Stufung von Raketen zeigen und ist ohne Bedeutung für die endgültige Auslegung der Stufenzahl. Für eine solche muß der sogenannte Bauaufwand G_6^N berücksichtigt werden, der als das Verhältnis des „Nettogewichtes" zum Treibstoffgewicht definiert ist. Dabei wird als Nettogewicht das Gewicht der gesamten Rakete (oder der Stufe eines Stufengerätes) ohne Treibstoff und ohne Nutzlast bezeichnet. Zu diesem Zweck wende man die Grundgleichung (19) auf jede der k Stufen an:

$$G_{SI}/G_{LI} = exp\,\frac{v_I}{c};\; \cdots G_{S(n)}/G_{L(n)} = exp\,\frac{v_{(n)} - v_{(n-1)}}{c}, \qquad (21)$$

wobei $v_{(n)}$ die Brennschlußgeschwindigkeit der n-ten Stufe bedeutet. Aus (21) erhält man mit $v_{(k)} = v$ als Produkt den „Idealwert des Massenverhältnisses" (vergleiche Oberth, Wege zur Raumschiffahrt, München/Berlin 1929, S. 67):

$$m = \frac{G_{SI}}{G_{LI}} \cdot \frac{G_{SII}}{G_{LII}} \cdots \frac{G_{S(k)}}{G_{L(k)}} = exp\,\frac{v}{c}. \qquad (22)$$

Das Verhältnis der Anfangsmasse (beim Start) G_{SI} zur Endnutzlast (der k-ten Stufe) $G_{5(k)}$ ist das „Grundverhältnis" M der k-stufigen Rakete und ergibt sich zu

$$M = m \cdot \frac{G_{LI}}{G_{SII}} \cdot \frac{G_{LII}}{G_{SIII}} \cdots \frac{G_{L(k-1)}}{G_{S(k)}} \cdot \frac{G_{L(k)}}{G_{5(k)}}$$

$$= m \cdot f_k\,(m,\,G_6^N). \qquad (23)$$

Für den „Baufaktor" $f_k\,(m,\,G_6^N)$ ergibt sich bei gleichem Bauaufwand G_6^N und gleichem Treibstoffverhältnis aller k Stufen der Ausdruck

$$f_k\,(m,\,G_6^N) = [1 - G_6^N\,(\sqrt[k]{m} - 1)]^{-k}. \qquad (24)$$

Abb. 11 zeigt z. B. den Verlauf dieses Baufaktors f_k für den Fall, daß pro Kilogramm Treibstoff 0,12 kg Nettogewicht aufgewendet werden müssen. Die durch die Abbildung nahegelegte Tendenz, eine möglichst große Stufenzahl vorzuziehen, wird technisch dadurch begrenzt, daß bei zu großer Stufenzahl der Wert von G_6^N nicht mehr von der Stufengröße unabhängig bleibt.

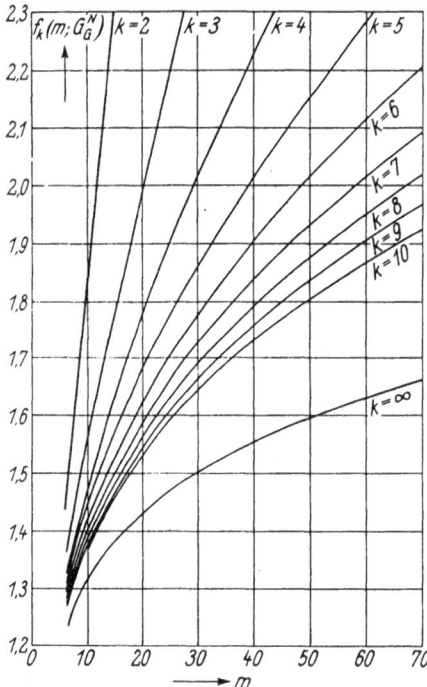

Abb. 11. Baufaktor $f_k\,(m;\,G_6^N)$ eines mehrstufigen Gerätes in Abhängigkeit der Stufenzahl k und des Gesamtmassenverhältnisses m für $G_6^N = 0,12$.

32. Allgemeines über Synergie-Bahnen

In der Raketentechnik ist es üblich, als „Antrieb" die Geschwindigkeit zu bezeichnen, die ein Raketengerät erreichen würde, wenn es sich ohne Behinderung durch Luftwiderstand und Schwere auf gerader Bahn beschleunigen könnte. Es wurde bereits angedeutet, daß der aus der Formel (18) zu findende Antrieb v^* praktisch zu klein ist, um das Gerät auf die Kreisbahn zu bringen, weil die durch den Luftwiderstand und das Flugverfahren bedingten Verluste nicht berücksichtigt sind. Solange eine Rakete nur auf eine bestimmte Endgeschwindigkeit kommen soll, fliegt sie bekanntlich am sparsamsten, wenn sie nach Möglichkeit

a) Energieverluste durch Luftwiderstand vermeidet,
b) ihre Treibstoffe nicht auf zu große Höhe trägt, sondern in relativ niederer Höhe auf größere Geschwindigkeit „anläuft",
c) den zur Verfügung stehenden Antrieb auf ihrem Brennweg nicht so verteilt, daß die durch einen Impuls erzielte Geschwindigkeit schon durch das Schwerefeld aufgezehrt ist, ehe der nächste Impuls erfolgt,
d) nicht quer zur Flugrichtung schiebt, sondern „glatte" Bahnen fliegt.

Aus der Bedingung a) resultiert der Schluß, möglichst senkrecht aufzusteigen, um die dichten Luftschichten rasch zu durchstoßen. Die Beschleunigung des Gerätes ist dabei so klein zu halten, daß der Luftwiderstand infolge der mäßigen Geschwindigkeit klein genug bleibt, sie muß aber andererseits groß genug sein, daß die Geschwindigkeitsverluste durch die Erdschwere (Transportarbeit für die jeweils nicht verbrauchten Treibstoffmengen auf zu große Höhen) nicht zu groß werden.

Die Bedingung b) gibt Anlaß, die Antriebsbahn „flach" auszulegen, d. h. nach Verlassen der dichten Luftschichten wird das Gerät in waagerechte Richtung umgelenkt, um hier in gleichbleibender Anlaufhöhe Geschwindigkeit sammeln zu können.

Die Bedeutung c) verlangt eine „schnelle" Folge der einzelnen für Beschleunigung und Richtungsänderung notwendigen Impulse. Nach Oberth wird der ganze Fragenkreis zur Ermittlung des günstigsten Flugverfahrens als „Synergieproblem" bezeichnet. In einem etwas erweiterten Sinne des Wortes werden daher auch die Bahnen, die einem (zumindestens näherungsweise) günstigsten Flugverfahren entsprechen, als Synergiebahnen bezeichnet. Ihre Durchrechnung mit den mathematischen Methoden der klassischen Variationsrechnung ist in einfacheren Fällen leicht durchführbar, zumeist erweisen sich die Methoden der direkten Variation als zeitsparend und führen bereits in die Nähe des eigentlichen Optimums.

Die Bedingung d) betont die Wichtigkeit der sogenannten „Raketenlinien" (Oberth a. a. O., S. 165), d. h. der Bahnen, die von einer stets in Flugrichtung schiebenden Rakete im Schwerefeld der Erde durchflogen werden.

Wenn als Flugauftrag von der Rakete nicht nur eine bestimmte Endgeschwindigkeit, sondern zusätzlich eine bestimmte Höhe und dort waagerechte Richtung verlangt werden, verschiebt sich die Bedeutung der aufgeführten Bedingungen in folgender Weise:

Zu a) tritt noch die Forderung hinzu, keine allzu große Geschwindigkeit in senkrechter Richtung anzusammeln, weil diese für die später angestrebte waagerechte Geschwindigkeit ohne Wert ist. Bedeutung hat die vertikale Geschwindigkeit nur für die Erreichung der Endhöhe, nach Formel (18) also allerhöchstens bis zum Betrage von $\sqrt{2\,g_o\,H \cdot r_o/(r_o + H)}$, weil alle Überschüsse bei der Umlenkung vernichtet werden müssen. Praktisch wird man die Vertikalgeschwindigkeit niemals so groß auslegen, weil sonst (im Widerspruch zu d) der übrige Antrieb quer zur Flugrichtung erfolgen müßte. Es wird stets zweckmäßig sein, die Umlenkung bereits in der Stratosphäre zu beginnen und die Vertikalgeschwindigkeit so zu bestimmen, daß keine überschüssigen Geschwindigkeitsanteile das Umlenkprogramm behindern.

Zu b) ergibt die Durchrechnung verschiedener Bahnen, daß die Wahl der Anlaufhöhe keinen großen Einfluß hat, so lange die Anlaufstrecke außerhalb der dichten Luft und so hoch gelegt wird, daß die Umlenkung nicht unnötig erschwert wird. Dies wird verständlich durch die Überlegung, daß der jeweils noch zu leistende Antrieb sich nach Maßgabe der schon erreichten Höhe vermindert, also unabhängig davon ist, daß sich mit größer werdender Höhe auch die kinetische Energie der Treibstoffe in gleichem Maße in potentielle Energie umwandelt.

Zu c) zeigt die Auswertung der Rechnung, daß es zweckmäßig ist, nach dem senkrechten Aufstieg eine antriebsfreie Zwischenzeit vorzusehen, um zum ersten in Ruhe die Trennung von der Grundstufe, die den Vertikalaufstieg bewerkstelligt, durchführen und zum zweiten das (ohne die Grundstufe) verbleibende Gerät in die für das Umlenkprogramm notwendige Anfangsstellung bringen zu können. Denn nunmehr — nachdem das Gerät die dichten Luftschichten verlassen hat — ist es nicht mehr nötig, daß seine Achse in die Bewegungsrichtung relativ zur Luft und somit zum sich drehenden Erdboden zeigt, sondern sie hat sich jetzt nach der „absoluten" Flugbahn auszurichten, deren Tangente durch die Resultante aus der (restlichen) Vertikalgeschwindigkeit und der Bodengeschwindigkeit des Startortes gegeben ist. Für diese Drehung, bei der am Ende nicht nur eine bestimmte Richtung der Gerätachse, sondern auch eine zur Umlenkbahn passende Drehgeschwindigkeit erreicht sein soll, ist eine gewisse Zeit erforderlich. Diese Zeitspanne kann als „Freiflugbahn" nach Abtrennen der Grundstufe zur Verfügung gestellt werden.

Zu d) ergeben sich keine einschränkenden Zusätze. Kleinere Anstellungen des Gerätes (und damit seines Schubes) gegen die Bahntangente sind freilich für die Gewinnung einer Querkraft, die eine Bahnkrümmung bewerkstelligen soll, unbedenklich möglich. So vermindert z. B. eine Anstellung von 10^0, die eine Querkraft von 17% des Gesamtschubes liefert, den Schub in Flugrichtung nur um etwa $1,5\%$. Eine derartige Umlenkung mit Hilfe des Schubes kommt also in beschränkten Grenzen in Betracht, sie ist aber vielfach auch durch andere Umlenkverfahren ersetzbar.

Entsprechend diesen Grundsätzen kann man bei einer Aufstiegsbahn zur Erreichung der Kreisbahngeschwindigkeit in gewünschter Höhe folgende Bahnteile unterscheiden:

A. Die Anstiegsbahn, die mit mäßiger Beschleunigung völlig oder doch ziemlich senkrecht aus der dichten Luft herausführt. An den unter Antrieb zurückgelegten Brennweg schließt sich ein mehr oder minder langer antriebsfreier Vertikalflug an.

B. Die Umlenkbahn, die die bisher scheinbar vertikale, in Wahrheit infolge der Erddrehung doch schon sehr schräg liegende Bahn weiter in eine nahezu horizontale Richtung umlenkt, sei es nur mit Hilfe der Schwerkraft oder unter Mitverwendung des Schubes.

C. Die Anlaufbahn, auf der ohne wesentlichen Höhengewinn hauptsächlich Geschwindigkeit erflogen wird, und zwar so lange, bis die zu dieser Höhe gehörige Kreisbahngeschwindigkeit (hier als „untere Kreisbahngeschwindigkeit" zur Unterscheidung von der endgültig zu erreichenden bezeichnet) erreicht ist.

D. Die Wartezeit, die ohne Antrieb auf der vorstehend genannten Anlaufhöhe frei gravitierend verbracht wird. Sie dient zur Kontrolle und eventuellen Korrektur der Flugbahn, besonders hinsichtlich des Phasenwinkels relativ zur A-Station, gegen die ja das aufsteigende Gerät auf der unteren Kreisbahn infolge seiner kürzeren Umlaufzeit voreilt.

E. Der Talimpuls (Talstoß), mit dem sich das Gerät von der unteren Kreisbahngeschwindigkeit auf die Talgeschwindigkeit der Übergangsellipse beschleunigt, deren Talpunkt (Perigäum) in Höhe der Anlaufbahn liegt, während sie mit ihrem Gipfelpunkt (Apogäum) die Kreisbahn der A-Station (= die obere Kreisbahn) berührt.

F. Der Aufschwung, mit dem das Gerät infolge der durch den Talstoß erhaltenen Übergeschwindigkeit auf der Übergangsellipse ohne weiteren Antrieb bis zur oberen Kreisbahn aufsteigt. Das Gerät umkreist dabei den Erdball mit einem halben Umlauf und hat unterwegs nur die Aufgabe, seine eigene Drehgeschwindigkeit so einzuregeln, daß es oben mit der geforderten Richtung ankommt.

G. Der Gipfelimpuls (Gipfelstoß), mit dem sich das Gerät von der ihm nach dem Aufschwung noch verbliebenen Gipfelgeschwindigkeit der Übergangsellipse auf die „obere Kreisbahngeschwindigkeit" (also die der A-Station) beschleunigt, um nicht auf der abwärts führenden Ellipsenhälfte wieder zur unteren Kreisbahn hinabzufallen.

Auf die „Anlegemanöver", die den eigentlichen Aufstieg abschließen, wird hier nicht eingegangen, weil sie für die grundsätzliche Beurteilung der Frage des Baues einer A-Station ohne Bedeutung sind.

Es ist selbstverständlich, daß die hier wiedergegebene Einteilung der Bahn mehr schematischen Charakter hat und nicht mit einer Unterteilung des Gerätes in entsprechende Stufen konform gehen muß. Wenn nachstehend die Bewegungsgleichungen der Aufstiegsbahn angegeben werden, so wird — zur Vereinfachung der Darstellung — vorausgesetzt, daß die Bewegung (zumindest seit Beginn der Umlenkung) nur in der Ebene der Stationsbahn erfolge, daß also der Aufstieg in dem Augenblick beginne, wo der Startort sich in der Bahnebene der A-Station befindet, was bei beiden betrachteten Bahnen täglich zweimal der Fall ist.

33. Die Gleichungen der Aufstiegsbahn

Die Anstiegsbahn bietet keine Besonderheiten. Zu berücksichtigen ist der „Schubgewinn" mit abnehmendem Gegendruck der Außenluft, sowie die abnehmende Schwere mit der Höhe. Bei Raketentriebwerken mit konstantem Treibstoffverbrauch sind sowohl der günstige Durchsatz wie das geforderte Treibstoffverhältnis je nach verlangter Höhe und Geschwindigkeit Funktionen der „Startbelastung" B_S (= Startgewicht G_S dividiert durch Kaliberquerschnitt Q) und des spezifischen Verbrauches. Diese Funktionen lassen sich aus der Durchrechnung genügend zahlreicher Steigflugbahnen entnehmen, wobei selbstverständlich eine bestimmte aerodynamische Widerstandsfunktion c_w (Ma) zugrunde gelegt werden muß.

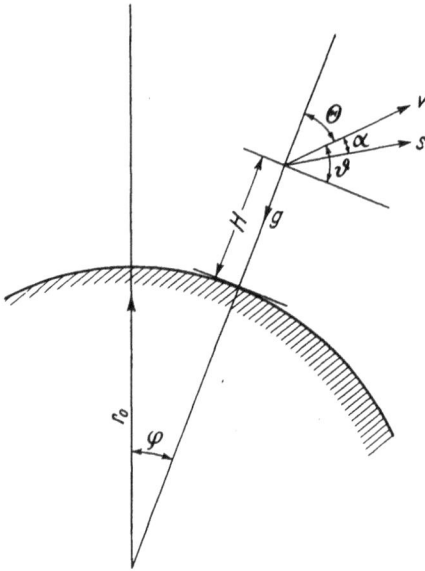

Abb. 12. Bezeichnungen für die Gleichungen der Aufstiegsbahn.

Es bedeuten: (vergleiche Abb. 12)

H	$=$	die Höhe über der Erdoberfläche,
r	$= r_o + H$	den Abstand vom Erdmittelpunkt,
g	$= g_o\, r_o{}^2/r^2$	die Schwerebeschleunigung in der Höhe H,
φ	$=$	das Azimut in der Bahnebene von Erdmitte aus,
v	$=$	die Geschwindigkeit,
ϑ	$=$	die Flugrichtung, von der Waagerechten aufwärts gemessen,
Θ	$=$	die Flugrichtung, vom Lot abwärts gemessen,
$g_o\sigma$	$=$	die (als Zeitfunktion gegebene) Antriebsbeschleunigung,
α	$=$	die Schubrichtung, von der Flugrichtung abwärts gemessen,
G	$=$	das Normgewicht (bei der Normschwere g_o),
z	$=$	den spezifischen Verbrauch,
ω	$=$	die Drehgeschwindigkeit des Gerätes.

Die Fußzeiger S und L sollen den Start- und Leerzustand einer Stufe andeuten. Damit bestehen folgende Beziehungen, die für die Umlenkbahn und Anlaufbahn gleichermaßen gelten, soweit beide als praktisch außerhalb der Lufthülle verlaufend angesehen werden können:

$$\ddot{r} - r\,\dot{\varphi}^2 = g_o\sigma\,\cos\,(\Theta + \alpha) - g, \tag{25}$$

$$2\,\dot{r}\,\dot{\varphi} + r\,\ddot{\varphi} = g_o\sigma\,\sin\,(\Theta + \alpha), \tag{26}$$

$$\dot{r} = v\cos\Theta, \tag{27}$$

$$r\,\dot{\varphi} = v\sin\Theta, \tag{28}$$

$$\dot{G} = -\,\sigma\,z\,G, \tag{29}$$

$$\omega = \dot{\varphi} + \dot{\Theta} + \dot{\alpha}. \tag{30}$$

Bei konstantem Durchsatz im Zeitraum $t = t_S \cdots t_L$ verläuft die Beschleunigung hyperbolisch nach dem Gesetz

$$g_0\, \sigma = \frac{c}{t^* - t} \text{ mit } t^* = \frac{G_S t_L - G_L t_S}{G_S - G_L}. \tag{31}$$

Die Konstante t^* ergibt sich also aus Brennzeit und Massenverhältnis nach (19), während $c = 10^3\, g_0/z$ die wirksame Ausströmungsgeschwindigkeit bedeutet.

Setzt man im obigen Gleichungssystem $\alpha = 0$, setzt also voraus, daß die Wirkungslinie des Schubes stets in die jeweilige Bahntangente der Flugrichtung fällt, so gewinnt man die für reine Raketenlinien (Flugbahn mit tangentialem Antrieb) geltenden Gesetze. Talimpuls und Gipfelimpuls sind so geringfügig, daß dabei keine großen Bahnänderungen auftreten, man kann daher diese Bahnstücke — ebenso die Wartezeit — als waagerechte Bahnteile behandeln.

Der Aufschwung selbst ist durch die Anlaufhöhe H_1 und die Gipfelhöhe H_2 bestimmt. Aus $r_1 = r_o + H_1$ und $r_2 = r_o + H_2$ und $r_m = r_o + \frac{1}{2}(H_1 + H_2)$ ergeben sich die mittlere Geschwindigkeit v_m, die Talgeschwindigkeit v_{mt}, die Gipfelgeschwindigkeit v_{mg} und die Aufschwungzeit $1/2\, T_m$ nach

$$v_m = \sqrt{\frac{r_0{}^2\, g_0}{r_m}}, \tag{32}$$

$$v_{mt} = v_m \sqrt{\frac{r_2}{r_1}}, \tag{33}$$

$$v_{mg} = v_m \sqrt{\frac{r_1}{r_2}}, \tag{34}$$

$$\frac{1}{2} T_m = \pi \frac{r_m}{v_m}. \tag{35}$$

Zusammen mit Gl. (1) findet man daraus auch den Gipfelimpuls und Talimpuls.

34. Die technischen Voraussetzungen der Bahnrechnung

Nachdem die ausgewählten Kreisbahnen und das zu ihnen führende Aufstiegsverfahren besprochen wurden, erhebt sich nun die Frage, wie die Rakete selbst aussehen müßte, die als „Versorgungsgerät" den laufenden Verkehr mit der A-Station aufrechterhalten soll. Über die Frage, mit welchem Typ von Geräten man einmal die Station selbst „gründen" wird, soll hier nicht gesprochen werden, weil die Behandlung dieser Frage den Rahmen dieses Aufsatzes weit übersteigt. Für die Aussage, ob es überhaupt heute möglich ist, eine A-Station zu bauen und welche Kosten bzw. welch ein Arbeitsaufwand hierfür erforderlich ist, erscheint

Tabelle 3. Geschätzte Werte für das Baugewicht $G_N = G_1 + G_2 + G_3 + G_4$ im Verhältnis zum Treibstoffgewicht G_6 als Grundlage eines Bahnentwurfes.

Materialgewicht je 1 kg Treibstoff	$\frac{G_1}{G_6}$ Schuberzeuger	$\frac{G_2}{G_6}$ Förderwerk	$\frac{G_3}{G_6}$ Tankwerk	$\frac{G_4}{G_6}$ Flugwerk	$\frac{G_N}{G_6}$ Netto-Bau-Aufwand
Grundstufe	0,030	0,040	0,030	0,040	0,140
Stufe II—V	0,028	0,027	0,030	0,015	0,100

die Frage des laufenden Ausbaues und der ständigen Versorgung wichtiger. Denn als Geräte zur eigentlichen Errichtung der A-Station kommen wahrscheinlich nur wenige Sonderanfertigungen in Betracht, dagegen wird eine große Stückzahl von serienmäßig hergestellten Versorgungsgeräten notwendig sein. Um also die Größenordnung der Kosten zu erhalten, wird es richtig sein, diesen serienmäßig herzustellenden Gerätetyp zugrunde zu legen.

Dazu muß dargelegt werden, welche technischen Voraussetzungen in eine derartige Abschätzung eingehen. Das Gesamt-Startgewicht einer Rakete setzt sich zusammen aus der Nutzlast G_5, dem Treibstoffgewicht G_6 und dem Gewicht G_N der Nettoanlage, d. h. dem Gewicht der eigentlichen (leeren) Rakete. Von der Größe der Nutzlast kann man einstweilen absehen, über sie wird noch gesprochen werden. Die Größe des Treibstoffgewichtes ist abhängig davon, welchen spezifischen Verbrauch das Triebwerk besitzt. Der spezifische Verbrauch selbst ist in erster Linie vom verwendeten Treibstoffgemisch abhängig. Im gegenwärtigen Stadium der Raketentechnik kann man bei Verwendung normaler Treibstoffe in Bodennähe mit einem Wert von 4,8 bis 5,2 kg/to sec rechnen. Bei Benutzung sehr hochwertiger Treibstoffgemische und hohem Brennkammerdruck sind in Bodennähe Werte von 4,5 bis 4,8 kg/to sec erreichbar. Allerdings stellt dies an den Konstrukteur bereits erhebliche Anforderungen und setzt ein sauber durchgebildetes Triebwerk mit hohem Brennkammergütegrad voraus. Bei dem später durchgerechneten Gerät wurde für die Grundstufe, die also die senkrechte Anstiegsbahn mit dem übrigen Raketengerät als „Nutzlast" zurücklegen muß, ein Wert von 4,5 kg/to sec als spezifischer Bodenverbrauch zugrunde gelegt. Dies entspricht — bei einer Entspannung auf etwa 1 at — einer Ausströmgeschwindigkeit der Gase von $c = 2180$ m/sec. Für die übrigen Stufen, die im praktisch luftfreien Raum arbeiten, ist eine wesentlich höhere Entspannung der Feuergase zulässig. Um hier nicht zu günstig zu rechnen, wurde ein spezifischer Verbrauch von etwa 3,4 kg/to sec gleich einer wirksamen Ausströmgeschwindigkeit von $c = 2900$ m/sec (d. h. Entspannung auf etwa 0,2 at) angesetzt.

Etwas schwieriger ist die Untersuchung, welchen Bauaufwand $G_N/G_6 = G_6^N$ man erreichen kann, weil tatsächliche Bauerfahrungen mit so großen Geräten heute noch nicht vorliegen. Es war hierzu notwendig, den Geltungsbereich bisher benutzter Kurzformeln für den Bauentwurf durch einige Überschlagsrechnungen zu erweitern. Dabei konnte angenommen werden, daß beim Bau derartiger Großgeräte gewisse, im Rahmen der bisherigen Raketentechnik beinahe „klassisch" gewordene Bauprinzipien zugunsten besserer technischer Lösungen verlassen werden. Dies gilt besonders für die Fördersysteme, die den Treibstoff aus den Tanks in die Brennkammer fördern. Der gesamte Netto-Bauaufwand G_6^N kann entsprechend den Baugruppen aufgeteilt werden. An Baugruppen sind zu unterscheiden:

1. der Schuberzeuger (einschließlich Düsen- und Kühlsystem),
2. das Förderwerk (einschließlich Hilfsantriebe, Reglereinrichtungen und Zuleitungsinstallation),
3. das Tankwerk (einschließlich Hilfsbehälter sowie Spantwerksanteil),

4. das Flugwerk (einschließlich Außenhaut, Steuergeräte, Stabilisationszubehör und Umlenkeinrichtungen).

Bei der rechnerischen Extrapolation der Entwurfsformeln wurde die Grundstufe wesentlich „sicherer" ausgelegt als die anderen Stufen. Dies erfolgte hauptsächlich aus der Überlegung, daß man die Grundstufe auf jeden Fall bergen und wieder verwenden kann. Tabelle 3 zeigt die einzelnen Bestandteile des Netto-Bauaufwandes auf Grund der konstruktiven Überlegungen, getrennt nach den einzelnen Stufen.

Erläuternd ist hierzu zu bemerken, daß der Schuberzeuger für die Grundstufe mit höherem Brennkammerdruck ausgelegt werden wird, um mit billigem Triebstoff den angesetzten spezifischen Verbrauch zu sichern, so daß auch der Anteil des Förderwerkes größer wird. Der zunächst auffallende Unterschied im Flugwerk erklärt sich einerseits durch die Tatsache, daß bei der Grundstufe noch Treibstoffreserven für eine Landung mit „bremsendem" Triebwerk sowie weitere aerodynamische Landehilfen vorgesehen sind. Andererseits ist der Flugswerksaufwand bei den übrigen Stufen deshalb so gering, weil keine wesentlichen Steuereinrichtungen — abgesehen von Schwenköfen — vorgesehen sind, während die eigentlichen Steuerungs- und Stabilisationsgewichte der letzten Stufe, die zugleich die Nutzlast tragen soll, zugerechnet werden. Diese für die Bahnrechnung verwendeten Vorausschätzungen bedurften einer konstruktiven Überprüfung, die weiter unten erfolgt.

35. Das Bild der Aufstiegsbahn

Auf Grund der oben dargelegten Voraussetzungen wurde nun eine Bahn mit folgenden Annahmen gerechnet:

Zahl der Stufen 6: Die Grundstufe I soll nur im senkrechten Aufstieg arbeiten und sich nach Brennschluß abtrennen, um dann in gesteuertem Fluge in geringerer Entfernung zu landen. Die Stufen II bis V arbeiten auf einer Raketenlinie so, daß mit Brennschluß V in horizontaler Flugrichtung nahezu die untere Kreisgeschwindigkeit auf der Anlaufhöhe von 100 km erreicht ist; nur nahezu, damit die dort abgeworfene leere Stufe V nicht schweben bleibt, sondern noch wieder den Erdboden erreicht. Man kann eine Zerlegung in Teile vorsehen, um die durch die Streuung des Aufschlagpunktes gerade dieser Stufe gegebenen Gefahren herabzumindern. Vorausgesetzt ist ein gleichbleibender Durchsatz jeder Stufe — die Annehmlichkeiten gleicher Beschleunigung sind späteren Verkehrsfahrzeugen vorbehalten, hier genügt es, unter sechsfacher Normschwere zu bleiben. Stufe II muß mit geringerer Beschleunigung arbeiten, weil sie hauptsächlich die Umlenkung zu bewirken hat. Für die Stufen II bis VI ist $z = 3,4$; $c = 2900$ m/sec angenommen; für die Stufe I $z = 4,5$; $c = 2180$ m/sec bei einer Startbelastung $B_S = 8000$ kg/m². (Nebenbei haben die Stufen II bis V allmählich die quer zur Bahnebene der A-Station liegende Geschwindigkeitskomponente der Erddrehung abzubremsen.) Bis zur Stufe V einschließlich braucht sich für beide Endhöhen die Aufstiegsbahn nicht zu unterscheiden, erst die VI. Stufe (deren Vortriebsanlage nicht mehr abgeworfen wird) fliegt je nach der Endhöhe verschiedene Wege.

Abb. 13 zeigt das Bild des ersten Teiles der Aufstiegsbahn, gesehen vom Bahnpol der A-Station (vergleiche Abb. 5). In den Punkten 1 bis 6 beginnen die Stufen I bis VI zu arbeiten; Stufe I löst sich in etwa 15 km Höhe, die Stufen

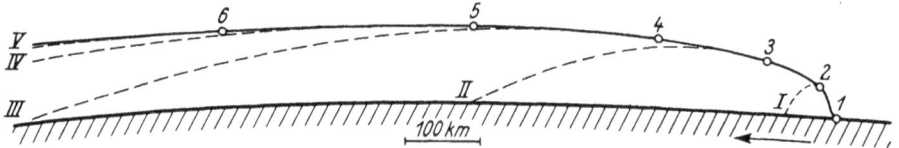

Abb. 13. Seitenriß der Aufstiegsbahn (vom Bahnpol gesehen).

1 Start der Grundstufe (I),
2 Start der Stufe II (Stufe I schon früher abgetrennt),
3 Abwurf der Stufe II; Start der Stufe III,
4 Abwurf der Stufe III; Start der Stufe IV,
5 Abwurf der Stufe IV; Start der Stufe V,
6 Abwurf der Stufe V; Stufe VI geht auf die untere Kreisbahn.

II bis V werden in den Punkten 3 bis 6 abgeworfen; die Flugwege der leeren Stufen sind gestrichelt angedeutet. Dargestellt ist das absolute Bahnbild, so daß auch der scheinbar senkrechte Aufstieg und Niedergang der Stufe I gekrümmt zu sehen ist. Nach dem Punkt 6 (Abwurf der Stufe V) hat sich die Stufe VI zunächst auf die untere Kreisgeschwindigkeit zu beschleunigen, dann folgen Warte-

Tabelle 4.   Kennwerte der Aufstiegsbahn.

Stufe	Kennwerte der Aufstiegsbahn (vgl. Fig. 12 bis 15)			
I	Startbelastung	B_S =	8000	kg/m²
	Treibstoffverhältnis	G_s^6 =	0,435	—
	Brennzeit	t_b =	35	sec
	Brennschlußhöhe	H_b =	12,7	km
	Brennschlußgeschwindigkeit	V_b =	820	m/sec
II	Freiflug:			
	Freiflugzeit	t_f =	48	sec
	Endhöhe	H_f =	37,2	km
	Senkrechte Endgeschwindigkeit	V_{1f} =	345	m/sec
	Am Ende des Freifluges ist, bei Einrechnung der von der Erddrehung herrührenden Geschwindigkeitskomponente, die Ausgangslage für die anschließende Raketenlinie erreicht.			
	Brennflug:			
	t_b = 70 sec; G_s^6 = 0,488; H_b = 67,8 km; V_b = 2130 m/sec; ϑ_b = 12,7°			
III	t_b = 50 sec; G_s^6 = 0,488; H_b = 87,4 km; V_b = 3985 m/sec; ϑ_b = 4,5°			
IV	t_b = 50 sec; G_s^6 = 0,488; H_b = 97,8 km; V_b = 5880 m/sec; ϑ_b = 1,1°			
V	t_b = 50 sec; G_s^6 = 0,488; H_b = 100 km; V_b = 7815 m/sec; ϑ_b = 0,0°			
VI	Flughöhe der A-Station	557	1669	km
	Untere Kreisbahngeschwindigkeit	7845	7845	m/sec
	Talgeschwindigkeit	7978	8259	m/sec
	Dauer des Aufschwunges	2731	3078	sec
	Gipfelgeschwindigkeit	7452	6648	m/sec
	Obere Kreisbahngeschwindigkeit	7582	7039	m/sec
	Treibstoffverhältnis	0,10	0,26	—
	Gesamt-Aufstiegsdauer	60 bis 90 min		

zeit, Talstoß, Aufschwung auf der Übergangsellipse und Gipfelstoß (sowie das Anlegen).

Tabelle 4 enthält die Hauptkennwerte der Bahn. Es wurde dabei vernachlässigt, daß der Durchsatz gegen Ende der Brennzeit zu drosseln ist, um den Ruck beim Beschleunigungswechsel herabzusetzen, und daß für das Abtrennen der Stufen jeweils einige Sekunden Zwischenzeit vorzusehen sind. Eine genauere Durchrechnung ist nur für ein näher bestimmtes Gerät möglich und nötig, ändert aber das Bahnbild auch nur unwesentlich. Die Bahn der Stufen II bis V ist als Raketenlinie gerechnet (Umlenkung nur durch Schwere); das Einhalten dieser Bahn ist mit einer Programmdrehung hinreichend genau möglich. Als Charakteristik des Flugverfahrens ist für die einzelnen Stufen die Antriebsbeschleunigung σ (Anfangs- und Endwert) in Vielfachen der Normschwere g_o angegeben. Die Abb. 14 und 15 zeigen die wichtigsten Kenngrößen des Aufstieges der Stufen I bis V in ihrem zeitlichen Verlauf unter den obigen Annahmen.

36. Fragen der Stufenlandung

Wie schon betont, wird man die Grundstufe, die im Gewicht etwa die Hälfte des ganzen Gerätes beansprucht, zur Wiederverwendung zu bergen suchen. Wenn nun auch die Querschnittsbelastung nur etwa 500 kg/m² betragen wird — dieser Betrag läßt sich durch das Ausfahren der Bremsflächen, die beim Aufstieg die Stufe I nach dem Brennschluß zurückhalten sollen, noch auf etwa 350 bis 400 herabsetzen —, so liegt damit die Endfallgeschwindigkeit immer noch bei 100 m/sec. Diese Geschwindigkeit kann am besten durch Gegenschub vernichtet werden. Die Grundstufe muß dazu noch eine Treibstoffreserve behalten; ferner wird es sich empfehlen, einen besonderen Piloten in der Grundstufe mitfliegen zu lassen, der sie sicher zur Erde lenken soll. Der oben genannte Bauaufwand $G_6^N = 0{,}14$ für die Stufe I reicht aus, um die Treibstoffreserve und den Piloten nebst Druckkabine und Steuerungsgeräten mitnehmen zu können. (Auch der Aufstieg der Grundstufe kann dann von dort aus überwacht werden.) Es wird genügen, eine Treibstoffreserve für etwa 300 m/sec Antrieb vorzusehen.

Die Stufen II bis V sind unbemannt. Ihre Flugweiten in der Bahnebene, die in Abb. 13 entsprechend den zum Flugzustand beim Abwerfen gehörigen Bahnellipsen eingezeichnet sind, werden zuletzt durch den Luftwiderstand noch verkürzt. Der Landeort wird durch die Erddrehung während der Zeit zwischen Start und Landung bestimmt, wobei es auf die Lage des Startortes ankommt. Dieser kann zwischen den Breiten $+45^0$ und -45^0 liegen. Um ein Beispiel zu

Tabelle 5. Landungsorte der abgeworfenen Stufen (ohne Berücksichtigung des Luftwiderstandes) für einen Aufstieg in $\lambda = 135^0$; $\varphi = -22^0\ 30'$ zu einer Kreisbahn mit 45° Bahnschiefe.

Stufe	Abwurf		Landung	
	λ	φ	λ	φ
II	$135^0\ 15'$	$-22^0\ 4'$	$137^0\ 16'$	$-19^0\ 50'$
III	$136^0\ 7'$	$-21^0\ 14'$	$141^0\ 3'$	$-16^0\ 21'$
IV	$137^0\ 37'$	$-19^0\ 50'$	$146^0\ 25'$	$-11^0\ 7'$
V	$139^0\ 46'$	$-17^0\ 51'$	$-51^0\ 8'$	$+18^0\ 1'$

geben, werde ein in der Mitte liegender Startort auf der Breite $22\frac{1}{2}^{0}$ angenommen; das würde südlich vom Äquator auf 135^{0} westlicher Länge der Mitte von Australien entsprechen, also etwa der Gegend, die sowieso für Versuche mit Großraketen vorgesehen ist. Tabelle 5 bezieht sich auf diesen Startort und gibt die zugehörigen Landeorte der Stufen (ohne Berücksichtigung des Luftwiderstandes).

Stufe II würde also noch im Nord-Territorium landen; Stufe III auf der Kap-York-Halbinsel; Stufe IV in der Korallensee; Stufe V im Atlantik. Diese an sich nicht ungünstigen Punkte ließen sich selbstverständlich durch geeignete Maßnahmen noch beeinflussen.

4 Das Stufengerät für die Bahn I

Nach den bisher durchgeführten Betrachtungen sind die allgemeinen physikalischen Voraussetzungen klargestellt, die in erster Linie die Errichtung einer A-Station betreffen. Die in Abschnitt 34 aufgeworfene Frage nach der endgültigen Größe einer Rakete, die als „Versorgungsgerät" die Verbindung mit der A-Station aufrechterhalten soll, kann nunmehr beantwortet werden. Selbstverständlich hängt dabei die absolute Größe noch stark von der zu befördernden Nutzlast ab. Um den Entwurf abschätzen zu können, muß Rechenschaft über den gesamten „Antriebsbedarf" gegeben werden, der für die in Abschnitt 35 geschilderte Bahn erforderlich ist.

41. Antriebsbedarf und Grundverhältnis

Der gesamte Antriebsbedarf kann aus Tabelle 4 in Verbindung mit Gl. (19) entnommen werden, und zwar durch Addition der einzelnen Stufen nach der Relation

$$v_{(n)} - v_{(n-1)} = c_{(n)} \cdot \log \text{nat} \frac{1}{1 - G_{s(n)}^6}; \tag{36}$$

$(n) = $ Nummer der Stufe.

Es ergibt sich für

die Grundstufe v_I		$= 2180 \cdot 0{,}571$	$= 1245$ m/sec,
die Stufe II	$v_{II} - v_I$	$= 2900 \cdot 0{,}669$	$= 1942$ m/sec,
die Stufe III	$v_{III} - v_{II}$	$= 2900 \cdot 0{,}669$	$= 1942$ m/sec,
die Stufe IV	$v_{IV} - v_{III}$	$= 2900 \cdot 0{,}669$	$= 1942$ m/sec,
die Stufe V	$v_V - v_{IV}$	$= 2900 \cdot 0{,}669$	$= 1942$ m/sec.

Für die Stufe VI, die die eigentliche Bahn erreichen soll, ergeben sich je nach der geforderten Bahnhöhe zwei Werte: Im Falle der Bahn I muß diese letzte Stufe ein Treibstoffverhältnis $G_{SVI}^6 = 0{,}1$ haben, im Falle der Bahn II muß $G_{SVI}^6 = 0{,}256$ sein. Damit wird der Antriebsbedarf für diese letzte Stufe bei der Bahn I

$$v_{VI} - v_V = 2900 \cdot 0{,}105 = 305 \text{ m/sec}$$

und bei der Bahn II

$$v_{VI} - v_V = 2900 \cdot 0{,}295 = 855 \text{ m/sec.}$$

Somit beträgt der gesamte Antriebsbedarf

bei Bahn I:
$$v = 9318 \text{ m/sec,}$$

bei Bahn II:
$$v = 9868 \text{ m/sec.}$$

Für die Aufstellung des Grundverhältnisses sind die Grundstufe, Stufe II bis V und die letzte Stufe VI getrennt zu behandeln. Es gilt — entsprechend (22) — für die Bahn I

Stufe I: $\quad m_I \quad = exp\,\dfrac{1245}{2180} = 1{,}77; \quad G_{6I}^{\vee} \quad = 0{,}14,$

Stufe II—V: $\quad m_{(II-V)} = exp\,\dfrac{7768}{2900} = 14{,}56; \quad G_{6\,(II\ V)}^{\vee} = 0{,}10,$

Stufe VI: $\quad m_{VI} \quad = exp\,\dfrac{305}{2900} = 1{,}11; \quad G_{6\,VI}^{\vee} \quad = 0{,}40,$

während sich für die Bahn II nur $m_{VI} = exp\,\dfrac{855}{2900} = 1{,}34$ ändert. Dabei muß für den Bauaufwand der letzten Stufe ein wesentlich höherer Wert angesetzt werden, weil diese Stufe ein besonders fein regelbares Triebwerk aufweisen muß.

Das Grundverhältnis, also der Quotient des Gewichtes am Start zum Nutzwerkgewicht der letzten Stufe, ergibt sich dann analog (23) zu

$$M = m_I \cdot m_{(II\ V)} \cdot m_{VI} \cdot f_1\,(m_I, G_{6I}^{\vee}) \cdot f_4\,(m_{(II-V)}, G_{6\,(II\ V)}^{\vee}) \cdot f_1\,(m_{VI}, G_{6\,VI}^{\vee}). \quad (37)$$

Die numerische Auswertung in Verbindung mit (24) liefert für

die Bahn I $\quad M = 50,$

die Bahn II $\quad M = 67.$

Nun interessiert für Vergleichszwecke nicht so sehr der auf 1 kg Nutzwerk bezogene, sondern vielmehr der auf 1 kg „reiner Nutzlast" bezogene Wert, weil ja im Nutzwerk das Gewicht der Druckkabine, der Piloten und des Steuerungszubehörs der letzten Stufe mitgerechnet werden. Bezeichnet man das Gewicht des Nutzlastzubehörs mit G_{50}, das der reinen Nutzlast mit G_{51}, so ist das nach (37) definierte Grundverhältnis mit dem Nutzwerkfaktor

$$G_{51\,VI}^{5} = \frac{G_{5\,VI}}{G_{51\,VI}} = \frac{G_{50\,VI} + G_{51\,VI}}{G_{51\,VI}} = 1 + G_{51\,VI}^{50} \quad (38)$$

zu multiplizieren, den man bei einem Versorgungsgerät etwa auf den Wert 1,45 abschätzen kann. Demnach sind also je kg „reiner Nutzlast" bei

der Bahn I $\quad$ 72,5 kg Startgewicht,

der Bahn II $\quad$ 97,0 kg Startgewicht

erforderlich. Bei dem im nachstehenden Abschnitt beschriebenen Gerät für die Bahn I wurde angenommen, daß insgesamt 3 t reine Nutzlast befördert werden sollen.

42. Ermittlung der Stufengewichte

Fordert man den Transport von 3 t reiner Nutzlast zur A-Station, die sich auf Bahn I bewegen soll, so folgt aus den letzten Werten, daß die Gesamtrakete ein

Startgewicht von etwa 217 t aufweisen muß, während sie bei gleicher Nutzlast schon in die Größenordnung von 300 t gelangt, um die Bahn II zu erreichen. Schon hieraus ergibt sich die Notwendigkeit, zunächst für den Anfang Bahnen auszuwählen, die nicht allzu weit von der Erde entfernt sind. Über die Art der zu befördernden Nutzlast Aussagen zu machen, ist natürlich verfrüht. Es genüge der Hinweis, daß jedes Versorgungsgerät eine bestimmte Menge an Treibstoff als „Nutzlast" mitnehmen wird, der für die zur Erde rückkehrenden Geräte bestimmt ist. Ferner ist die Menge der durch ein Versorgungsgerät zu transportierenden Nutzlast, z. B. das Baumaterial für den ständigen Ausbau der A-Station, durch die Tatsache begrenzt, daß es der Arbeitskapazität der im Anfang zahlenmäßig sicher sehr kleinen

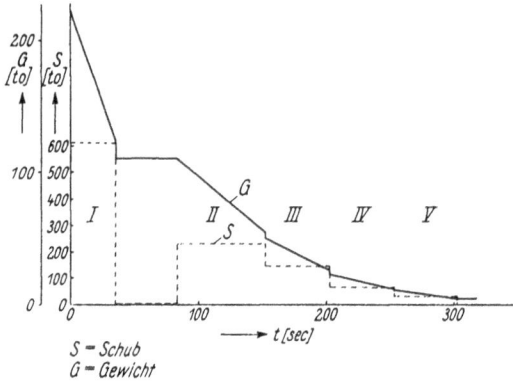

Abb. 14. Zeit-Schaubild der Aufstiegsbahn für die Stufen *I* bis *V*.

S = Schub
G = Gewicht

Besatzung angepaßt sein muß. Ebenso wird die konstruktive Ausbildung der letzten Stufe VI stets so vorgenommen werden, daß ein Teil der zum Bau dieser Stufe notwendigen Materialien zugleich auf der A-Station ohne größere Umarbeit als „Baumaterial" Verwendung finden kann. Insofern trifft die hier angesetzte Forderung des Transportes von 3 t reiner Nutzlast sicher einen auch in der Zukunft noch wahrscheinlichen Wert. Zu diesem kommt hinzu das „Nutzlastzubehör", d. h. die Piloten mit ihrer Druckkammer und allen erforderlichen Steuergeräten sowie der Funk- und Ortungsanlage. Hierfür wurde insgesamt ein Gewicht von 1300 kg geschätzt. Setzt man für das Gewicht der Trieb-, Tank- und Flugwerksanlage dieser letzten Stufe einschließlich der erforderlichen Treibstoffe noch 700 kg an, so ergibt sich für die VI. Stufe ein Startgewicht von 5 t. Mit dieser Festlegung lassen sich nun die

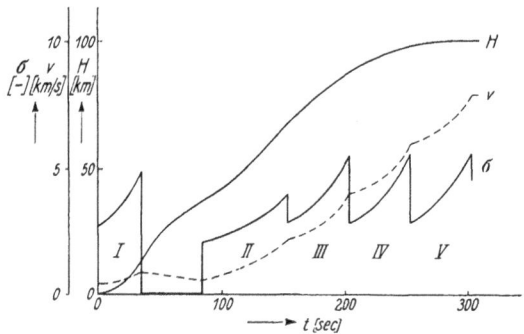

H Höhe über dem Erdboden
σ Koeffizient der Antriebsbeschleunigung
v Geschwindigkeitskomponente in der Bahnebene (Bezugssystem ruht in Erdmitte)

Abb. 15. Zeit-Schaubild der Aufstiegsbahn für die Stufen *I* bis *V*.

Startgewichte der übrigen Stufen leicht errechnen. Aus Abschnitt 41 geht hervor, daß das Massenverhältnis der Stufen V bis II gleich

$$m_V = m_{IV} = m_{III} = m_{II} = \log \mathrm{nat} \frac{1942}{2900} = 1{,}9525$$

ist. Es gilt also für die Stufen V bis II jeweils nach Tabelle 4

$$G_6 = 0{,}488\, G_S,$$
$$G_L = 0{,}512\, G_S.$$

Ferner ist mit der Abschätzung des Bauaufwandes in Tabelle 3 festgelegt, daß für die Stufen II bis V

$$G_N = 0{,}10\, G_6,$$

daher $\qquad G_N = 0{,}049\, G_S$

und $\qquad G_N + G_6 = 0{,}537\, G_S$ gilt.

Definitionsgemäß ist das Startgewicht einer Stufe

$$G_S = G_N + G_5 + G_6, \qquad (39)$$

worin hierbei G_5 als das jeweilige Gesamtgewicht der oberhalb der betrachteten Stufe noch befindlichen anderen Stufen aufzufassen ist. Daher läßt sich mit den bisherigen Zahlenwerten für die Stufen V bis II auch schreiben

$$G_5 = G_S - 0{,}537\, G_S = 0{,}463\, G_S$$

oder

$$G_S = 2{,}16 \cdot G_5.$$

Somit ergeben sich folgende Startgewichte:

$$
\begin{aligned}
G_{S\,VI} &= G_{5\,V} & &= 5\,000 \text{ kg,}\\
G_{S\,V} &= G_{5\,IV} = 2{,}16\, G_{5\,V} &&= 10\,800 \text{ kg,}\\
G_{S\,IV} &= G_{5\,III} = 2{,}16\, G_{5\,IV} &&= 23\,320 \text{ kg,}\\
G_{S\,III} &= G_{5\,II} = 2{,}16\, G_{5\,III} &&= 50\,400 \text{ kg,}\\
G_{S\,II} &= G_{5\,I} = 2{,}16\, G_{5\,II} &&= 108\,900 \text{ kg.}
\end{aligned}
$$

Für die Grundstufe ergibt sich analog aus Tabelle 3 und 4

$$G_{S\,I} = 1{,}99 \cdot G_{5\,I},$$

also

$$G_{S\,I} = 1{,}99 \cdot G_{S\,II} = 217\,000 \text{ kg.}$$

43. Allgemeine Beschreibung des Versorgungsgerätes

Die im vorigen Abschnitt errechneten Gewichte wurden bei dem konstruktiven Entwurf, der hier und im nächsten Abschnitt erläutert wird, noch etwas modifiziert. Als allgemeine Form (siehe Abb. 16) wurde ein Zylinder mit aufgesetztem Ogival genommen. Der Zylinder hat 6 m Durchmesser und ist 7 m hoch; davon nimmt die Grundstufe den größten Teil ein. Das Ogival hat einen Krümmungshalbmesser von 55,50 m, so daß sich die Spitze des gesamten Gerätes 25,00 m über dem Boden der Grundstufe befindet. Darin haben die einzelnen Stufen folgende Höhen:

Stufe I	6,20 m
Stufe II	3,60 m
Stufe III	3,00 m
Stufe IV	2,40 m
Stufe V	1,80 m
Stufe VI	8,00 m
	25,00 m

Zur Stabilisierung soll das Gerät vier feste Flossen erhalten, die bis zur Höhe von 3 m über dem Boden am Rumpf eine Dicke von 0,60 m und eine Breite von 1,50 m haben, so daß die gesamte Spannweite des Gerätes auf 9 m anwächst. Bis zur Höhe von 6 m verlaufen sie in den zylindrischen Rumpfteil. Ihr Profil muß der End-Machzahl der Grundstufe 2,9 angepaßt sein. In der Grundstufe befindet sich oberhalb des Schuberzeugers die Druckkabine für den Landepiloten. Diese hat Zylinderform bei einem Innendurchmesser von 2 m und einer Innenhöhe von 1,80 m. In der Mitte erhebt sich, während des Anstieges noch in die Düsenmündung der Stufe II hineinragend, eine Plexiglas-Kugel von 1 m Durchmesser um 0,70 m über die Oberkante der Grundstufe, um dem Piloten beim Landeflug die notwendige Sicht zu gewähren. Die Kabine hat zwei einander gegenüberliegende Türen, von wo man durch je einen oben in den Brennstofftanks liegenden Gang nach außen gelangen kann. Um 90° versetzt sind in Bodenhöhe noch zwei Zugänge durch die Sauerstofftanks zum Schuberzeuger und Förderwerk vorhanden; auch dort innen führt ein Gang hinauf zur Kabine.

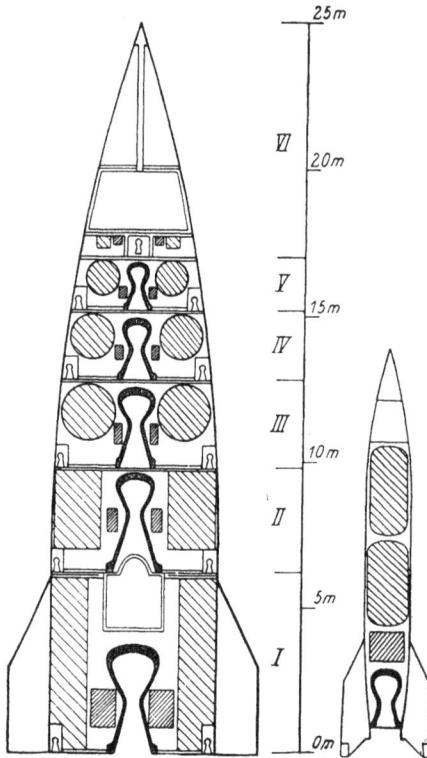

Abb. 16. Bauschema eines Versorgungsgerätes für die Außenstation (zum Vergleich eine A 4).

Die Tankwerke der drei ersten Stufen sind dabei als Viertel-Ringtanks ausgeführt, so daß zwei gegenüberliegende Tanks den Sauerstoff, die zwei anderen den Brennstoff enthalten.; eine solche Anordnung ist für die Gewichtssymmetrie von Vorteil. Während diese beiden Tankwerke rechteckigen Querschnitt aufweisen, muß man in Stufe III aus Gewichtsgründen kreisförmigen Querschnitt wählen. In den Stufen IV und V wird dieser Gesichtspunkt so bestimmend, daß nur Kugeltanks brauchbar bleiben, wenn man die in Tabelle 3 vorausgeschätzten Bauaufwände verwirklichen will.

Für die Förderwerke werden Pulso-Pumpen angenommen. Diese erlauben bei verhältnismäßig geringem Gewicht eine gedrängte Bauweise, deren Raumbedarf man auf 2 l für 1 kg/sec Treibstoff-Durchsatz veranschlagen kann. Ihr besonderer Vorzug ist aber darin zu erblicken, daß sie von allen bisher bekanntgewordenen Förderverfahren den geringsten Förderverbrauch besitzen.

Die Schuberzeuger wurden mit Brennstoff-Umlaufkühlung ausgelegt. Ihr Entwurf richtete sich nach den bis heute vorliegenden Bauerfahrungen, wobei freilich eine Übertragung dieser Erfahrungen auf derartige Dimensionen nicht ohne technische Bedenken geschah. Es ist möglich, daß künftige Entwicklungsarbeiten eine Aufteilung der großen Schuberzeuger in mehrere kleinere, gleichzeitig arbeitende Einheiten als zweckmäßiger erscheinen lassen. Die Regelung der Schub-erzeuger von der Abtrennung der Grundstufe bis zum Abwurf der V. Stufe wurde in üblicher Weise als vollautomatisch angenommen, wobei die in der Endstufe mitfliegenden Piloten selbstverständlich die Möglichkeit des Eingreifens in den Regelvorgang haben.

In jeder Stufe außer der Endstufe sind neben dem Hauptschuberzeuger für die Steuerung noch je vier gesonderte Steueröfen vorgesehen. Sie haben dreierlei Aufgaben: Die gewollten Richtungsänderungen zu bewirken, die ungewollten zu verhindern und ebenso, störenden Drall auszusteuern. Nur in der Endstufe über-nimmt der feinregelbare und schwenkbare Schuberzeuger zugleich die Aufgabe des Antriebes und die der Steuerung.

Die Pilotenkabine der Endstufe kann eine lichte Höhe von 2,20 m haben. Mit 3,60 m Boden- und 2,70 m Deckendurchmesser bietet sie Raum für zwei Piloten mit sämtlichen Ortungs-, Steuer- und Kontrollgeräten. Bei ihrem Entwurf sind die im Flugzeugbau für druckfeste Höhenkabinen geltenden Anforderungen zu beachten. Schleuse, Atmungsgerät und andere Sicherheitsvorkehrungen sind selbstverständlich inbegriffen. Oberhalb der Druckkabine liegt der 10 m³ fassende Frachtraum, durch den sich ein Schacht bis zur Spitze erstreckt, wo optische und elektrische Ortungsgeräte untergebracht sind.

Abschließend muß doch darauf hingewiesen werden, daß die in Figur 16 ge-gebene Skizze ebenso wie diese Beschreibung nicht als Konstruktionsplan be-wertet werden dürfen; es ging hier lediglich darum, nachzuweisen, daß mit den heutigen Mitteln der Raketentechnik ein Gerät für diese Aufgabe gebaut werden kann.

44. Konstruktive Überprüfung der Gewichte

Es war notwendig, die in Abschnitt 42. errechneten Stufengewichte konstruktiv zu überprüfen, um sicher zu sein, daß sie sich technisch auch verwirklichen lassen. Tabelle 6 zeigt das Ergebnis dieser Überprüfung, das hier im einzelnen noch erläutert werden soll.

Tabelle 6. Gewichtsverteilung für das in Fig. 16 skizzierte Gerät zur Versorgung der A-Station.

Stufe	I	II	III	IV	V	VI
G_1	2760	1660	720	275	145	25
G_2	4020	1220	765	310	140	30
G_3	2970	1840	735	370	138	110
G_4	3750	780	260	195	107	1835
G_N	13500	5500	2480	1150	530	2000
G_L	124000	55900	25800	11950	5530	4500
G_6	96000	54600	24600	11370	5270	500
G_S	220000	110500	50400	23320	10800	5000

Stufe I:

Der Schuberzeuger (G_1) der Grundstufe soll mit einem Betriebsdruck von 50 at arbeiten. Der innere Ofendurchmesser beträgt 1,64 m. Als Baumaterial wurde Stahl gewählt, wegen der Notwendigkeit einer wiederholten Verwendung. Als

Treibstoffe können flüssiger Sauerstoff und 75% Alkohol-Wasser-Gemisch dienen, die bei ausreichendem Brennkammergütegrad den verlangten spezifischen Verbrauch von $z = 4,5$ kg/to sec (am Boden) liefern. Das Förderwerk (G_2) besitzt in dieser Stufe ein Baugewicht von 1,4 kg je Kilogramm Durchsatz, hinzu tritt noch das Gewicht des „Schubgerüstes" mit 180 kg, das die Schubkraft aufnehmen und auf das Gesamtgerät übertragen soll. Das Tankwerk (G_3) dieser Stufe ist in Leichtmetallbauweise mit 3,0 mm Wandstärke ausgeführt. Zur Versteifung erhält es ein „Spantwerk", d. s. Schotten und Verstrebungen, dessen Gewicht mit 590 kg, d. h. zu 25% des eigentlichen Tankgewichtes ermittelt wurde. Das Tankwerk faßt außer dem für den Anstieg benötigten Treibstoffgewicht noch die in G_4 enthaltenen 1700 kg Bremsstreibstoff für die Landung dieser Stufe. Das Flugwerk (G_4) setzt sich ferner aus dem Gewicht der Piloten-Kabine einschließlich des Landepiloten selber, dem Gewicht der 1,0 mm starken Außenhaut und der Flossen, sowie den Steueröfen und den aerodynamischen Landehilfen zusammen.

Stufe II:

Der Schuberzeuger (G_1) arbeitet hier mit 36 at Betriebsdruck und mit einer Entspannung bis zu 0,2 at in der Düsenmündung. Der Ofendurchmesser beträgt 1,28 m. Auch hier ist Stahl als Baustoff angesetzt. Es wird das gleiche Treibstoffgemisch wie in der Stufe I verwendet. Hierbei wurde jedoch eine sorgfältigere Durchbildung des Schuberzeugers, d. h. ein höherer Brennkammergütegrad vorausgesetzt, ebenso wie bei allen folgenden Stufen. Das Förderwerk (G_2) kommt hier mit einem Baugewicht von 1,35 kg je Kilogramm Durchsatz entsprechend dem kleineren Betriebsdruck aus. Das Tankwerk ist wiederum aus Leichtmetall mit 3,0 mm Wandstärke ausgelegt. Der Gewichtsanteil des Spantwerkes blieb wie bei Stufe I auf 25% des Tankwerkgewichtes. Im Flugwerk (G_4) hat die Leichtmetall-Außenhaut — wie schon in der Grundstufe — eine Stärke von 1,0 mm, hingegen ist hier wegen der höheren Biegebeanspruchung beim Umlenken ein gleichgroßes Gewicht des Flugwerkspantwerkes nötig. Ferner tritt noch das Gewicht der Steueröfen hinzu.

Stufe III:

Der Schuberzeuger (G_1) hat ebenfalls 36 at Betriebsdruck, arbeitet mit den gleichen Treibstoffen und demselben Entspannungsverhältnis wie in der Stufe II. Sein Durchmesser hingegen beträgt 1,10 m. Jedoch wurde von dieser Stufe ab keine reine Stahlbauweise mehr, sondern eine Kombination von Stahl- und Leichtmetall-Bauweise gerechnet, weil diese und die folgenden Stufen (außer der letzten) gegebenenfalls nach Abwurf zerstört werden müssen. Ebenso hoch wie in der Stufe II ist auch der Gewichtsbedarf des Förderwerkes (G_2). Für das Tankwerk (G_3) wurde eine Wandstärke von 2,5 mm als ausreichend befunden. Der Spantwerksanteil blieb der gleiche wie bei den vorangehenden Stufen. Im Flugwerk (G_4) wurde die Außenhaut wegen verminderter Beanspruchung mit 0,8 mm Leichtmetall gerechnet. Auch der Spantwerksanteil des Flugwerkes konnte hier wieder auf die Hälfte des Außenhautgewichtes abgesenkt werden.

Stufe IV:

Der Schuberzeuger (G_1) arbeitet in dieser wie auch in den nächsten Stufen mit
höherwertigen Brennstoffen (etwa reinem Äthylalkohol); der Treibstoffbedarf
dieser drei letzten Stufen zusammen beträgt weniger als 10% von dem der drei
ersten, so daß die höheren Kosten nicht stark ins Gewicht fallen. Dafür wird
bei gleichbleibendem spezifischem Verbrauch z der Betriebsdruck jetzt 25 at.
Der Ofendurchmesser beträgt 0,85 m. Für das Baugewicht gelten die gleichen
Bemerkungen wie bei der vorigen Stufe. Im Förderwerk (G_2) benötigt man nunmehr noch 1,25 kg je Kilogramm Durchsatz. Das Tankwerk (G_3) besteht aus
6 Kugeln mit je 2,5 mm Wandstärke, hierdurch konnte auch der Anteil des Spantwerkes auf 15% erniedrigt werden. Im Flugwerk ist die Außenhaut und ihr Spantwerk ebenso gerechnet worden, wie bei der vorigen Stufe, während das Gewicht
der Steueröfen nicht wesentlich zu verringern war.

Stufe V:

Der Schuberzeuger (G_1) wurde mit den gleichen Bedingungen wie in der Stufe IV
konstruiert, hier mit einem Durchmesser von 0,66 m. Ebenso bleiben die Bedingungen für das Förderwerk (G_2) dieselben wie bei Stufe IV. Das Tankwerk (G_3)
umfaßt diesmal vier Kugeltanks mit 2,5 mm Wandstärke, wobei jedoch ein hoch-
wertiges Leichtmetall auf Beryllium-Basis zugrunde gelegt wurde, was in diesem
Falle wegen des geringen Tankraumes wirtschaftlich gerechtfertigt erscheint.
Man muß bedenken, daß ein Mehrgewicht in dieser Stufe sich mit dem Faktor 20
in der Grundstufe auswirkt, hier ist also jede Gewichtsersparnis lohnend. Dem
Flugwerk (G_4) liegen die gleichen Voraussetzungen zugrunde wie in der Stufe IV.

Stufe VI:

In der allgemeinen Konstruktion unterscheidet sich diese Stufe naturgemäß
wesentlich von den voraufgegangenen. Der Schubbereich des Schuberzeugers
soll etwa zwischen 100 kg und 1500 kg Schub variieren können. Dies läßt sich
nur mit einer sehr exakt arbeitenden Durchsatzregelung, etwa nach der Art der
Thomapumpen (mit Turbinenantrieb) erreichen. Das Förderwerk (G_2) erfordert
in diesem Fall ein Baugewicht von 2,4 kg je Kilogramm Durchsatz, wozu ein
Schubgerüst — als Kardanaufhängung ausgebildet — mit 18 kg tritt. Das Tankwerk (G_3) wird unterhalb der Pilotenkabine untergebracht und ist für die Auf-
nahme von etwa 1500 kg Treibstoff gerechnet. Davon sind etwa 1000 kg „Rückflug-Treibstoff", der für die von der A-Station zur Erde zurückkehrenden Geräte
oder für den Antriebsbedarf (Bahnkorrekturen) der Station selbst bestimmt ist.
Im Flugwerk (G_4) wiegt die Druckkabine 910 kg, die Außenhaut oberhalb der
Druckkabine mit 0,8 mm Wandstärke und 50% Spantwerksanteil noch 85 kg,
das gesamte Steuerungszubehör einschließlich aller Kontroll- und Führungsgeräte
640 kg. Das Gewicht der beiden Piloten wird einschließlich ihrer „Raumtaucher-
Anzüge" mit 200 kg angesetzt. Die Aufteilung des Nutzwerkgewichtes von 3 t
wird wie folgt vorgenommen: Vom Nettogewicht der letzten Stufe werden 0,5 t
— entsprechend dem Hinweis im Abschnitt 42 — als nutzbares Material für den
Ausbau der A-Station gerechnet. Dazu kommen 1,5 t „Fracht", die je nach dem
Baubedürfnis der A-Station ausgewählt werden, und schließlich rechnet dazu

auch noch die 1 t Rückflug-Treibstoff, die wohl pflichtmäßig bei jedem Fluge mitgeführt werden wird.

Damit sind die wichtigsten Angaben über den durchgerechneten Entwurf eines Versorgungsgerätes genannt. Es zeigt sich also, daß ein Gerät dieser Größenordnung ohne weiteres schon im gegenwärtigen Stadium der Raketentechnik verwirklichbar ist. Selbstverständlich ist sowohl eine nicht unerhebliche Entwicklungsarbeit zu leisten wie auch eine exakte Konstruktion vorzunehmen, ehe man mit einem wirklichen Bau beginnen könnte. Hier aber ging es nur darum, zu zeigen, daß man keineswegs auf neue, „umwälzende" Erfindungen — wie z. B. die der Nutzbarmachung der Atomenergie für den Raketenantrieb — zu warten braucht, ehe man ernsthaft den Bau einer A-Station erörtert. Technisch ist dies nur eine Zeit- und Geldfrage, aber nicht „ein zur Zeit noch nicht lösbares Problem".

45. Fragen der Rückkehr von der A-Station

Die vorstehenden Abschnitte haben gezeigt, unter welchen Bedingungen eine Erreichung der A-Station von der Erdoberfläche aus möglich wird. Verständlicherweise drängt sich dabei die Frage auf, wie man denn nun die A-Station wieder verlassen und zur Erde zurückkehren kann. Die mit den Versorgungsgeräten auf der A-Station eintreffenden Piloten müssen ja wieder zurück. Nun sind die Rückflugprobleme zwar etwas verwickelter, jedoch ebenfalls technisch im gegenwärtigen Stadium lösbar. Die technische Entwicklung wird hier vermutlich zum Bau spezieller „Rückfluggeräte" führen, die man mit bestimmtem zeitlichem Abstand in die Startreihenfolge der Versorgungsgeräte einschiebt. Diese Rückfluggeräte nehmen dann beim Aufstieg keine normale Nutzlast mit, sondern ihre Nutzlast wird in einem eigens für den Rückflug zur Erde entwickelten Hochgeschwindigkeitsflugzeug bestehen, das beim Aufstieg wegen seiner Sperrigkeit teilweise zerlegt auf die A-Station gebracht und erst dort montiert wird.

Den Rückflug selbst kann man etwa folgendermaßen vornehmen. Durch einen sehr schwachen Impuls trennt sich das Rückflugzeug zunächst von der A-Station ab, bis der notwendige Sicherheitsabstand erreicht ist. Dann wird durch einen stärkeren Impuls (dessen Antriebsbedarf in der Größenordnung von 300 m/sec liegt, vergleiche Abschnitt 41.) die Geschwindigkeit des Rückflugzeuges auf den Wert der Gipfelgeschwindigkeit der Übergangsellipse vermindert. Hierdurch gelangt das Rückflugzeug nach einer halben Erdumdrehung im Bewegungssinn der A-Station auf eine „untere Kreisbahn", deren Höhe so bestimmt werden kann, daß bereits auf ihr eine gewisse Abbremsung durch den Luftwiderstand der dünnen Höhenatmosphäre erfolgt. Mit dieser Verzögerung ist aber ein Höhenverlust verbunden, d. h. das Rückflugzeug bewegt sich auf einer engen Spiralbahn näher an die Erde heran. Wieweit diese Abstiegsbahn infolge der mit dem Luftwiderstand zugleich wirksam werdenden Auftriebskräfte der Tragflügel und der aerodynamisch „tragenden" Rumpfflächen zu einem wellenförmigen Gleitflug mit langsam abklingender Schwingungsamplitude wird, hängt von der Wahl der Dimensionen des Rückflugzeuges und der Auswahl der Abstiegsbahn ab. Dank der sorgfältigen Untersuchung von Dr. Eugen Sänger (ZWB, FB Nr. 3538) ist auch diese Frage heute bereits rechnerisch beherrschbar, so daß zusammen mit den gegenwärtig vorliegenden Erfahrungen des Überschallfluges eine technische

Lösung des Rückkehrproblemes möglich wird. Nachdem also das Rückflugzeug in mehrfacher Erdumkreisung seine Geschwindigkeit und Flughöhe hinreichend vermindert hat, kann es im Gleitflug zur Versorgungsstation, seinem „Heimatflughafen", zurückkehren, wobei für die notwendigen Bahnkorrekturen sowie für die eigentliche Landung ausreichend Treibstoff an Bord verfügbar bleibt.

5. Kostenabschätzung und Zusammenfassung

51. Kostenabschätzung für das Versorgungsgerät

Nach Darlegung der technischen Bedingungen soll nun diejenige Frage behandelt werden, deren Beantwortung wohl die schwierigste des ganzen Themas ist. Vorausschätzungen der Kosten für technische Entwicklungsarbeiten haben sich bisher nur selten als richtig herausgestellt. Wenn daher nachstehend derartige Schätzungen gegeben werden, so sind diese mit der erforderlichen Vorsicht zu bewerten. Jedoch ist hier auch nicht mehr beabsichtigt, als eine ungefähre Anschauung von der Größenordnung zu vermitteln, soweit sich diese eben heute bereits übersehen läßt. Diese Kostenaufstellung soll so vor sich gehen, daß zunächst der Kostenaufwand für das beschriebene Versorgungsgerät ermittelt wird, um eine Basis für die Kostenermittlung des gesamten Baues einer A-Station zu erhalten. Zunächst gilt nach dem Vorangegangenen folgende Gewichtsaufgliederung des Versorgungsgerätes:

Nettogewicht (laut Tabelle 6)	25,160 t	
abzüglich Piloten und Bremstreibstoffe der Stufe I . . .	2,000 t	
Korrigiertes Nettogewicht		= 23,16 t
Treibstoffe (laut Tabelle 6)	192,340 t	
zuzüglich Bremstreibstoff der Stufe I	1,700 t	
		= 194,04 t
Rückflug-Treibstoff als Pflichtlast	1,000 t	
Nutzlast	1,500 t	
Pilotengewicht	0,300 t	
		= 2,80 t
		220,00 t

Nun kann man einerseits bei gut organisierter Serienfertigung im Durchschnitt für ein Kilo Nettogewicht einer modernen Flüssigkeitsrakete mit einem Arbeitsaufwand bis zu 1,6 Arbeitsstunden rechnen. Hierin sind alle zum Gerät gehörenden Instrumente usw. eingeschlossen. Die Treibstoffe selbst sind relativ billig. Jedes Kilo Treibstoffgemisch — wie es hier vorausgesetzt wurde — kann man etwa einem Arbeitsaufwand von 0,05 Arbeitsstunden gleichsetzen. Andererseits liegen grobe Durchschnittswerte für die Preise aus der Luftfahrt-Industrie vor, die man ohne weiteres zum Vergleich heranziehen kann, weil eine kommende „Raketen-Industrie" in vielen Dingen die gleiche Struktur und ähnliche Arbeitsverfahren aufweisen wird. Hiernach beträgt der Durchschnittspreis für ein Kilo Nettogewicht etwa 24 Dollar (Mitte 1949). Demzufolge hätte man die durchschnittliche Arbeitsstunde in der Luftfahrtindustrie einschließlich aller Nebenkosten auf etwa 15 Dollar zu veranschlagen.

Mit diesen Werten soll nun das Versorgungsgerät der A 4 (= V 2) gegenüber-
gestellt werden, die zum Vergleich in Figur 16 maßstäblich angedeutet wurde.
Wir rechnen bei der A 4 mit einem Nettogewicht von 2800 kg und einem Treibstoffgewicht von 8800 kg, dann ergibt sich der Arbeits- bzw. Preis-Aufwand
für das Versorgungsgerät:

$$23160 \cdot 1,6 + 194040 \cdot 0,05 = 46758 \text{ h/Stück} \sim 702000 \text{ \$/Stück,}$$

für die A 4:

$$2800 \cdot 1,6 + 8800 \cdot 0,05 = 4920 \text{ h/Stück} \sim 73800 \text{ \$/Stück.}$$

Zur Bewertung dieser Ziffern möge man bedenken, daß in Deutschland während
des Krieges pro Tag etwa 30 Geräte des Types A 4 hergestellt werden sollten.
Das heißt: Der Bau eines Versorgungsgerätes verlangt einen Arbeitsaufwand,
der einem Drittel der geplanten Tagesproduktion der A4-Geräte entspricht. Man
kann aber auch ein anderes Beispiel heranziehen, um den Arbeitsaufwand ab-
zuschätzen. Wir wählen einmal ein modernes Großflugzeug, und zwar den Typ
„Convair XC-99", für den ein Nettogewicht von 64,3 t und ein Treibstoffgewicht
von 46,0 t bekannt ist. Mit insgesamt 21,0 t Nutzlast hat dieser Typ das Startgewicht von 131,3 t. Würde man die obigen Ziffern anwenden, so ergäbe sich ein
Arbeits- bzw. Preisaufwand
für Convair XC-99:

$$64300 \cdot 1,6 + 46000 \cdot 0,05 = 105180 \text{ h/Stück} = 1580000 \text{ \$/Stück,}$$

was immerhin in der Größenordnung zutrifft. Das heißt also: In der reinen Serienfertigung betrüge der „Verkaufswert" eines Versorgungsgerätes etwa die Hälfte
des Wertes eines modernen Großbombers bzw. Frachtflugzeuges. Hierbei sind
selbstverständlich keine Entwicklungskosten erfaßt, auf diese wird im nächsten
Abschnitt eingegangen werden. Doch zeigt bereits dieser Vergleich deutlich, daß
man sich durch die hohen Startgewichte von Raketen nicht täuschen lassen darf.
Raketen sind nun einmal Geräte mit sehr hohem Treibstoffverbrauch, aber glücklicherweise ist der Preis der Treibstoffe doch wesentlich niedriger als der eines
Kilogrammes bearbeiteten Baumaterials.

52. Kostenschätzung für den Bau einer A-Station

Die bereits im Abschnitt 51. dargelegten Vorbehalte hinsichtlich der Bewertung
der Zahlen gelten naturgemäß für den nachstehenden Text im verstärkten Maße.
Man kann einmal annehmen, daß eine arbeitsfähige A-Station folgende Baulichkeiten umfassen muß:

    10 Wohnräume,
     4 Laboratorien,
     2 Forschungshallen,
     1 Werkstatt-Halle,
     1 Kraftstation-Halle.

Wie man diese Baulichkeiten zueinander anordnen will, welche Zwecke man besonders betonen will usw., steht hier nicht zur Erörterung. Man kann vorerst nur
grob abschätzen, daß die genannten Baueinheiten — sofern man mit Leichtmetall
rechnet — ein Gesamtgewicht von rund 180 t haben werden. An Einrichtungs-

gegenständen, Installation, Instrumenten, Maschinen usw. wären insgesamt etwa 330 t notwendig. Der reine Bau erfordert somit eine „Transportleistung" von 510 t. Auf ein Gerät kann man einschließlich der „verwendbaren" Nutzlast eine Transportleistung von 2,0 t rechnen, wobei etwa 0,3 t als Verbrauchsmaterial für die im Durchschnitt auf 20 Mann zu beziffernde Besatzung abzuziehen wären, so daß als „Baumaterial" je Versorgungsgerät noch 1,7 t verbleiben. Die oben angegebene Gesamt-Transportleistung von 510 t würde mithin 300 Versorgungsgeräte erfordern. Da das transportierte Baumaterial auch laufend von der Besatzung der A-Station verarbeitet werden muß, wird man im Durchschnitt nur alle drei Tage ein Gerät zur A-Station starten lassen, d. h. im Jahre rund 125 Geräte. Davon wird ungefähr jedes fünfte Gerät ein Rückkehrgerät sein, so daß nur 100 eigentliche Transportgeräte übrig bleiben. Der Bau würde somit etwa die Zeit von 3 Jahren in Anspruch nehmen.

Für diese Zeitspanne soll daher nun der Kostenaufwand überlegt werden. Hierbei ist die Einschätzung der noch zu leistenden Entwicklungsarbeit zweifellos der schwierigste Punkt. Üblich ist in der Luftfahrt-Industrie ein Verhältnis der Entwicklungskosten des Prototypes zu den späteren Kosten des serienmäßig gefertigten Gerätes, das zwischen dem 10- und 15-fachen schwankt. Dieser Wert ist jedoch auf die gegenwärtige Raketentechnik nicht übertragbar, da hier noch keineswegs das gleiche technische Stadium erreicht ist. Ferner ist zu bedenken, daß außer dem Versorgungsgerät auch das Rückfluggerät einschließlich des Rückflugzeuges (für etwa 12 Mann Passagiere) sowie die Sondergeräte (die für die „Gründung" der A-Station erforderlich sind) zu entwickeln sind. Es wird daher ratsam sein, für den Faktor der Entwicklungskosten hier den Wert 100 anzusetzen und dabei auf das Versorgungsgerät zu beziehen, das ja stückzahlenmäßig die anderen Typen übertrifft. Demnach sind als Entwicklungskosten der Gerätetypen etwa 70 000 000 $ anzusetzen. Der Preis für das Rückfluggerät nebst dem Rückflugzeug kann auf 1 300 000 $ geschätzt werden. Innerhalb des betrachteten Zeitraumes von 3 Jahren werden 75 Rückfluggeräte und 300 Versorgungsgeräte gebraucht, deren Herstellungspreis demgemäß auf

$$300 \cdot 702\,000 + 75 \cdot 1\,300\,000 \sim 310\,000\,000,\text{---} \ \$$$

zu stehen kommt. Die erforderliche Bodenorganisation (Vermessungsstationen und Beobachtungsstationen) kann man mit 30 Stationen gewährleisten, ihre Anlage dürfte mit insgesamt 30 000 000,— $ anzusetzen sein. Die Versorgungsstation, d. h. der eigentliche Startplatz wird sicher mit 20 000 000,— $ nicht zu niedrig bewertet werden. Der Personalbedarf der ganzen „Bau-Organisation" dagegen wird voraussichtlich ziemlich klein bleiben. Für die Vermessungs- und Beobachtungsstationen werden 400 Mann ausreichend sein. Für die Startplatz-Besatzung kann man wohl mit etwa 1000 Mann, das Verwaltungspersonal mit etwa 165 Mann rechnen. An „fliegendem Personal" sind sicher 100 Mann erforderlich. Im ganzen sind also — außer in der Entwicklung und in der Gerätfertigung — 1665 Mann ständigen Personals nötig. Rechnet man mit Versicherungen und allem sonstigen ein durchschnittliches Jahresgehalt von 6000,— $, so beträgt der Personaletat für den betrachteten Zeitraum 30 000 000,— $. Für das Baumaterial der A-Station selbst wird hier sicherheitshalber der Kilopreis in der Größenordnung mit 80 $ angesetzt, so daß alle eventuell notwendigen Entwicklungsarbeiten an Instrumenten, Geräten usw. im Gesamtbetrag von 40 000 000,— $ einbegriffen sind. Die Gesamtkosten des Baues der A-Station setzen sich also zusammen aus:

Entwicklungskosten	70 000 000,— $
Fertigungskosten für 375 Geräte	310 000 000,— $
Kosten der Bodenorganisation	50 000 000,— $
Personalkosten	30 000 000,— $
Kosten des Baumaterials	40 000 000,— $
Insgesamt	500 000 000,— $

So erschreckend hoch diese Zahl auf den ersten Anblick scheint, man vergesse nicht, daß die hierzu notwendige Jahresausgabe von rund 166 000 000,— $ nur etwa 18,5% des Betrages darstellt, den das amerikanische Repräsentantenhaus für das Haushaltsjahr 1949 allein für die Unterhaltung der Luftwaffe bewilligt hatte.

53. Zusammenfassung

Es wurde gezeigt, daß der Bau einer A-Station hinsichtlich der Bahnwahl vorerst eingegrenzt wird durch die Feststellung, daß die erste A-Station eine reine Forschungsstation sein wird. Durch die Notwendigkeit der laufenden Vermessungen aller möglichen, im voraus nicht hinreichend bekannten säkularen Störungen der Bahn dieser Station sind Bahnen mit ganzzahliger Umlaufzeit im Verhältnis zur Erddrehung als bevorzugt anzusehen. Zwei so ausgewählte Bahnen wurden näher gekennzeichnet. Die Aufstiegsbahnen zur Kreisbahn wurden erörtert und der Antriebsbedarf ermittelt. Für die nähere der beiden Bahnen ($H \sim 560$ km über der Erdoberfläche) wurde ein Versorgungsgerät skizziert, das in seinen Kenndaten dem gegenwärtigen Stadium der Raketentechnik Rechnung trägt. Für dieses Gerät wurde mit Erfahrungswerten des Raketenbaues und der Luftfahrt-Industrie eine Kostenabschätzung vorgenommen, deren Ergebnis mit anderen Geräten verglichen wurde. Schließlich wurde versucht, darauf fußend eine grobe Abschätzung derjenigen Kosten, die der Bau einer arbeitsfähigen A-Station verursachen könnte, vorzunehmen.

Es ist durchaus möglich, daß bei der Auswahl der Bahn für die A-Station noch andere, hier nur gestreifte Gründe entscheidend ins Gewicht fallen; es ist anzunehmen, daß das Versorgungsgerät anders aussehen wird, als es hier skizziert wurde; und es ist sicher, daß die dargelegte Kostenverteilung eine andere sein wird. Die Größenordnung der genannten Ziffern aber wird sich nicht wesentlich ändern. Aus nüchternen technischen Erwägungen heraus entspringt die Überzeugung, daß der Bau der Außenstation keineswegs erst eine Aufgabe der fernen Zukunft, sondern der unmittelbaren Gegenwart sein kann.

Stationen im Weltraum

Von Hermann Oberth

Auf der Weltraumstation ist die Schwere scheinbar aufgehoben. Dadurch werden eine Reihe von Forschungen möglich, die auf der Erde unmöglich sind. Außerdem kann die Schwerefreiheit zu medizinischen Zwecken benützt werden oder zu industriellen Zwecken dienen. Weitere Verwendungszwecke solcher Weltraumstationen sind: Bau großer Teleskope zur Förderung der Astronomie und zur Beobachtung der Vorgänge auf der Erde; Erreichung extrem tiefer Temperaturen für Forschungszwecke; Strahlenforschung; Rückstrahlung von Zentimeterwellen nach der Erde; Ultrakurzwellenfunk und Fernsehdienst; Weltraumspiegel; Sonnenkraftwerke im Weltraum und ihre Aussichten.

1. Andruck und Andruckfreiheit

Auf der Raumstation herrscht ein Zustand, den man allgemein Schwerelosigkeit nennt. Die Schwerkraft ist natürlich noch vorhanden, denn die Station bewegt sich im Schwerefeld der Erde, aber der eigentliche „Andruck" fehlt. Andruck entsteht durch Änderung der Geschwindigkeit. Beim Anfahren eines Wagens werden die Insassen an die Sitze gepreßt. Beim Bremsen stürzen sie nach vorn. Nicht anders ist es in einem Raumschiff. Sobald der Raketenantrieb arbeitet, bleiben Personen und Gegenstände im Innern gegenüber dem Raumschiff zurück. Sie werden also auf diejenige Kabinenwand gepreßt, von der die Beschleunigungsrichtung fortweist, und diese Wand wird ihnen infolge eines psychologischen Vorganges als „Boden" und „unten" erscheinen. Beträgt die Beschleunigung, welche das Raumschiff erfährt, 9,81 m/sec^2, so wird der Andruck gleich dem Gewicht auf der Erde, denn dort kommt der Andruck dadurch zustande, daß der Gegenstand mit 9,81 m/sec^2 stürzen möchte, aber durch seine Unterlage daran gehindert wird.

In der Raumstation gibt es keine Kraft, welche die Körper und Gegenstände auf eine Unterlage preßt, denn die aus dem Umlauf entstehende Fliehkraft und die Schwerkraft heben sich gegenseitig auf. Das gilt natürlich auch für elliptische, parabolische oder hyperbolische Bahnen, denn die Insassen des Raumschiffes beschreiben unabhängig von ihrer Masse dieselbe Bahn, wenn sie die gleiche Geschwindigkeit haben. Im Innern eines Raumschiffes herrscht also, solange es antriebslos fliegt, stets Andruckfreiheit.

Zunächst ist dieser Zustand unerwünscht, sofern Menschen ihm längere Zeit unterworfen werden. Man hat daher besondere Andruckkabinen projektiert, die mit der eigentlichen Station fest verbunden sind und um diese herumlaufen, so daß durch die entsprechende Fliehkraft ein künstlicher Andruck erzeugt wird. Längeres Verweilen in Andruckfreiheit würde nämlich die Muskeln erschlaffen lassen. Diese Andruckkabinen sind für einige Entwürfe für Raumstationen charakteristisch. Abb. 1 zeigt den Entwurf einer Raumstation von mir, Abb. 2

einen Entwurf von H. E. Ross und R. A. Smith. Wir haben etwa das gleiche beabsichtigt, jedoch verschiedene Dinge für das kleinere Übel gehalten. Die Andruckfreiheit betrachte ich beispielsweise bei der Arbeit nicht als unüberwindliches Hindernis. Dagegen würde ich die beiden Wohnzellen so schnell umlaufen lassen, daß die Insassen den Eindruck normaler Erdschwere bekommen. Die Entfernung der Andruckzellen ist so groß gehalten, daß die Umlaufzeit lang wird. Ross und Smith dagegen schlagen gedrungenen Bau vor und halten eine hohe Umlaufzahl für weniger lästig als die Andruckfreiheit. Daher richteten sie

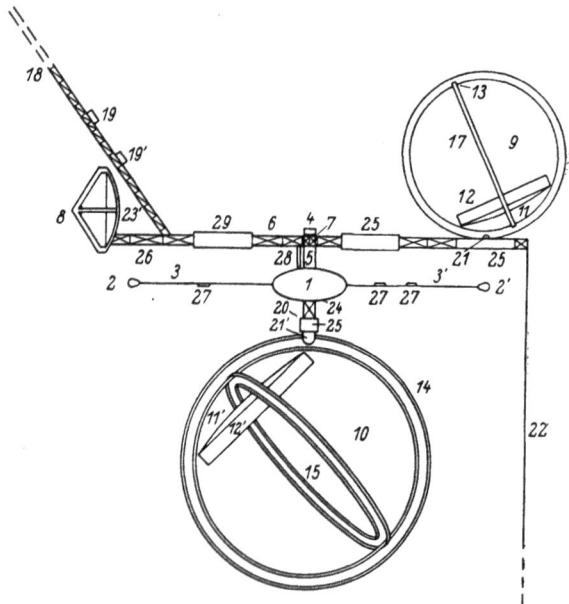

Abb. 1. Mutmaßlicher Aufbau einer größeren Weltraumstation.

1 Montage- und Arbeitshalle,
2, 2' „Gailsche Birnen"; enthalten Wohn-, Schlaf- und Erholungsräume,
3, 3' „Gailsche Schächte" (hohle Verbindungsstränge mit Treppe und Fahrstuhl),
4 Haupt-Luftschleuse,
5 Verbindungsgang,
6 Metallarm, welcher die Rotation von *1, 2, 3* und *27* nicht mitmacht („Roß-Smithscher Arm),
7 Drehlager,
8 Sonnenkraftanlage,
9, 10 Raumteleskope, bestehen aus:
11, 11' Hohlspiegeln mit dunklem Rand *12, 12'* und
13, 13' Observatorien und
14 bis *17* je zwei Halteringen, die es gestatten, den Hohlspiegel in jede beliebige Stellung zu bringen,
18 Seitenarm mit Nebenstationen *19* für besondere Untersuchungen; *18* kann nötigenfalls sehr lang sein, damit man besonders gefährliche Untersuchungen (z. B. über Zertrümmerung der Materie) nicht zu nahe beim Kunstmond ausführen muß und doch noch mit ihm in Verbindung bleibt,
20 Drehlager,
21, 21' Mechanismen zur Drehung der Raumteleskope,
22 Verbindungskabel zu den Verteidigungsbomben,
23, 23' Rückstoßelektroden (Vorrichtungen, die elektrisch geladene Stoffteilchen mit großer Geschwindigkeit abstoßen) zwecks allfälliger Bahnkorrekturen,
24 Luftschleuse zum großen Raumteleskop,
25 Behälter für Ballast und Abfälle (alle Abfälle werden gesammelt und soweit als möglich auf Atemluft, Trinkwasser, Raketentreibstoff, Baustoff, Treibstoffe für die Rückstoßelektroden und Humus für oben zu züchtende Pflanzen verarbeitet. Doch auch die unverwendbaren Reste werden gesammelt, um die Masse des Kunstmondes mit der Zeit zu vergrößern),
26 Akkumulatorenbatterie,
27 Versuchsräume und Turnhallen mit vermindertem Andruck,
28 Destillationsschirm zur Reinigung der Atemluft (die Luft wird im Schatten dieses Schirms kondensiert, wobei die Verunreinigungen wie Wasserdampf, Kohlensäure usw. ausfallen),
29 Reservetreibstoffe für Raumschiffe.
Die Räume *1, 2, 2', 25, 26. 27* usf. werden bei den ersten Außenstationen vermutlich wesentlich kleiner sein. ∎

es so ein, daß die Insassen ständig unter Andruck stehen, sich also nicht erst in eine besondere Andruckzelle begeben müssen. Das wird dadurch erreicht, daß die ganze Station sich dreht.

Wenn man aber in einer Raumstation den Andruck künstlich nicht erzeugt, herrscht dort also stets Andruckfreiheit. Das Problem, wie die Insassen in diesem Zustand sich fortbewegen können, ist durch verschiedene Vorkehrungen lösbar. Es würde hier zu weit führen, die bereits vorhandenen konstruktiven Vorschläge

zu erörtern, zumal erfahrungsgemäß die Praxis meist doch einen anderen Weg
beschreitet.

Das Fehlen des Andrucks gestattet nun eine Reihe von Untersuchungen und
Arbeiten, die auf der Erde nicht möglich sind, beispielsweise die Erzeugung
bestimmter Kristalle.

Abb. 2. Beispiel einer Raumstation (Entwurf Ross und Smith, Zeichnung Smith).

Ein weiteres beliebtes „Beispiel" für die Möglichkeiten der Andruckfreiheit ist
die Verwendung der Raumstation als Sanatorium für Wirbelsäulenverletzungen
und manche Lähmungserscheinungen. Man würde dann den Verletzten nicht
mehr in einen Gipsverband zu stecken brauchen. Allerdings ist hierbei einschrän-
kend zu bemerken, daß die Kosten einer solchen Behandlung ungewöhnlich hoch
wären, wie sich aus einer überschlägigen Berechnung des Transportaufwandes
ergibt. Außerdem schränkt der Andruck beim Transport die Chancen erheb
lich ein.

Vielleicht (ich betone ausdrücklich „vielleicht") kann man in Raumstationen auch Versuche über das Wesen der Schwerkraft durchführen. Braucht beispielsweise die Schwerkraft zu ihrer Ausbreitung Zeit; gravitieren die Planeten um den augenblicklichen Schwerpunkt des Sonnensystems oder um einen Punkt, um den sich der Mittelpunkt der Sonne einige Sekunden oder Minuten vorher befand? Bekanntlich sind die Messungen, die wir von der Erde aus am Mond und an den Planeten machen können, schwierig und ungenau. Dagegen sind bessere Erfolge denkbar, wenn man gravitierende Systeme künstlich so aufstellt, wie man sie für besondere Meßmethoden und Meßgeräte braucht.

2. Ausnutzung des Fehlens von diffusem Licht

Das Licht erwärmt und erleuchtet bekanntlich nicht den Raum zwischen den Planeten, sondern nur die Körper, die es trifft. Ein Beobachter auf der Raumstation könnte also durch eine entsprechende Abschirmung die Umgebung der Sonnenscheibe nach Belieben untersuchen. Das würde einen bei weitem besseren Nachweis für die Annahme ermöglichen, daß das Licht der Sterne, die dicht neben der Sonnenscheibe zu sehen sind, durch deren Schwerefeld abgelenkt wird. Diese Ablenkung ist so gering, daß man sie auch bei totaler Sonnenfinsternis auf der Erde kaum nachweisen kann. Lenard nimmt beispielsweise an, diese Erscheinung könne auch durch die äußere Sonnenatmosphäre hervorgerufen werden. Untersucht man aber im dunklen Weltraum die Umgebung der Sonne bei abgeblendeter Sonnenscheibe, kann man natürlich recht genau angeben, ob die beobachtete Ablenkung des Sternenlichtes nur so groß ist, wie sich aus der Lichtbrechung der Sonnenatmosphäre ergeben müßte, oder größer.

Von besonderer Bedeutung ist die Möglichkeit, auf Raumstationen große Fernrohre zu errichten. Im astronomischen Fernrohr erzeugt eine große Linse mit beträchtlicher Brennweite vor dem Beobachter ein verhältnismäßig großes reelles Bild des betrachteten Gegenstandes. An dieses Bild kann der Beobachter dann mit dem Okular beliebig nah herankommen. Beim Spiegelteleskop benutzt man statt der Objektivlinse einen Hohlspiegel, der vom betrachteten Gegenstand ebenfalls ein umgekehrtes, reelles Bild entwirft. Auf der Erde stehen dem Bau großer Fernrohre bedeutende Schwierigkeiten entgegen. Da auf der Erde stets zerstreutes Licht vorhanden ist, müssen Objektiv und Okular in einer Röhre angebracht werden. Errichtet man dagegen ein Teleskop im Raum, kann man Hohlspiegel und Okular frei, d. h. ohne Rohr, anordnen. Es genügt, wenn der Hohlspiegel oder das Objektiv beschattet sind. Noch unangenehmer sind die Nachteile, die sich aus der Erdschwere ergeben. Die schweren astronomischen Geräte können sich durchbiegen. Man muß sie daher entsprechend massiv konstruieren. Das Teleskop auf dem Mt. Palomar wiegt über 100 000 Kilogramm. Außerdem darf man auf der Erde ein Fernrohr nicht allzu lang machen. Die Länge eines Fernrohrs hängt nun hauptsächlich von der Brennweite des Objektivs ab. Wählt man die Brennweite von Objektiv und Okular klein, erhält man ein verhältnismäßig kurzes Instrument, das dennoch stark vergrößert. Nachteilig ist, daß jeder Fehler des Objektivs vom Okular mit vergrößert wird. Es wäre wesentlich leichter, beispielsweise einen Spiegel von 2 Kilometer Brennweite auf einen Millimeter genau zu schleifen als einen Spiegel von 2 Meter Brennweite auf $^1/_{1000}$ Millimeter. Bei einem neben der Raumstation errichteten Teleskop gibt es infolge der Andruckfreiheit keine Durchbiegung. Man kann also zu Längen und Durchmessern übergehen, die auf der Erde unmöglich sind. Ich würde die großen Spiegel natürlich in Einzelteilen zur Station transportieren und dort erst zusammensetzen und zuletzt versilbern und polieren. Ferner ist man auf der Raumstation unabhängig von der Tageszeit und vom Wetter und braucht das Gerät nicht stets der Erdumdrehung anzupassen. Starke Vergrößerungen sind auf der Erde wegen des Flimmerns der Luft nur selten anwendbar. Die eigene Atmosphäre der beobachteten Sterne stört weniger. Die Atmosphäre des Weltkörpers, auf dem das Fernrohr steht, wirkt nämlich wie ein vor das Auge gehaltenes Transparentpapier, die Atmosphäre des beobachteten Weltkörpers dagegen wie ein auf dem Bild liegendes durchsichtiges Papier. Die außerordentliche Erweiterung der astronomischen Forschung mit Hilfe solcher Beobachtungsgeräte auf Raumstationen bedarf keiner weiteren Erklärung. Vielleicht noch näherliegender ist der Umstand, daß man mit diesen Geräten natürlich auch die Erde beobachten kann. Legt man die Bahnebene der Raumstation steil zur Äquatorebene, bekommt die Station jeden Punkt der Erdoberfläche innerhalb von 24 Stunden mindestens dreimal ins Gesichtsfeld. Ein Fernrohr mit beispielsweise millionenfacher Vergrößerung in einer Entfernung von ca. 1000 Kilometer würde die Dinge scheinbar bis auf einen Meter näher rücken. Da man auch die Fotografie in diese Beobachtung einbeziehen kann, würde man schon beim heutigen Stand der Fototechnik sogar Aufnahmen durch Dunstschichten oder Wolkendecken hindurch machen nönnen.

3. Funkverkehr

Ultrakurzwellen verhalten sich bekanntlich ähnlich wie Lichtstrahlen. Sie können daher stets nur bis zum optischen Horizont empfangen werden. Beim Bildfunk und wahrscheinlich auch beim zukünftigen Sprechfunk mit Ultrakurzwellen braucht man daher entweder eine große Anzahl von Sendern, möglichst auf hoch gelegenen Punkten, oder, wie bereits erprobt, Flugzeuge, welche die Sendung empfangen und weitergeben. Das große Gesichtsfeld einer Raumstation ermöglicht die Ausdehnung des Ultrakurzwellenfunks auf weite Gebiete. Außerdem lassen sich Ultrakurzwellen so stark bündeln, daß man einen von der Station kommenden Strahl etwa auf ein Gebiet von 100 Meter Durchmesser beschränken könnte. Das ermöglicht die Übertragung drahtloser Telegramme, die nicht von jedem empfangen werden können, wobei auf einem einzigen Strahl mit Hilfe verschiedener Modulationen sehr viele voneinander unabhängige Telegramme oder Gespräche laufen könnten.

4. Extrem tiefe Temperaturen

Häufig wird irrtümlich angenommen, im Weltraum herrsche eine Temperatur, die mit dem absoluten Nullpunkt übereinstimme. Von der Sonne direkt bestrahlte Körper würden dort jedoch stark erwärmt werden. Schirmt man die Sonnenstrahlung — etwa durch eine Reihe gewölbter, nach der gewölbten Seite polierter Spiegel — ab, kann man dem absoluten Nullpunkt viel näher kommen, als es auf der Erde je möglich sein wird. Darüber hinaus läßt sich dieser Zustand

beliebig aufrechterhalten, während Versuche mit extrem tiefen Temperaturen
im Labor bisher nur kurzzeitig möglich sind. Diese Experimente lassen wertvolle
Schlüsse über das Wesen der Materie erwarten. Erwähnt sei hier nur das Verhalten der Elektronen bei tiefen Temperaturen und die Supraleitfähigkeit.

5. Strahlenforschung

Die mit Hilfe großer Raketen durchgeführte Höhenforschung dient zum Teil
den sogenannten kosmischen Strahlen, die nur teilweise oder stark verändert
durch die Atmosphäre bis auf die Erdoberfläche gelangen. Es bedarf keiner
besonderen Erläuterung, daß die Strahlenforschung auf einer Raumstation außerhalb der Lufthülle heute kaum übersehbare Erfolge haben kann. Allerdings ist
hier zu erwähnen, daß möglicherweise die Insassen der Station vor den schädli-
chen Wirkungen dieser Strahlen geschützt werden müssen.

6. Weltraumspiegel

Große Zukunftsaussichten hat meiner Ansicht nach der Weltraumspiegel,
dessen Bau im Zusammenhang mit der Weltraumstation vor allem in den Vereinigten Staaten ernsthaft erwogen wird. Die Errichtung des Spiegels muß man
sich etwa folgendermaßen vorstellen: An der Station werden lange Drähte angebracht, die frei in den Raum herausragen. Dann erteilt man der Station eine

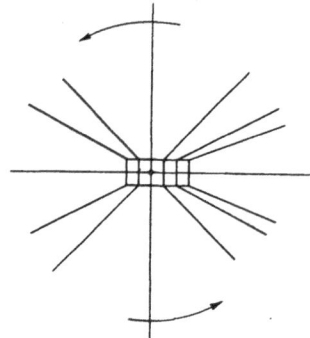

Abb. 3. Baubeginn eines   Abb. 4. Herstellung des Drahtnetzes für
Raumspiegels.   einen Raumspiegel.

leichte Drehung um die Achse (Abb. 3). Ein Umlauf pro Stunde würde genügen.
Durch die entsprechende Fliehkraft spannen sich die Drähte von selbst. Nun
können Monteure in Schutzanzügen sich an den Drähten entlanggreifen, Ver-
längerungs- und Durchmesserdrähte anbringen usw. So entsteht ein Drahtnetz
(Abb. 4), das gespannt ist und in der Andruckfreiheit ein ideales Gerüst bildet.
1923, als ich diesen Gedanken zum erstenmal veröffentlichte, schlug ich als
Material Natrium vor. Man könnte dieses in großen Stücken unter Öl (Schutz
gegen Oxydation) transportieren, aus langen schmalen Spalten unter Druck
herauspressen und die Bänder zu entsprechend großen dünnen Blechen breit-
walzen und polieren, da ja im Bereich der Station kein Sauerstoff mehr das
Metall angreifen könnte. Läßt man die Rückseite der Folie rauh oder färbt sie
dunkel, während die Vorderseite spiegelt, erwärmt sie sich trotz der intensiven

Sonnenstrahlung nur wenig über den absoluten Nullpunkt. Dabei wird Natrium außerordentlich fest und wahrscheinlich gegen alle auftretenden Einflüsse unempfindlich. Immerhin kann die letzte Entscheidung über das zu wählende Material erst dann fallen, wenn man durch Versuche auf der Raumstation mehr über das Verhalten der Metalle, vor allem unter dem Einfluß verschiedener noch wenig erforschter Strahlen und der besonderen Temperaturverhältnisse, weiß.

Ein Spiegel dieser Art würde pro Quadratmeter Fläche nur wenig über 10 Gramm wiegen. Kritiker haben deshalb behauptet, der Spiegel würde durch den Druck der Sonnenstrahlen fortgetrieben werden. Diese Gefahr besteht aber nicht, denn der Lichtdruck beträgt im Erdabstand weniger als 1 Milligramm pro Quadratmeter. Die Kraft, mit der die Erde den Spiegel hält, ist also dicht oberhalb der Atmosphäre 10000mal größer, und selbst in einem Abstand von 10 Erdradien würde sie den Lichtdruck immerhin um das Hundertfache übertreffen.

Durch geeignete Stellung der Spiegelfacetten könnte man nun die ganze zurückgestrahlte Sonnenenergie je nach Bedarf auf begrenzte Gebiete konzentrieren oder auf weite Länderstrecken richten. Ist kein Bedarf vorhanden, kann man sie in den Raum strahlen lassen oder auch einzelne Facetten diesem oder jenem Punkt der Erde zukehren, beispielsweise zur Nachtbeleuchtung von Großstädten. Aufgaben für den Spiegel gibt es genug. Da der Spiegel sich mit der Station bewegt und über keinem Ort der Erde feststeht, kann er für verschiedene Aufgaben gleichzeitig eingesetzt werden. Hierzu gehört auch Beeinflussung des Wetters durch Erzeugung von Tiefdruckgebieten oder auch Wirbelstürmen und Gewittern.

7. Sonnenkraftwerke und elektrisches Raumschiff

Da man die Bahn der Raumstation so legen wird, daß sie stets nur kurze Zeit im Erdschatten ist (siehe „Die Raumstation" von Rolf Engel), könnte man auf ihr auch Sonnenkraftwerke errichten, welche die Sonnenstrahlen in elektrische Energie umwandeln. Hinsichtlich der Art der Elektrizitätserzeugung herrscht heute allerdings noch keine Klarheit. Ohne Zweifel sind noch viele Vorversuche auf der Station selbst erforderlich. Zweckmäßig dürften Thermobatterien sein, deren eine Lötstelle von der Sonne bestrahlt wird, während die andere im Schatten liegt. Die Spannungsdifferenz bei einer Lötstelle ist zwar sehr gering, bei einer großen Zahl von Lötstellen würde man aber durch eine solche Batterie beachtliche Spannungen erhalten. 1929 veröffentlichte ich erstmalig einen Vorschlag, den ich hier in etwas verbesserter Form wiedergebe. Ein Hohlspiegel wirft das Sonnenlicht auf einen Dampfkessel, der einen Stromerzeuger antreibt. Der Dampfkessel kehrt dem Spiegel eine schwarze Seite zu, während die abgekehrte Fläche durch eine polierte Wand gegen Wärmeverlust geschützt ist. Der Abdampf wird auf der Schattenseite des Spiegels in einigen Spiralen herumgeführt, wobei er sich niederschlägt. Die Flüssigkeit gelangt dann wieder in den Kessel. Ich sage ausdrücklich „Flüssigkeit" und nicht „Wasser", denn es gibt Flüssigkeiten, die sich hier besser eignen. Da sich Dampf und Flüssigkeit in der Andruckfreiheit nicht voneinander trennen, läßt man den ganzen Kessel um seine Achse rotieren, so daß sich der Dampf in der Mitte sammelt. Ich habe die gesamte Anlage genau durchdacht und berechnet und festgestellt, daß sie mit beträchtlichen Vorteilen gegenüber einer Anlage auf der Erdoberfläche errichtet werden kann. Der beschränkte Raum dieses Aufsatzes erlaubt mir nicht, auf alle Einzelheiten besonders einzugehen. Häufig wird eingewendet, daß die zu transportierenden Gewichte für die Anlage zu hoch seien. Tatsächlich kann man wegen der Andruckfreiheit leicht bauen. Im übrigen ist das Gewicht der Anlage gegenüber der gesamten Station doch verhältnismäßig klein.

Eine solche Kraftstation ist nun vielfältig verwendbar. Mit Hilfe elektrischer Kräfte kann man beispielsweise Materie sehr schnell abstoßen. Die Auspuffgase von Schwarzpulverraketen erreichten bis 1930 nur 1100 m/s, 1950 ca. 1800 m/s. Raketen mit rauchlosem Pulver liefern bei hohem Verbrennungsdruck etwa 2000 m/s. Die Ausströmgeschwindigkeiten von Flüssigkeitraketen liegen bei 2000 m/s am Boden und 2300 m/s in etwa 35 Kilometer Höhe. Man kann mit flüssigem Wasserstoff und Sauerstoff etwa 4000 m/s erreichen (Josef Stemmer erzielte auf dem Prüfstand 4100 m/s). Vielleicht ist eine geringfügige weitere Steigerung möglich, aber damit hat dann der Raketenmotor für flüssige Treibstoffe die Grenze seiner Leistungsfähigkeit erreicht. Raketen mit Atomantrieb sollen 8000 bis 15000 m/s erzielen. In den bisher vorgeschlagenen Atomtriebwerken soll die hohe Ausströmgeschwindigkeit dadurch erreicht werden, daß durch die Reaktionswärme des Atomzerfalls ein leichtes Gas möglichst hoch erwärmt werden soll. Aber auch dabei erreicht man eine Grenze, denn es wird unmöglich sein, die Maschine vor den entsprechenden Temperaturen zu schützen.

In einer Geißlerschen Röhre dagegen erreichen die von der Anode abgeschleuderten Gasteilchen mitunter Durchschnittsgeschwindigkeiten von 50000 m/s und mehr. Die von der Kathode abgeschleuderten Elektronen können sogar über 1000000 m/s erreichen. Man muß hier berücksichtigen, daß die Raketentreibstoffe die Energie, der sie ihre Ausströmgeschwindigkeit verdanken, in sich selbst tragen, während sie den Korpuskularstrahlen von außen zugeführt wird. Das „elektrische Raumschiff" wäre also der ideale Antrieb für den massearmen, aber energiereichen Weltraum. Eine allgemeine Bemerkung darüber, ob man eine hohe Ausströmgeschwindigkeit oder einen höheren Masseverbrauch bei geringerer Abstoßgeschwindigkeit wählt, sei hier erlaubt. Das aufgeladene Masseteilchen wird nicht nur von der Elektrode fortgestoßen, sondern es stößt nach dem dritten Newtonschen Grundgesetz seinerseits mit derselben Kraft die Elektrode zurück. Je länger es nun durch die neutralen Moleküle in der Nähe der Elektroden aufgehalten wird, desto länger wirkt seine rückstoßende Kraft, und desto größer ist der Rückstoßimpuls, den es der Elektrode erteilt. Für die dabei zu leistende Arbeit ist nun nur die Zahl der aufgeladenen Moleküle und die Elektrodenspannung, für den erzielten Impuls dagegen die gesamte abgestoßene Masse, d. h. aufgeladene plus neutrale Teilchen, multipliziert mit der durchschnittlichen Abstoßungsgeschwindigkeit, maßgebend. In erster Näherung gelten folgende Gleichungen:

Wenn sich die je Sekunde ausgestoßene Masse m_1' mit der Geschwindigkeit c_1 bewegt, so ist die Kraft des Rückstoßes

$$P_1 = m_1' \cdot c_1. \tag{1}$$

Die an diesem Treibstoff während einer Sekunde geleistete Arbeit dagegen, die notwendig ist, um m_1' auf die Geschwindigkeit c_1 zu bringen, also der sogenannte Effekt, beträgt

$$E_1 = \tfrac{1}{2}\, m_1'\, c_1^2. \tag{2}$$

Hat man dagegen die Masse m_2' und die Geschwindigkeit c_2, so ist

$$P_2 = m_2'\, c_2 \tag{3}$$

$$E_2 = \tfrac{1}{2}\, m_2'\, c_2^2. \tag{4}$$

Leistet nun die Stromquelle in beiden Fällen dieselbe Arbeit, ist also

$$E_1 = E_2,$$

so ist nach (2) und (4)

$$m_1'\, c_1^2 = m_2'\, c_2^2. \tag{5}$$

Eliminiert man nun aus (1) und (5) m_1' und dividiert die so erhaltene Gleichung durch (3), erhält man

$$P_1 : P_2 = c_2 : c_1, \tag{6}$$

d. h. bei gleicher Arbeitsleistung der Maschine ist der Rückstoß zur Abstoßungsgeschwindigkeit umgekehrt proportional; er ist also um so größer, je kleiner die

Abb. 5. Das elektrische Raumschiff.

Fünf große Sammelspiegel werfen das Sonnenlicht auf Kammern, deren den Spiegeln zugekehrte Wände licht- und wärmedurchlässig sind. Die Rückwände dieser Kammern spiegeln. Im Innern befinden sich: je ein rotierender Kessel, eine Dampfturbine und ein Stromerzeuger. Die beiden Führerkammern rotieren um einen im Schwerpunkt befindlichen Schaltraum. Kraftstationen und Schaltstation sind mit Rückstoßelektroden versehen. Ob die Elektrizität mit Dampfmaschinen oder mit Thermosäulen erzeugt werden soll, müssen die einschlägigen Versuche auf der Weltraumstation lehren. Hier wurde angenommen, die Dampfmaschinen hätten sich besser bewährt.

Abstoßungsgeschwindigkeit ist. Aus (5) folgt aber, daß der Substanzverlust vom Quadrat der Abstoßungsgeschwindigkeit abhängt, woraus sich übereinstimmend mit der Grundgleichung des Rückstoßantriebs ergibt, daß die Masse um so sparsamer verbraucht wird, je höher die Ausströmgeschwindigkeit ist. Wenn beispielsweise ein elektrisches Raumschiff 10 Tonnen Masse mit einer Geschwindigkeit von 10000 m/s ausstößt und während dieser Zeit die Geschwindigkeit von 2000 m/s erreicht, würde es bei einer Ausstoßungsgeschwindigkeit von 20000 m/s in der gleichen Zeit nur 2,5 Tonnen Treibstoff abstoßen können und eine Geschwindigkeit von 1000 m/s erreichen. Würde es dann aber die vierfache Zeit arbeiten, hätte es ebenfalls die gesamte Treibstoffmasse verbraucht, damit aber eine Geschwindigkeit von 4000 m/s erreicht. Infolge seiner hohen Abstoßungsgeschwindigkeit vermag also ein elektrisches Raumschiff bei sehr niedrigem Substanzverlust hohe Endgeschwindigkeiten zu erreichen.

Die Betrachtungen über das „elektrische Raumschiff" (Abb. 5) habe ich hier in stark gekürzter Form eingeschaltet, da sie sich logisch an die Erörterung der Elektrizitätserzeugung auf einer Raumstation anschließen.

8. Weitere Verwendungen der Raumstation

Forschungsprogramme mit Hilfe der Raumstation können jedes mögliche Wissensgebiet erfassen. Denkbar sind beispielsweise auch Versuche über Atomzerfall und Aufbau der Materie, die man wegen der damit verbundenen Gefahren anfangs nicht gern in der Nähe der Erdoberfläche machen wird. Ferner könnten Raumstationen zur Klärung der Frage beitragen, ob sich das Licht gradlinig oder gekrümmt fortpflanzt. Bereits Gauss hat daran gedacht, und Einstein gibt an, daß der Raum nicht unbegrenzt ist, sondern gekrümmt und damit endlich. Für Gauss baute man seinerzeit drei Beobachtungsstationen, die 30 bis 50 Kilometer voneinander entfernt waren, und maß auf jeder den Winkel zwischen den beiden anderen. Natürlich konnte man keine Abweichung von der Winkelsumme von 180° ermitteln. Dieser Versuch hätte wesentlich mehr Aussicht auf Erfolg, wenn man als Beobachtungsstation drei Raumschiffe verwenden könnte, die viele Millionen Kilometer voneinander entfernt sind. Allerdings rechne ich innerhalb des Sonnensystems und bei den gegenwärtigen Meßmethoden trotzdem noch nicht mit einem Erfolg, aber der Versuch wäre gleichwohl der Mühe wert.

Abschließend wären noch einige Worte über die Möglichkeit des Zusammenstoßes einer Raumstation mit interplanetarer Materie zu sagen. Natürlich kann schon innerhalb weniger Minuten ein Meteor die Raumstation treffen, aber die Wahrscheinlichkeitsrechnung ergibt, daß man Tausende, ja Millionen von Jahren auf dieses Ereignis warten kann. Aus den Untersuchungen von Grimminger und den Angaben von Clarke („Meteors as a danger to space flight", Journal of the British Interplanetary Society, Juli 1949, London) ergibt sich, daß ein Gegenstand von 1 Quadratmeter Oberfläche täglich 3 bis 4mal von Teilchen getroffen wird, die einen Durchmesser von $1/200$ bis $1/100$ mm haben. Teilchen von $1/20$ mm Durchmesser treffen durchschnittlich in 388 Tagen nur einmal die genannte Fläche, während bei einer Größe von 0,02 cm ein Zusammenstoß nur alle 10 Jahre erfolgen würde. Ein Monteur im Raumschutzanzug würde von einem Teilchen mit mehr als 1 mm Durchmesser in 10 Jahren nur einmal getroffen werden, und

Meteoriten von mehr als einem Zentimeter Durchmesser sind bereits so selten, daß eine Raumstation mehrere Millionen Jahre auf einen Zusammenprall warten müßte. Trotz der hohen Geschwindigkeiten werden die kleinen Partikel die Wand einer Raumstation nicht durchschlagen. Trotzdem sind natürlich Sicherheitsvorkehrungen denkbar, wie beispielsweise Luftdruckanzeiger, die das Entweichen der Luft melden. Kleinere Einschläge lassen sich dann sofort beheben. Man sieht also, daß die oft zitierte Meteorgefahr für die Raumstation und natürlich auch für Raumschiffe und Menschen im Schutzanzug nicht besteht.

Medizinische Probleme der Raumfahrt

Von Heinz von Diringshofen

0 Einleitung

Die Technik des Raketenantriebes hat in den letzten Jahren derartige Fort-
schritte gemacht, daß das Verlassen des Schwerkraftbereiches der Erde und damit
die Weltraumfahrt in erreichbare Nähe gerückt sind. Im Hinblick hierauf ergeben
sich eine Reihe medizinischer Probleme, die auch für den Start, die Fahrt und die
Landung eines Raketenflugzeuges (Außenstation) gelten, das den Erdball im
Gleichgewicht zwischen Schwerkraft und Fliehkraft umkreist.

Die Frage nach den biologischen Wirkungen hoher Beschleunigungen, die bei
Start und Landung eines Raumschiffes sowie bei Fahrtrichtungs- und Geschwin-
digkeitsänderungen zu erwarten sind, wurden schon beim Kurvenfliegen und
„Abfangen" rascher und wendiger Flugzeuge infolge hoher Zentrifugalbeschleunigungen akut. Für die hygienischen und technischen Probleme des Einhaltens
eines für den Menschen erträglichen Luftdruckes, einer ausreichenden Sauerstoffversorgung, Kohlensäure- und Wasserdampfabsorption liegen sowohl von Strato-
sphärenflügen mit Überdruckkabinen, als auch von Fahrten in Unterwasserfahrzeugen ausreichende Erfahrungen vor. Hingegen bringt die Schwerelosigkeit in
der „Außenstation", im Gleichgewicht zwischen Schwerkraft und Zentrifugalkraft und während der unbeschleunigten Raumfahrt, außerhalb eines nennens-
werten Schwerkrafteinflusses den Menschen unter völlig neuartige und daher noch
unerforschte Lebensbedingungen. Für dieses medizinische Problem können lediglich theoretische Überlegungen auf Grund verhältnismäßig kurzdauernder Untersuchungen im freien Fall beschränkte Vorarbeit leisten. Das Ausmaß der gesund-
heitlichen Gefährdung bei längerem Aufenthalt im schwerelosen Zustand, läßt
sich hieraus noch nicht genügend abschätzen. Auch die Gefahren durch die kosmische Strahlung für den menschlichen Organismus lassen sich bis jetzt noch nicht
ausreichend übersehen, weil ihre primäre Zusammensetzung außerhalb der Lufthülle der Erde noch nicht genügend geklärt ist, um daraus bindende Schlüsse
über ihre Schädlichkeit und die Möglichkeit einer wirksamen Abschirmung ziehen
zu können.

1. Ausreichend geklärte Fragen

1.1 Die Beschleunigungswirkungen

Wirken auf den menschlichen Organismus Beschleunigungen oder Verzöge-
rungen in der Stärke vom n-fachen der Erdbeschleunigung und damit Kräfte in
der Stärke vom n-fachen der Schwerkraft, so ist es für diesen physikalisch und
physiologisch dasselbe, als ob er n-mal so schwer wird.

Wird z. B. ein Raumschiff beim Start mit dem 4fachen der Schwerkraft senkrecht zur Erdoberfläche beschleunigt (Erdbeschleunigung $= 9{,}81\,\mathrm{m/sec^2} = 1\,g$), so

werden die Insassen zusätzlich zu dem durch die Schwerkraft der Erde bedingten Körpergewicht noch 4 mal so schwer. Sie werden also anfangs mit dem 5 fachen ihres Körpergewichtes auf ihre Unterlage gedrückt. Dementsprechend wird auch das spezifische Gewicht der Körperflüssigkeiten (z. B. das Blut und die Rückenmarksflüssigkeit) auf das 5 fache gesteigert. Selbstverständlich haben solche Gewichtsvermehrungen erhebliche physiologische Auswirkungen. Sie betreffen vor allem das Blutkreislaufsystem.

Solche Gewichtsvermehrungen entstehen nicht nur bei gradlinigen, sondern ebenso auch durch Zentrifugalbeschleunigungen, die gleichfalls im Vielfachen der Erdbeschleunigung gemessen werden können.

Beim Kurvenfliegen mit schnellen und wendigen Flugzeugen überschreiten solche Zentrifugalbeschleunigungen heute schon während einer Zeitdauer von mehr als 5 sec das 10 fache der Erdbeschleunigung = 10 g.

Seit 20 Jahren beschäftigt sich die luftfahrtmedizinische Forschung mit den Wirkungen hoher Zentrifugalkräfte auf den menschlichen Organismus. Solche Untersuchungen wurden im Laboratorium mit Hilfe großer Zentrifugen von mehreren Metern Durchmesser und mit entsprechend ausgerüsteten Flugzeugen durchgeführt*). Bei solchen Versuchsflügen konnten vom Verfasser unter Einwirkung von Zentrifugalkräften bis zu einer Stärke von 5 bis 8 g Röntgenaufnahmen der Lungen und des Herzens gewonnen werden.

Die durch Beschleunigungen auftretenden Trägheitskräfte haben ihren physiologischen Hauptangriffspunkt im Blutgefäßsystem. Sie wirken am stärksten, wenn sie in der Längsrichtung des menschlichen Körpers, d. h. längs der großen Blutgefäßstämme, angreifen. Wären die Blutgefäße starre Röhren, so hätte die Schwerezunahme des Blutes keinerlei Einfluß auf seine Verteilung und Strömung. Aber die Blutgefäße sind von Muskulatur umgebene Schläuche, die ihren Querschnitt aktiv und passiv verändern können. Daher ist bei starker Gewichtsvermehrung des Blutes durch Beschleunigungen sein Absacken in die unteren Körperbezirke unter Erweiterung der Blutgefäße möglich. Wir kennen ja solche Blutverlagerungen schon unter normalen Schwerkraftsbedingungen nach längerem Stehen (Anschwellen der Füße, Schwindel und sogar Bewußtlosigkeit infolge Versackens des Blutes in die Beinblutgefäße, ungenügender Rückfluß zum Herzen und die hierdurch bedingte mangelhafte Gehirndurchblutung.)

Unter Fliehkrafteinwirkungen in Richtung Kopf – Gesäß konnten bei sitzenden Personen erhebliche Blutverlagerungen in die Beine nachgewiesen werden. Doch kann dieser unblutige Verlust an kreisendem Blut durch Querschnittsverengerung der Blutgefäße in anderen Bezirken besonders im Bauch und durch Auspressen der Blutdepots in Milz und Leber genügend ausgeglichen werden, wenn das Ausmaß der Beschleunigungen eine individuell verschiedene kritische Höhe nicht übersteigt und wenn die Beschleunigung nicht zu lange andauert.

*) Die erste derartige Zentrifuge wurde vom Verfasser zusammen mit seinem Bruder Dipl.-Ing. Bernd v. D. im Jahre 1934 entwickelt. Sie hatte einen Durchmesser von 6 m. Kürzlich wurde in USA. eine Riesenzentrifuge für Beschleunigungsstudien an Menschen mit 30 m Durchmesser und mit einem Antriebsmotor von 4000 PS gebaut. An ihren Arm kann für gleichzeitige Untersuchungen von Höhen- und Beschleunigungswirkungen sogar eine Unterdruckkammer kardanisch aufgehängt werden.

Ist jedoch die versackte Blutmenge wesentlich größer als der Ausgleich, so sinkt der Blutrückstrom zum Herzen, der schließlich ganz aufhören kann. Dann schlägt das Herz leer. Die Schlagadern werden nicht mehr genügend gefüllt. Der Blutdruck sinkt kritisch ab. Das Gehirn bekommt keinen Sauerstoff mehr durch das Blut zugeführt, und das Bewußtsein erlischt (Abb. 1). Schon etwas

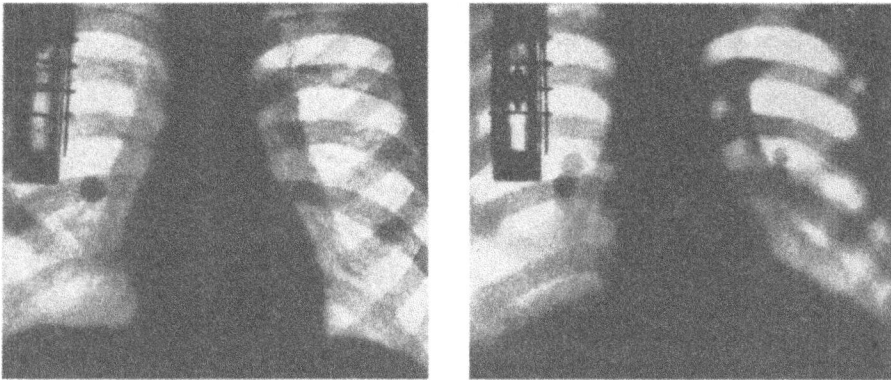

Abb. 1. Röntgenaufnahme der Brust (Herz und Lungen) eines Versuchsmannes mit Neigung zum Fliehkraftüberlastungskollaps (im Flugzeug); links vor und rechts während der Fliehkraftbelastung in der Stärke vom 6,3fachen der Schwerkraft (bewußtlos im Fliehkraftüberlastungskollaps). Der Mittelschatten ist ganz schmal geworden als Zeichen einer völligen Blutleere des Herzens. Im linken Lungenfeld ist ein Fliehkraftanzeiger mitaufgenommen.

früher treten Sehstörungen in der Art einer außen beginnenden Einschränkung des Gesichtsfeldes auf, die sich bis zum völligen Ausfall des Sehvermögens, zum „Schwarzsehen" steigern.

Solches Versagen des Blutkreislaufes nennt man einen Beschleunigungs- oder Fliehkraftüberlastungskollaps. Dieser ist im Gegensatz zu den beim harten Abfangen und Kurven von raschen Motorflugzeugen üblichen Bewußtseinsstörungen durch Beschleunigungen in Richtung Kopf—Gesäß dadurch gekennzeichnet, daß das Bewußtsein erst 5 bis 10 sec nach Absinken der Belastung zurückkehrt und daß im Röntgenbild das Herz während des Kollapses blutleer erscheint.

Die „üblichen" Seh- und Bewußtseinsstörungen der Flieger („grauer Schleier", „Mattscheibe", „Schwarzsehen" und schließlich auch kurzdauernde Bewußtlosigkeit) infolge hoher Fliehkräfte treten trotz ausreichender Rückführung des Blutes zum Herzen auf. Sie vergehen durchschnittlich 2 bis 3 sec nach Aufhören der Fliehkraftbelastung, wenn diese nicht länger als höchstens 10 sec dauert. Andernfalls kommt es infolge länger dauernder Durchblutungsstörung im Gehirn zum Versagen der nervösen Blutkreislaufregulation und dadurch zu dem vorher beschriebenen Fliehkraftüberlastungskollaps.

Nach den in der Abb. 2 zusammengestellten Versuchsergebnissen haben im Flugzeug aufrecht sitzende gesunde Personen bei Belastungen durch das 4fache der Schwerkraft (4 g) bis zu 5 sec Dauer keinerlei Seh- oder Bewußtseinsstörungen zu erwarten. Oberhalb von 6 g erleidet ungefähr die Hälfte der Flieger Sehstö-

rungen in der Art eines grauen Schleiers. Durch 7,5 g erlischt bei 80% das Seh-
vermögen und 5o% werden bei dieser Belastung spätestens nach 3 sec bewußtlos.

Wie sind nun diese rasch vorübergehenden Sehstörungen und Bewußtseinsaus-
fälle durch Fliehkräfte zu erklären?

Zum Verständnis dieses Problems müssen wir uns das Blutkreislaufsystem des
im Flugzeug aufrecht sitzenden Menschen wie ein Pumpwerk in einem 3stöckigen
Gebäude vorstellen. Das Austrittsventil der Pumpe befindet sich (siehe Abb. 3)
im II. Stock, das Gehirn 30 cm höher im III. Stock, Bauch und die Oberschenkel
im I., und die Füße im Erdgeschoß.

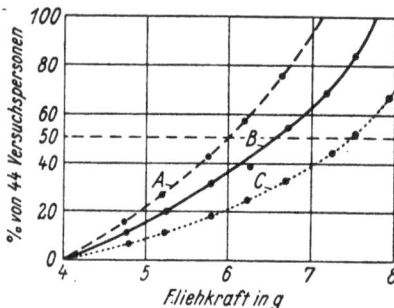

Abb. 2. Seh- und Bewußtseinsstörungen
durch Fliehkräfte bei 44 aufrecht sitzenden Versuchsmännern in 200 Versuchsflügen.
A Gesichtsfeldverdunklung, B Ausfall
des Sehvermögens, C Bewußtlosigkeit.

Abb. 3. Vergleich des Blutkreislaufsystems
des aufrecht sitzenden Menschen mit einem
Pumpwerk in einem drei stöckigen Gebäude.
Das Austrittsventil der Pumpe befindet sich
im II. Stock, das Gehirn 30 cm höher im
III. Stock, Bauch und Oberschenkel im
I. Stock und die Füße im Erdgeschoß.

Die Gewichtsvermehrung des Blutes durch Fliehkräfte bewirkt in den unterhalb des Herzniveaus gelegenen Bezirken eine der Höhendifferenz zum Herzen
entsprechende, hydrostatische Blutdrucksteigerung. Diese beträgt z. B. während
der Einwirkung von Fliehkräften in der Stärke vom 7fachen der Schwerkraft beim
aufrecht sitzenden Flieger im Gesäß, das ist 50 cm unter dem Herzniveau 7mal
50 cm Wassersäule = rund $\frac{1}{3}$ at.

Dagegen entsteht im Blutkreislauf oberhalb des Herzens eine entsprechende
hydrostatische Blutdruck*senkung*. Diese beträgt unter normalen Schwerkraft-
bedingungen in den Gehirnarterien 30 cm oberhalb des Herzens 30 cm Wassersäule.
Bei Fliehkraftbelastungen in der Stärke vom doppelten der Schwerkraft zweimal
30 cm Wassersäule usf. Da der normale systolische Blutdruck in Herzhöhe etwa
180 cm Wassersäule beträgt, würde der Blutdruck in den Gehirnarterien ohne
eine allgemeine Blutdrucksteigerung schon durch Fliehkraftbelastungen von
5 g auf Werte absinken, die für eine ausreichende Durchblutung der Augen
und des Gehirns nicht mehr ausreichen. Die Beobachtung, daß beim Kurvenfliegen im aufrechten Sitzen die Hälfte der Versuchspersonen erst zwischen 6 und
7 g Seh- und Bewußtseinsstörungen bekam, ist demnach nur durch eine allgemeine reaktive Blutdruckerhöhung zu erklären, die jedoch zeitlich begrenzt ist.

Die üblichen Seh- und Bewußtseinsstörungen der Flieger infolge verhältnismäßig kurzdauernder Fliehkraftbelastungen sind nicht die Folge einer allgemeinen Blutkreislaufstörung und Blutdrucksenkung, sondern treten trotz einer

allgemeinen, d. h. auf Herzhöhe bezogenen Blutdrucksteigerung auf infolge der örtlichen hydrostatischen Blutdrucksenkung in den Blutgefäßen der Augen und des Gehirns.

Untersuchungen mit Zentrifugen haben ergeben, daß länger als 10 sec dauernde Fliehkraftbelastungen schließlich zu einem allgemeinen Absinken des Blutdrucks führen, wenn sie in Richtung Kopf-Gesäß einwirken und das 4fache der Schwerkraft überschreiten. Es kommt dann zum Fliehkraftsüberlastungskollaps mit Versacken des Blutes in die sich erweiternden Blutgefäße der Beine. (Siehe hierzu Abb. 4)

Die Mittel zum besseren Ertragen hoher und vor allem lang anhaltender Beschleunigungen ergeben sich eindeutig aus den vorangehenden Ausführungen. Jede Verkleinerung der Niveaudifferenz zwischen Herz und Gehirn vermindert den durch die Beschleunigung bedingten örtlichen hydrostatischen Blutdruckverlust oberhalb des Herzens sowie die entsprechende Blutdrucksteigerung in den unterhalb des Herzens gelegenen Blutgefäßbezirken. Jedes Höherlegen der unteren Körperteile gegenüber dem Herzniveau verringert darin die Tendenz zur Blutgefäßerweiterung und zum Absinken des auf Herzhöhe bezogenen allgemeinen Blutdruckes (Abb. 5). Außerdem kann ein Anzug mit aufblasbaren Bauch-, Oberschenkel- und Wadenmanschetten, die beim Überschreiten einer bestimmten Beschleunigungsgröße automatisch in Funktion treten, einem Versacken des Blutes in die unteren Körperbezirke entgegenwirken. Der Gewinn durch einen derartigen „G-Anzug" an Fliehkrafterträglichkeit beträgt jedoch nach amerikanischen Untersuchungen nur rd. 1,2 g.

Das ideale Mittel zur Steigerung der Beschleunigungserträglichkeit ist daher die Horizontallagerung senkrecht zur Richtung der einwirkenden Beschleunigungskräfte. Hierdurch werden die Niveauunterschiede im Blutgefäßsystem so vermindert, daß Belastungen bis zum 15fachen der Schwerkraft mehr als 30 sec hindurch ohne Seh- und Bewußtseinsstörungen ausgehalten werden können. Das haben schon vor dem 2. Weltkriege Selbstversuche von Ärzten auf der 6-m-Zentrifuge des luftfahrttechnischen Forschungsinstitutes in Berlin eindeutig erwiesen. Die Atmung war dabei erheblich erschwert, aber noch ausreichend möglich. Ein Aufheben der Arme und besonders der Beine ist oberhalb von 7 g gegen die Schwerkraftrichtung kaum mehr möglich.

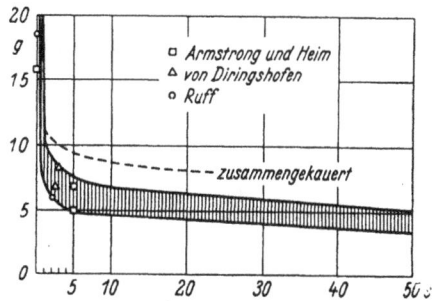

Abb. 4. Kritische Beschleunigung im aufrechten Sitzen in Abhängigkeit von der Wirkzeit (nach O. Gauer, aus Ruff-Strughold „Atlas der Luftfahrtmedizin", Verlag Springer).

Anmerkung: Nach v. Diringshofen steigert starkes Zusammenkauern die Fliehkrafterträglichkeit gemäß der von ihm in obiges Schaubild eingetragenen gestrichelten obersten Linie.

Doch können geführte Bewegungen senkrecht hierzu ausgeführt werden. Abb. 4 zeigt die Zunahme der Fliehkrafterträglichkeit bei verschiedenen Körperhaltungen gegenüber der Beschleunigungsrichtung. Abb. 5 zeigt den Einfluß der Einwirkungsdauer der Belastungen auf die Beschleunigungserträglichkeit.

Ganz kurz dauernde Beschleunigungen (sog. Beschleunigungsruck) wurden in Richtung Gesäß—Kopf sogar bis zu 18 g ausgehalten.

Nutzanwendung für die Raumfahrt .

Raketenantriebstechnische Berechnungen sollen ergeben haben, daß für den Start eines Raumschiffes Beschleunigungen zwischen 4 bis 5 g eine ausreichend ökonomische Ausnutzung der Antriebsenergie ermöglichen. Mit einer Startbeschleunigung von 4 g könnte ein Raumschiff in rd. 5 min die zum Verlassen des Schwerkraftsbereiches der Erde nötige parabolische Geschwindigkeit von rd. 11,2 km/s erreichen. Hierzu kommt noch im Beginn des Startes die volle und dann abnehmende Anziehungskraft der Erde. Die Raumschiffinsassen müßten unter diesen Umständen 5 min hindurch eine Gewichtsvermehrung auf das 4- bis 5fache aushalten.

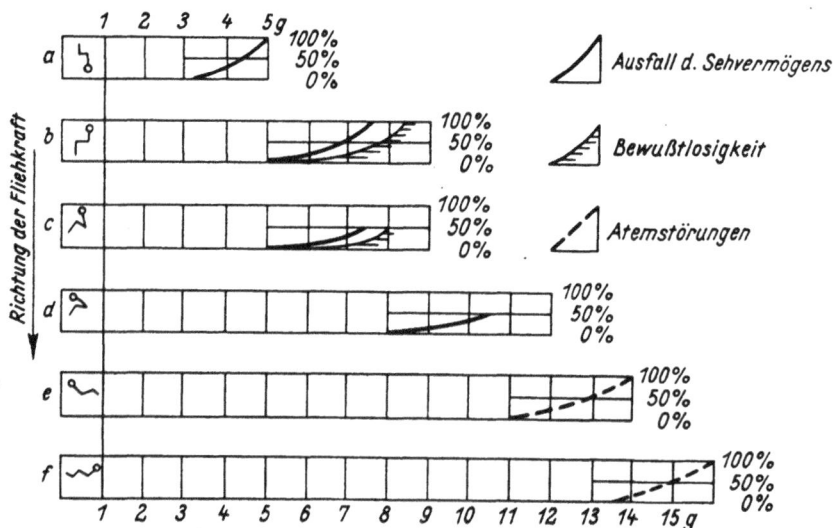

Abb. 5. Steigerung der Fliehkraftfestigkeit durch Änderung der Sitzhaltung und Lage im Flugzeug. Die Seh- und Bewußtseinsstörungen durch Fliehkrafteinwirkung auf den Menschen sind dargestellt in Prozenten ihres Auftretens in Abhängigkeit von den Fliehkraftgrößen.

a) Fliehkraft in Richtung Herz—Kopf (aufrecht sitzend beim Überschlag nach vorn). Wirkzeit 5—8 sec. Schätzungswerte auf Grund von Beobachtungen des Verfassers an sich selbst und von Angaben in der Literatur.
b—d) Fliehkraftrichtung Kopf—Herz. Wirkzeit 3—5 sec. Fliehkraftanstieg und -abfall je 1 ½ sec. (Auswertung der Ergebnisse von Versuchsflügen des Verfassers mit mehr als 100 Versuchspersonen.)
b) streng aufrecht sitzend mit gesenkten Beinen,
c) normal sitzend mit hochgestellten Beinen,
d) zusammengekauert sitzend (mit extrem nach vorn gebeugtem Oberkörper noch nicht untersucht). Aus Flugzeugfestigkeitsgründen konnte der Fliehkrafterträglichkeitsgewinn nur bis 7,5 g untersucht werden, Einzelfälle bis 8,5 g. Darüber hinaus beruhen die Angaben auf Schätzung.
e) Bauchlage mit Fliehkraft-Richtung Rücken—Brust und
f) Rückenlage mit Fliehkraft-Richtung Brust—Rücken.
e) u. f) Zentrifugenversuche mit Fliehkraftwirkzeit mehr als 30 sec. (Die Bauchlage konnte nach Wiesehöfer im Segelflugzeug bis 9 g erprobt werden.)

Die bisherigen luftfahrtmedizinischen Untersuchungen haben gezeigt, daß dies im Liegen, senkrecht zur Beschleunigungsrichtung ohne bemerkenswerte Störungen möglich sein wird. Auch eine durchschnittliche Startbeschleunigung von 8 g mit Beschleunigungsspitzen bis zu 10 g erscheint noch unbedenklich, wenn die Raumschiffinsassen gut gelagert sind, so daß sich ihr Auflagedruck gleichmäßig verteilt.

Die Bedienungs- und Steuerungshebel des Raumschiffes müssen so angeordnet sein, daß sie möglichst keine Bewegungen in der Beschleunigungsrichtung erfordern.

Für das Abbremsen der Fahrtgeschwindigkeit, sowie für Richtungsänderungen wird es, besonders nach längerem Verweilen im schwerelosen Zustand, zweckmäßig sein, die Beschleunigungen möglichst gering zu wählen. Nach langdauernder Raumfahrt muß mit einer starken Körpererschlaffung gerechnet werden, die vielleicht schon bei Beschleunigungen in Richtung Kopf—Gesäß in der Stärke von 2 g Bewußtseinsstörungen im Sinne eines Beschleunigungsüberlastungskollapses hervorrufen können. Doch werden voraussichtlich mehrere Minuten anhaltende Beschleunigungen von 3 bis 4 g in Richtung Brust-Rücken im flachen Liegen auch von Personen mit starker Muskelerschlaffung und entsprechender Blutkreislaufregulationsschwäche noch störungsfrei ausgehalten. Gerade für den Landungsvorgang wird es wichtig sein, daß die zur Steuerung des Raumschiffes nötigen Handgriffe ohne besondere körperliche Anstrengung möglich sind.

Fahrtrichtungsänderungen sollten, wenn dieses raketenantriebstechnisch durchführbar ist, mit geringen und dafür lang anhaltenden Beschleunigungen ausgeführt werden. Auf diese Weise könnte den Raumfahrern wenigstens für eine kurze Zeit eine kleine Erholung von den vielen Ärgernissen und Unannehmlichkeiten der völligen Schwerelosigkeit geboten werden, wozu wahrscheinlich schon $^1/_{10}$ g genügen würde. Um jedoch z. B. 3 h hindurch $^1/_{10}$ g wirken zu lassen, ist ungefähr dieselbe Energie nötig wie zur gesamten Startbeschleunigung des Raumschiffes bis zu einer Geschwindigkeit von 12 km/s.

Um luftkrankheitsähnliche Erscheinungen zu vermeiden ist eine einwandfreie Stabilisierung des Raumschiffes dringend erforderlich.

1.2 Die Forderungen für das Klima in der Raumschiffkabine

Der interplanetare Raum außerhalb der Lufthülle der Erde entspricht einem idealen Vakuum. Deshalb muß die Kabine des Raumschiffes hermetisch abgeschlossen sein. Jeder Luft- und Sauerstoffverlust kann nur durch mitgeführte Vorräte ergänzt werden. Hierzu ist der flüssige Aggregatzustand gewichtsmäßig am ökonomischsten, zumal ideale Kühlungsmöglichkeiten zur Einschränkung der Verdampfung vorhanden sind.

Für die Lufterneuerung (Ersatz des verbrauchten Sauerstoffs, Absorption der ausgeatmeten Kohlensäure und Herabsetzung der Luftfeuchtigkeit) können die Erfahrungen in Unterwasserfahrzeugen und in Überdruckkabinen von Stratosphärenflugzeugen verwertet werden. Hier bringt die Raumfahrt keine grundsätzlich neuartigen Probleme.

Der Sauerstoffbedarf ist für jede Person durchschnittlich mit 30 bis 40 l/Std. (bei 760 mm Druck) anzusetzen. Demnach könnte der 24-Stunden-Bedarf einer Person mit $1^1/_2$ l flüssigem Sauerstoff = rd. $1^1/_2$ kg oder mit rd. 10 l Preßsauerstoff (150 atü) gedeckt werden. Die Beseitigung der ausgeatmeten Kohlensäure und des Wasserdampfes erfordert jedoch je Person in der Stunde etwa 1 kg an Absorptionsmitteln.

Für den Fall, daß genügend elektrische Energie zur Verfügung steht, lassen sich vielleicht für lang dauernde Raumfahrten Regenerationsverfahren verwenden, die eine Wiedergewinnung des Sauerstoffs aus den Wasser- und Kohlensäure-Absorptionsmitteln ermöglichen.

Es ist nicht nötig den Luftdruck in der Raumschiffkabine auf normalen Atmosphärendruck (760 mm *Hg*) zu halten. Füllt man die Kabine mit Luft normaler Zusammensetzung, so kann der Luftdruck unbedenklich bis auf 570 mm. *Hg.*, das entspricht rd. 2500 m Höhe ü. d. M. herabgesetzt werden. Bei einen Stickstoff- oder Helium-Sauerstoffgemisch von 50% O_2 kann der Luftdruck auf $1/3$ Atmosphäre gesenkt werden. Bei reiner Sauerstoffatmung genügt ein Druck von 200 mm. Hg. für eine ausreichende Sauerstoffversorgung. Doch sind unterhalb von 300 mm Hg Gesamtdruck Erscheinungen der sog. Caissonkrankheit mit Gelenk- und Nervenschmerzen infolge Gasentbindung aus dem Blut und Gewebe zu erwarten. Da es sich dabei hauptsächlich um Stickstoffaustritt handelt, sind solche Erscheinungen nach längerem Aufenthalt in einer reinen Sauerstoffatmosphäre wesentlich geringer. Auch verringert eine Sauerstoffanreicherung in der Kabinenluft die Gefahr des O_2-Mangels im Blute bei einem Druckabfall infolge geringer Undichtigkeiten. Die Brandgefahr ist jedoch durch die O_2-Anreicherung erhöht.

Am zweckmäßigsten erscheint mir in der Raumschiffkabine ein Druck von 360 mm Hg = $1/2$ at, und reine Sauerstofffüllung. Dabei sind keinerlei Erscheinungen einer O_2-Übersodierung zu erwarten, die sonst unter Normaldruck bei länger dauernden Raumfahrten auftreten könnten, und es erübrigt sich das Mitführen von Stickstoff oder Helium. Die Brandgefahr ist bei einem O_2-Teildruck von 360 mm Hg noch nicht sehr groß. Trotzdem muß wohl auf Rauchen verzichtet werden.

Die Kohlensäureabsorption muß möglichst eine CO_2-Anreicherung über 5 mm Hg Teildruck und jedenfalls eine über 10 mm Hg verhindern, weil sonst das Wohlbefinden wesentlich leidet und die Gefahr einer CO_2-Vergiftung eintritt. Die Luftfeuchtigkeit muß möglichst unter 60% der Sättigung bei 18 bis 20° C gehalten werden. Diese Temperatur kann ohne zusätzliche Heizung durch Ausnützung der Wärmestrahlung der Sonne erreicht werden. Doch wird eine zusätzliche Kabinenheizung nötig sein, um die Verdampfungskälte des flüssigen Sauerstoffs auszugleichen.

Ein etwas schwieriges Problem wird bei längeren Raumfahrten die Beseitigung der menschlichen Ausscheidungen ohne Schwerkraft sein. Hierfür müssen Absaugevorrichtungen dienen. Diese sind auch für den Fall eines Erbrechens dringend nötig und müssen griffbereit liegen. Auf eine Körperreinigung mit Wasser wird man wohl im Raumschiff verzichten müssen und sich vielleicht mit Abreibungen mit sog. „Trockenseife" begnügen.

Zum Ausgleich der O_2-Verluste infolge unvorhergesehener geringer Undichtigkeiten und beim Ausschleusen von Abfällen, Ausscheidungen u. a. m. wird es nötig sein, erhebliche O_2-Reserven mitzuführen.

2. Noch offene Fragen

2.1 Die biologische Wirkung der Schwerelosigkeit.

Hat ein Raumschiff die parabolische Geschwindigkeit zum Verlassen des Schwerkraftbereiches der Erde von 11,2 km/s überschritten, so benötigt es für die Weiterfahrt in den interplanetaren Raum keinen Antrieb mehr. Es kann nun seine Fahrt beliebig lange mit unverminderter Geschwindigkeit fortsetzen. Die Anziehungskraft der Erde ist jetzt nicht mehr spürbar. Obwohl die Gravitation der Sonne das Raumschiff ebenso wie die Erde in eine Planetenbahn zwingt ist diese so gering, daß sie mit den Sinnesorganen des Menschen nicht wahrgenommen werden kann.

Die Bahn einer sog. Außenstation verläuft außerhalb der Erdatmosphäre noch weit innerhalb des wirksamen Schwerkraftbereiches der Erde. In 1000 km Entfernung von der Erdoberfläche ist die Schwerkraft nur um rd. $^1/_4$ verringert. Sie wird jedoch durch die Zentrifugalkraft infolge der Kreisbewegung der Außenstation um den Erdmittelpunkt völlig ausgeglichen.

Hierdurch befindet sich die Außenstation nach Erreichen der gleichmäßigen Kreisbewegung ebenso im Zustand der Schwerelosigkeit, wie ein Raumschiff in unbeschleunigter Fahrt außerhalb des Erdschwerefeldes.

Im Raumschiff herrscht dabei praktisch Schwerelosigkeit. Was nicht befestigt ist, schwebt frei in der Kabine. Die an die Schwerkraft oder an Trägheitskräfte bei Beschleunigungen gebundenen Empfindungen für Unten und Oben existieren nicht mehr. Flüssigkeiten würden in der Kabine frei schwebend zunächst durch ihre Oberflächenspannung Kugelform annehmen und sich dann bei der ersten Berührung mit der Kabinenwand nach allen Seiten ausbreiten.

Über die Wirkung eines derartigen Zustandes auf den menschlichen oder tierischen Organismus ist uns nur sehr wenig bekannt. Im Laboratorium können wir die Wirkung der Schwerelosigkeit nur knapp 1 sec lang im Beginn des freien Falles studieren.

Solche Untersuchungen wurden schon im Jahre 1912 von den Holländern Magnus und de Klayn veröffentlicht. Sie fanden bei Kaninchen und anderen Versuchstieren beim Fallenlassen eine deutliche Entspannung der Skelettmuskulatur, die sie auf das Aufhören der nervösen Impulse für die Gleichgewichtssteuerung, die von den Drucksinnesnerven der Haut, von der Tiefensensibilität und besonders vom statischen Organ im inneren Ohr ausgehen, zurückführen.

Diese Entspannungsreflexe können auch an Säuglingen nachgewiesen werden. Erwachsene können sie an sich selbst beim raschen Anfahren eines Liftes nach Unten, sowie auch am Heck oder Bug eines stampfenden Dampfers beobachten. Empfindliche Personen spüren dabei deutlich ein „Weichwerden der Knie" und auch eine allgemeine Muskelerschlaffung. Diese Entspannungsreflexe, die dann wieder von Spannungsimpulsen beim Hochgehen gefolgt werden, spielen für das Zustandekommen der See- und Luftkrankheit eine wichtige zusätzliche Rolle. Auch Skiläufer, die aus dem Stand einen glattgebügelten Steilhang wie z. B. die Aufsprungbahn einer Sprungschanze herunterfahren, können in den ersten Sekunden bemerken, wie die Verminderung der Schwerkraft beim Anfahren eine Erschlaffung der Beinmuskulatur bewirkt, die sie mit besonderem Willenseinsatz ausgleichen müssen, um die Skier gut parallel zu halten.

Beim Fallschirmabsprung aus einem Freiballon oder einem in der Luft stillstehenden Windmühlenflugzeug, kann die Wirkung des annähernd freien Falles für 2 bis 3 sec studiert werden. (Bei anderen Flugzeugen liegen die Verhältnisse hierfür wegen des sofort einsetzenden horizontalen Luftwiderstandes ungünstiger.) Schon nach rd. 7 sec erreicht der Abgesprungene die Fallgeschwindigkeit von 60 m/sec. Dann ist die Kraft des Luftwiderstandes ebenso groß geworden wie die Schwerkraft. Die Fallbeschleunigung hört auf, und der Abgesprungene fällt jetzt, getragen vom Luftwiderstand, mit gleichbleibender Geschwindigkeit. In größeren Höhen, bei geringerer Luftdichte wird dieser Zustand erst bei höherer Fallgeschwindigkeit erreicht.

In einem Motorflugzeug können die Wirkungen des freien Falles im senkrechten Sturzflug untersucht werden. Etwa 20 sec lang kann die rasch zunehmende Kraft des Luftwiderstandes noch durch die Motorkraft ausgeglichen werden. Dann erreicht das Flugzeug nach einem Höhenverlust von rd. 2000 m eine Geschwindigkeit von 200 m/h = 720 km/sec.

In dieser Art konnte der Verfasser 8 bis 10 sec hindurch den Zustand der Schwerelosigkeit im senkrechten Sturzflug studieren. Eine Gefährdung der Sicherheit der Flugzeugführung infolge unwillkürlicher Muskelerschlaffung trat hierbei nicht ein. Allerdings war der Verf. als Flugzeugführer mit Schulter- und Bauchgurten fest angeschnallt, was hierbei sicherlich eine bemerkenswerte Rolle spielt und für die ersten Versuchsflüge zur Erprobung der Wirkung der Schwerelosigkeit im Gleichgewicht zwischen Erdschwere und Zentrifugalkraft (Außenstation) zu empfehlen ist. Die schwerefrei in einer Raumschiffkabine schwebenden Personen werden sich zunächst daran gewöhnen müssen, daß ihre Gliederbewegungen ohne Muskelarbeit gegen die Schwerkraft erfolgen, was eine Umstellung der Muskelinnervation erfordert. Der völlige Fortfall jeder Schwereempfindung wird anfangs ein Schwindelgefühl und vielleicht auch Übelkeit hervorrufen.

Wahrscheinlich wird die Schwerelosigkeit sich nach einiger Zeit sehr stark erschlaffend auf den menschlichen Organismus auswirken. Ob schon nach Stunden oder Tagen wird uns erst die Erfahrung lehren. Jedenfalls muß in der „Außenstation" und bei der Weltraumfahrt mit einer zunehmenden Erschlaffung der gesamten Skelettmuskulatur und mit einer Beeinträchtigung der Regulationen des Blutkreislaufes gerechnet werden. Die Gewichtslosigkeit hebt alle hydrostatischen Druckunterschiede im Blutkreislaufsystem auf, die sonst bei jeder Änderung der Lage und Haltung des Körpers durch das fein abgestimmte Spiel nervöser Regulationen ausgeglichen werden.

Schon nach längerer strenger Bettruhe können wir beobachten, daß infolge der ungenügenden Beanspruchung der Blutkreislaufregulationen erhebliche Störungen eintreten, die noch durch die Entspannung der Skelettmuskulatur verstärkt werden. Steht z. B. ein Patient, der etwa eine Woche ganz still im Bett gelegen hat, plötzlich auf, so können wir beobachten, daß sein Blut infolge der Regulationsschwäche in die sich erweiternden Blutgefäße der Beine versackt, daß der Blutdruck hierdurch erheblich sinkt, und eine Ohnmacht infolge mangelhafter Gehirndurchblutung eintritt. Um solche Blutkreislauf- und Muskelschwäche bei bettlägerigen Kranken, z. B. nach Operationen zu vermeiden, wurde eine spezielle Bettgymnastik und Massage entwickelt.

Gegen die erschlaffende Wirkung länger anhaltender Schwerelosigkeit wird man die Raumfahrer sicherlich gleichfalls durch eine besondere Gymnastik schützen müssen, zumal sich die Erschlaffung wahrscheinlich auch auf die psychische Verfassung im Sinne einer Antriebsschwäche auswirken wird. In diesem Zusammenhang ist noch besonders zu bedenken, daß der Raumfahrer vor der Landung die negativen Beschleunigungen beim Abbremsen der Fahrtgeschwindigkeit aushalten muß und daß er gerade hierbei in seiner geistigen und körperlichen Verfassung nicht beeinträchtigt sein darf.

Am günstigsten wäre es für die Raumschiffinsassen, auch im Hinblick auf alle Verrichtungen an Bord, wenn man die Schwerelosigkeit dauernd durch positive oder negative gradlinige Beschleunigungen beseitigen könnte. Aber schon eine Beschleunigung in der Stärke von $^1/_{10}$ der Erdbeschleunigung, die $^1/_{10}$ des Körpergewichtes wiedergewinnen ließe, würde ja schon für 3 Stunden dieselbe Energie, wie der ganze Wert bis zu 11,2 km/s Geschwindigkeit verbrauchen.

Man könnte auch daran denken, durch Rotationen der Kabine Zentrifugalbeschleunigungen zu erzeugen, um damit den Insassen ein künstliches Gewicht zu geben. Bei einer Drehgeschwindigkeit von 8 sec für eine Umdrehung würden 2 m vom Drehmittelpunkt entfernt Zentrifugalkräfte in der Stärke von $^1/_8$ g entstehen. Aber abgesehen davon, daß solche Drehungen eine Beobachtung der Außenwelt sehr erschweren würden, hätten Kopfbewegungen unangenehme Schwindelerscheinungen mit Scheinbewegungsempfindungen zur Folge. Übelkeit und Erbrechen durch Reizung des Bogengangsapparates im inneren Ohr durch die dabei auftretenden Corioliskräfte wären zu erwarten.

Solche Erscheinungen lassen sich jedoch bei Drehungen vermeiden, wenn der Kopf in einer festen Halterung liegt, und hierdurch Kopfbewegungen während der Drehung verhindert werden. Außerdem muß mit der Drehung sehr langsam begonnen und aufgehört werden, und die Augen müssen geschlossen bleiben. Unter solchen Voraussetzungen käme bei lang dauernden Raumfahrten ein entsprechendes Zentrifugalbett als Trainingsgerät für den Blutkreislauf in Frage.

In einem ernstzunehmenden amerikanischen Entwurf einer „Außenstation" wurde zur Erholung von der Schwerelosigkeit und zur Erhaltung der körperlichen und geistigen Leistungsfähigkeit eine das Raumschiff im Abstand von 30 m umkreisende kleine Kabine vorgesehen, die durch ein druckfestes weites Rohr aufgesucht werden kann. Beim Kreisen mit einem so großen Radius genügt eine Drehzahl von rd. 11 sec/Umdrehung um Zentrifugalkräfte in der Stärke von 1 g, also um die normale Erdschwere zu erzeugen. Für $^1/_2$ g genügen rd. 4 Umdrehungen/min. Bei dieser geringen Drehzahl werden Kopfbewegungen wahrscheinlich keine Schwindelerscheinungen auslösen, wenn die nervösen Steuerungen des Gleichgewichtsapparates nicht überempfindlich geworden sind, womit nach längerem Verweilen im schwerelosen Zustand zu rechnen ist. Technisch einfacher erscheint mir die Erzeugung einer „quasi" Schwerkraft durch Koppelung von 2 Raumschiffen in einem Abstand von mehreren hundert Metern zu einer gemeinsamen Kreisbewegung.

Es mag verfrüht erscheinen, jetzt schon die Probleme lang dauernder Raumfahrten zu durchdenken. Demgegenüber ist zu erwägen, daß der Schritt von der

kurz dauernden Raumfahrt bis zum beliebig langen Aufenthalt im interplanetaren Raum antriebstechnisch nur noch sehr gering ist.

Wochen und Monate dauernde Raumfahrten erfordern einen ausreichenden
Bewegungsspielraum in der Kabine. Die Insassen müssen hierfür einen Halt und
auch eine künstliche Orientierung für Unten und Oben haben. Ich könnte mir
vorstellen, daß dieses z. B. durch magnetische Schuhe und Schultergurte mit
magnetischen Deckenrollen mit zwischen geschalteten Spiralfedern zu erreichen
wäre. Ohne solche oder ähnliche Hilfsmittel würde der frei in der Kabine schwebende Mensch durch jede etwas raschere Gliederbewegung, wenn diese nicht durch
eine Gegenbewegung ausgeglichen wird, gegen die Kabinenwand geworfen. Mit
Hilfe besonderer Haltevorrichtungen kann auch ohne wesentliche Schwierigkeit
die nötige Raumfahrtgymnastik entwickelt werden, die zur Bekämpfung der allgemeinen körperlichen Erschlaffung dringend nötig sein wird. Hierzu können
Schwungübungen unter Ausnützung von Trägheitswiderständen dienen. Ebenso
auch die Arbeit, gegen Reibungswiderstände z: B. mit einem Ruderapparat,
außerdem Federkraftübungen mit einem Expander und ähnliches mehr.

Allmählich wird der Mensch im Raumschiff wohl auch eine Bewegungstechnik
unter Ausnützung der Massenträgheit bei Gliederbewegungen erlernen, die ihm
frei schwebend eine willkürliche Fortbewegung ermöglichen.

Die Bekämpfung der bei der Raumfahrt zu erwartende körperliche Erschlaffung ist auch wichtig zum Vermeiden von Störungen der Ernährungs- und Ver-
dauungsfunktionen und für das Erhalten eines gesunden Rhythmus zwischen
Wachen und Schlaf.

2.2 Die Gefahren der kosmischen Strahlung

Im interplanetaren Raum, außerhalb der abschirmenden Lufthülle der Erde
deren äußerste Grenze 500 km über der Erdoberfläche angenommen wird, ist
mit einer starken Zunahme einer Wellen- und Korpuskulärstrahlung zu rechnen,
die zum weitaus größten Teil von der Sonne stammt. Ein kleiner Anteil ist angeblich feinster kosmischer Staub und ein Rest soll den gewaltigen energetischen
Vorgängen bei der Entstehung neuer Sternenwelten, entstammen.

Von dieser Strahlung geht ungefähr $1/50$ bis $1/100$ der primären Energie beim
Durchdringen der Erdatmosphäre verloren. Nur der härteste und kurzwelligste
Anteil erreicht als sog. durchdringende Höhenstrahlung die Erdoberfläche. Ihre
Wellenlänge ist ungefähr $1/1000$ der härtesten Röntgen- und Gammastrahlen.
Daher ist ihre Quanten-Energie 1000mal so groß.

Der größte Anteil der primären kosmischen Strahlung wird in der Erdatmosphäre durch Atomkerntreffer in eine sekundäre umgewandelt. Daher ist uns
über die Zusammensetzung der primären Strahlung, der Verteilung der Wellen-
längen und über die Geschwindigkeit der Korpuskulärstrahlung und ihrer elektrischen Ladung noch wenig bekannt. Jedenfalls reicht unser Wissen vorläufig
noch nicht aus, um über die Gefährdung des menschlichen Organismus durch die
ungefilterte primäre kosmische Strahlung bindende Aussagen machen zu können.
Ebensowenig läßt es sich z. Zt. übersehen, ob eine wirksame Abschirmung ohne
eine für die Raumfahrt kaum tragbare Gewichtsvermehrung der Kabinen-

wände möglich ist. Wenn solche Abschirmungen nicht stark genug sind, können sie mehr schaden als nützen, weil die in ihnen entstehende Sekundärstrahlung die Atomtrefferwahrscheinlichkeit unter Umständen auf das 500fache und mehr erhöhen kann. Die biologische Wirksamkeit ist abhängig sowohl von der Trefferwahrscheinlichkeit d. h. von der Strahlungsdichte, als auch von der Quantenenergie.

Die Strahlungsdichte und Trefferwahrscheinlichkeit der bis zur Erdoberfläche durchdringenden kosmischen Strahlung ist so gering, daß sie trotz ihrer hohen Quantenenergie von der Fauna und Flora der Erde seit Beginn des Lebens auf unserem Planeten ohne Schaden ertragen wurde. Jedenfalls sind die Lebewesen auf der Erde an diese Strahlung gewöhnt, und würden vielleicht Ausfallserscheinungen erleiden, wenn der biologische Reizeffekt dieser Strahlung fortfallen würde.

Es ist anzunehmen, daß in den nächsten 5 bis 10 Jahren durch Raketenaufstiege bis in die äußersten Schichten der Erdatmosphäre die Art und Zusammensetzung der primären kosmischen Strahlung so weit geklärt werden kann, daß das Ausmaß ihrer Wirkung auf den menschlichen Organismus übersehbar wird. Solche Untersuchungen sind die Grundvoraussetzung für die Entwicklung eines Strahlenschutzes, der vielleicht eines der schwierigsten technischen Probleme der Raumfahrt werden kann.

Es ist aber auch möglich, daß die Gefahren der kosmischen Strahlung z. Zt. überschätzt werden und daß durch sie vielleicht nur ähnliche Wirkungen entstehen, wie bei einem Kuraufenthalt in einem Badeort mit radioaktiven Quellen, wie z. B. in Bad Gastein oder Ober-Schlemma.

Doch ist hier zu bedenken, daß die Neigung zu krebsartigen Gewebswucherungen durch alle Arten von energetisch hochwirksamen Strahlen erhöht werden kann.

Die biologischen Folgen einer Schädigung durch Wellen- und Korpuskulärstrahlungen ist uns aus der Röntgen- und Radiumbehandlung bekannt und wurde besonders eindrucksvoll im Jahre 1945 durch die Atombombenabwürfe in Japan demonstriert. Die harmloseste Form einer Gesundheitsstörung durch solche Strahlen ist der sog. Röntgen- und Radiumkater mit verhältnismäßig rasch vorübergehenden Veränderungen in der Zahl und Zusammensetzung der weißen Blutkörperchen. Besonders strahlungsempfindlich sind die Keimzellen, die hierdurch wesentlich eher geschädigt und abgetötet werden können als die Zellen des übrigen normalen Körpergewebes.

Die Todesopfer der radioaktiven Strahlung bei den Bombenabwürfen in Japan erlitten eine Zerstörung der Regenerationsfähigkeit des Knochenmarkes für weiße Blutkörperchen und gingen hieran innerhalb von 5 Tagen bis 3 Wochen zugrunde. Das Unheimliche an derartigen Strahlungen ist, daß sie sich unserer sinnlichen Wahrnehmung entziehen und daß sich ihre biologische Wirkung, wenn sie ein bestimmtes Maß überschreitet, über lange Zeit summieren kann. Dieses haben besonders in der ersten Zeit der Röntgenheilkunde viele Forscher am eigenen Leibe erfahren müssen, als bei ihnen nach jahrelanger Arbeit mit Röntgenstrahlen schließlich schwere und unheilbare Hautzerstörungen, die dann zum Teil krebsartig entarteten, eintraten.

Aus diesem Grunde ist auch die kosmische Strahlung für die Weltraumfahrer noch eine unheimliche Gefahr, solange von ihr keine einwandfreien Messungen außerhalb der Erdatmosphäre vorliegen.

Die starke Zunahme der kurzwelligen ultravioletten Sonnenstrahlung ist für die Raumfahrt kein biologisches Problem. Gegen diese Lichtstrahlen schützt schon normales Fensterglas oder jedes lichtundurchlässiges Papier. Die Steigerung der Helligkeit des Sonnenlichtes im sichtbaren Spektrum ist außerhalb der Lufthülle der Erde nur verhältnismäßig gering gegenüber den Werten auf der Erdoberfläche bei senkrechtem Sonnenstand. Dies gilt selbstverständlich nur wenn das Raumschiff sich der Sonne nicht wesentlich nähert, weil ja die Strahlungsenergie im Quadrat der Entfernung abnimmt.

2,3. Die Gefährdung durch Meteoriten

Die Wahrscheinlichkeit, daß ein Raumfahrzeug außerhalb der schützenden Erdatmosphäre von einem mehr als 1 Gramm wiegenden Meteoriten getroffen wird, ist nach dem Urteil der Astrophysiker geringer als die Aussicht auf der Straße einen Dachziegel auf den Kopf zu bekommen. Sehr verschieden wird die Trefferwahrscheinlichkeit für ein Raumschiff durch Meteoriten von Staubkörnchengröße mit Gewichten zwischen 1 bis 10 mg beurteilt. Der deutsche Astrophysiker Dr. Hahn, der jetzt in USA Fragen der Raumschiff-Navigation bearbeitet, rechnet mit einer Wahrscheinlichkeit von 1 Raumschifftreffer je 1 Monat Raumfahrt für solche kosmischen Staubkörnchen. Er ist der Ansicht, daß solche Staubkörnchen mit einer Aufprallgeschwindigkeit von rd. 40 km/s stärkere Stahlplatten durchschlagen können.

Errechnet man die Kraft beim Aufprall eines meteoritischen Staubkörnchens von 1 mg Gewicht auf eine Fläche von rd. 1 mm² beim Abbremsen seiner Geschwindigkeit in der Raumschiffwand auf einem Wege von 1 cm, so ergibt dieses eine Kraft von 2000 kg auf 1 mm² = 800 000 at Druck auf diese kleine Fläche. Die beim Aufprall umzuwandelnde lebendige Energie $\left(\dfrac{m\,v^2}{2}\right)$ beträgt jedoch nur 800 m/kg, das entspricht einer Wärmemenge von 20 cal.

Es ist noch ungeklärt, ob beim Auftreffen derartig kleiner Projektile mit dem rd. 50fachen der Infanteriegeschoßgeschwindigkeit auf eine Metallwand ein glatter Durchschlag mit einem winzigen Loch entsteht; ob Splitter und Sprengwirkungen zu erwarten sind, oder ob die lebendige Energie „blitzschnell" in Wärme verwandelt, von der Raumschiffwand absorbiert werden kann. Letzteres erscheint mir unwahrscheinlich. Es muß aber auch ein elastischer Rückstoß des beim Auftreffen verdampfenden Projektils in Betracht gezogen werden.

Die Wirkung solcher kosmischen Staubkörnchentreffer auf den menschlichen Organismus läßt sich noch nicht abschätzen. Das Gehirn, das Rückenmark und die Augen sind sicherlich besonders gefährdet, während solche Treffer im Rumpf und den Gliedmaßen vielleicht ebenso gut vertragen werden, wie z. B. der Stich mit einer dünnen sterilen Injektionsnadel.

2,4. Psychophysiologische Erwägungen

Der 24stündige Wechsel zwischen Tag und Nacht hört im interplanetaren Raum auf. Ständig scheint die Sonne am schwarzen Sternenhimmel und der

Raumfahrer kann beliebig lange die Sonne in das Kabinenfenster scheinen lassen oder das milde Licht der Sternennacht. Hier taucht die Frage auf, ob der Mensch physiologisch so stark an den 24 Stundenrhythmus seines Erdenlebens gebunden ist, daß eine wesentliche Abweichung hiervon gesundheitsschädliche Folgen hätte. Durchschnittlich ist der Mensch innerhalb von 24 h 14 bis 16 h wach und er schläft 8 bis 10 h. Während einer lang dauernden Raumfahrt könnte nun z. B. auch ein 18stündiger „Raumfahrttag" mit 10 bis 12 h wach sein eingeführt werden, ohne daß dabei das zeitliche Gesamtverhältnis zwischen Wachen und Schlafen geändert wird. Dabei würde es sich dann herausstellen, ob der 24 Stundenrhythmus im menschlichen Organismus, der in einem Wechsel der Reaktionslage des vegetativen Nervensystems besteht, biologisch so fest verankert ist, daß er eine solche Umstellung nicht ohne erhebliche Störungen der Gesundheit und des Wohlbefindens erlaubt. Untersuchungen bei Nachtarbeitern sprechen für eine große Beständigkeit dieser Rhythmen.

Voraussichtlich wird während der Raumfahrt die erschlaffende Wirkung der Schwerelosigkeit ein erhöhtes Schlafbedürfnis hervorrufen, so daß es zweckmäßig sein wird, das Verhältnis von Schlafen und Wachen ungefähr auf 1 zu 1 umzustellen. Dieses könnte z. B. durch einen Rhythmus von 12 h Wachen und 12 h Schlafen aber auch von jeweils 6 h Schlafen und 6 h Wachen geschehen. In letzterem Falle entsteht nun die psychologische Frage, ob 1mal 6 h Wachen und 6 h Schlafen oder erst 2mal Wachen und Schlafen als ein „Bordtag" erlebt werden.

Wird hingegen ein 18stündiger „Bordtag" mit 10 h Wachen und 8 h Schlaf eingehalten, so erlebt der Raumfahrer im Zeitraum von 30 Erdentagen 45 „Bordtage" voraussichtlich mit derselben Intensität, wie sonst 24stündige Tage.

Es wird während der Raumfahrt darauf ankommen, diejenige Zeiteinteilung für Wachen und Schlafen zu finden, welche am geeignetsten ist, um ein Höchstmaß an geistiger und körperlicher Frische zu erhalten.

Besonders starke geistige Anforderungen werden während der Raumfahrt an den für die Navigation Verantwortlichen gestellt werden. Solange ein Raumschiff nicht über große Antriebsenergie-Reserven verfügt, wird die Exaktheit seiner Berechnungen darüber entscheiden, ob es wieder zur Erde zurückkehren kann. Aus diesem Grunde wird bei der Raumfahrt die Erhaltung der körperlichen und geistigen Frische durch möglichst günstige Verteilung von Wachen und Schlafen für die Sicherheit der Unternehmung mit von entscheidender Bedeutung sein

3. Schlußbetrachtungen

Die Raumfahrt bringt den Menschen nicht nur physisch sondern auch psychisch unter völlig neuartige Bedingungen. Zur körperlichen Entlastung von der Erdschwere gesellt sich die geistige und seelische Lockerung vom erdgebundenen Denken und Fühlen. Schon das vorausschauende Durchdenken dieser Situation erweitert die Perspektiven der Weltanschauung, und läßt andere Zeit- und Raummaßstäbe gewinnen. Die Begriffe von Metern und Kilometern verschwinden gegenüber den Dimensionen von Lichtjahren. Die Dauer eines Menschenlebens, ja sogar ganzer Menschheitskulturen werden unwesentlich gegenüber den Zeiträumen von Milljarden von Jahren im Werden und Vergehen der Sterne und Weltensysteme.

Was ist ein Mensch, ja die ganze Menschheit gegenüber solchen Maßstäben ?

Trotzdem bleibt das Menschenleben das Dasein, und die Menschheit der am höchsten differenzierteste Ausdruck der schöpferischen Kräfte in unserm Sonnensystem.

Man versuche sich einmal gedanklich in die Lage der Menschen in einem Raumschiff zu versetzen, das die Rückkehr zur Erde verfehlte und nun unabwendlich seine Planetenbahn um die Sonne zieht. Ihre Lebensdauer ist begrenzt.

Geht es der Menschheit auf der Erde anders ? Auch sie stirbt, wenn die Energiequellen der Erde erschöpft sind. Vielleicht schon sehr viel früher durch eigene Unvernunft.

Hier taucht die Frage nach dem Sinn des Lebens und Weltgeschehens auf. Aus Weltraumperspektiven erscheinen viele Antworten auf diese Frage unzulänglich oder sinnlos.

Der Mensch kann nur *subjektiv* den Sinn der gestaltenden Kräfte des Werdens und Vergehens im kosmischen Geschehen verneinen. Objektiv steht das Dasein und der Kosmos jenseits menschlicher Maßstäbe und Wertungsmöglichkeiten.

Der Mensch kann den bewußten Willensakt eines Schöpfers leugnen aber nicht die gestaltenden Kräfte und die Gesetze der Schöpfung, die sein Dasein ebenso bedingen und steuern wie alles Geschehen. Er kann die Physik des Weltalls erforschen, und die geistigen Gestaltungskräfte ahnen. Ihre Grundursachen werden für die Menschheit immer unerforschliche Wunder bleiben. Das Erleben dieser Wunder, in kosmischen Maßstäben führt den Raumfahrtforscher zur echten Bescheidenheit gegenüber dem ewig Unerforschlichen.

Die Gesellschaften für Raumfahrtforschung

Von Heinz-Hermann Kölle

Die Idee der Raumfahrtforschung ist in der ersten Hälfte des zwanzigsten Jahrhunderts nicht nur von einzelnen Anhängern gefördert und entwickelt worden. Sie erhielt beachtliche Impulse von Vereinen und Gesellschaften, die teils zur Förderung der Raketenentwicklung, teils zur Verbreitung des Gedankens der Weltraumfahrt gegründet wurden. Die Arbeit dieser Gesellschaften ist von den jeweils herrschenden Verhältnissen abhängig, die Erfolge beruhen hauptsächlich auf dem persönlichen Einsatz kleiner Gruppen besonders aktiver Mitglieder. Mit den häufig wechselnden Voraussetzungen entstanden und zerfielen verhältnismäßig viel Gesellschaften dieser Zielsetzung. Nur wenige werden einen Platz in der Geschichte der Weltraumfahrt einnehmen.

Zu Beginn des Jahres 1952 existierten die hier aufgeführten Vereine und Gesellschaften:

Europa

Associacion Espanola de Astronautica (Spanien), Madrid, Alcalá 155.
Associacione Italiana Razzi (Italien), Rome, Piazza S. Bernado 101.
British Interplanetary Society (England), 157, Friary Road, London S. E. 15.
Dansk Selskab for Rumfarts-Forskning (Dänemark), 27 Aabakkevej, Kopenhagen.
Gesellschaft für Weltraumforschung e. V. (Deutschland), Stuttgart-Zuffenhausen, Postfach 9.
Groupement Astronautique Français (Frankreich), 37 Rue Lafayette, Paris.
Nederlandse Vereniging voor Ruimtevaart (Holland), Den Haag.
Nordwestdeutsche Gesellschaft für Weltraumforschung e. V. (Deutschland), Friedrichstadt/Eider, Osterlilienstr. 12.
Norsk Interplanetarisk Selskab (Norwegen), Oslo, Mogens Thorensgate 9.
Österreichische Gesellschaft für Weltraumforschung e. V. (Österreich), Innsbruck, Postfach 67.
Schweizerische Astronautische Arbeitsgemeinschaft (Schweiz), Baden, Postfach
Svensk Interplanetarisk Selskap (Schweden), Stockholm.

Nordamerika

The American Rocket Society Inc. (USA) 29 West 39th Street, New York 18, N.Y.
The Canadian Rocket Society (Kanada) 58 Hilton Ave, Toronto 10, Ontario.
The Chicago Rocket Society (USA) 2641 W. Haddon Ave, Chicago, Illinois.
The Detroit Rocket Society (USA) 682 South Waterman Ave, Detroit 17, Michigan,
The Pacific Rocket Society (USA) 1130 Fair Oaks Ave, South Pasadena, California,
Reaction Research Society (USA) 3262 Castera Ave, Glendale 8, California.
The United States Rocket Society (USA) Box 25, Glenn Ellyn, Illinois.

Südamerika

Sociedad Argentina Interplanetaria (Argentinien), C. Pellegrini 651, Buenos Aires.

Man zählt ferner mehr als ein Viertelhundert früherer Vereine und Gesellschaften, die jedoch entweder aufgelöst wurden oder in einer der gegenwärtig bestehenden Gesellschaften aufgegangen sind.

Der „Verein für Raumschiffahrt"

Nachdem der Gedanke der Weltraumfahrt in Deutschland durch die zwischen 1920 und 1930 erschienenen Bücher von Oberth, Hohmann und Valier genügend Anhänger gefunden hatte, wurde am 25. Juli 1927 unter dem Vorsitz von Johannes Winkler in Breslau der „Verein für Raumschiffahrt" gegründet. Die praktische Arbeit begann mit Raketenmodell-Versuchen. Bis 1929 publizierte der Verein die Zeitschrift „Die Rakete". Diese und weitere volkstümliche Bücher, vor allem von Willy Ley und Otto Willi Gail, weckten die Anteilnahme weiterer Kreise, so daß der Verein gegen Ende 1929 bereits 870 Mitglieder hatte. Die einsetzende Wirtschaftskrise beeinträchtigte die Vereinstätigkeit dann allerdings sehr.

Aus der recht verschiedenartigen und umfangreichen Tätigkeit des Vereins seien hier nur die wesentlichsten Ereignisse herausgegriffen. 1929 beriet Hermann Oberth Fritz Lang bei der Herstellung des Ufa-Films „Frau im Mond". Ein zugleich geplanter Aufstieg einer Flüssigkeitsrakete kam jedoch nicht zustande. Am 23. Juli 1930 ließen sich Oberth und seine damaligen Mitarbeiter die gelungene Vorführung der sogenannten Kegeldüse von der Chemisch-Technischen Reichsanstalt in Berlin bescheinigen. Nach Vorschlägen und Plänen von Rudolf Nebel wurde dann mit Kleinsraketen experimentiert, welche die Bezeichnung „Mirak" erhielten. Die Versuche erforderten bald einen geeigneten Startplatz, der in Berlin-Reinickendorf gefunden wurde. Dort gründete Rudolf Nebel am 27. September 1930 den „Raketenflugplatz Berlin", auf dem bis Anfang 1933 eine ganze Reihe wertvoller Raketenversuche durchgeführt wurde.

Sachliche und persönliche Schwierigkeiten und sehr wahrscheinlich auch Auswirkungen der politischen Umwälzung in Deutschland beendeten zu Beginn des Jahres 1933 die Vereinstätigkeit. Ein Teil der Mitglieder trat zum „E. V. Fortschrittliche Verkehrstechnik" über, dessen Zeitschrift „Das neue Fahrzeug" bis 1937 zahlreiche Aufsätze über Raumfahrt und Raketentechnik brachte. Rudolf Nebel befaßte sich noch mit einem größeren Raketenprojekt in Magdeburg.

„Gesellschaft für Weltraumforschung e. V." Breslau

An der Sternwarte in Breslau begründete Hans K. Kaiser am 18. 8. 1937 die „Gesellschaft für Weltraumforschung e. V. Breslau". Sie verlegte ihren Sitz 1938 nach Köln und 1942 nach Berlin. 1939 wurde der erste Jahrgang der Zeitschrift „Weltraum" publiziert. Bei Ausbruch des zweiten Weltkrieges wurde die Tätigkeit eingestellt, jedoch 1941 wieder aufgenommen. Ein Jahr später mußte die Herausgabe der Zeitschrift „Weltraum" entgültig eingestellt werden. Mitteilungsblätter und schriftlich verteilte Vorträge hielten den Kontakt zwischen den Mitgliedern aufrecht. Die Gesellschaft zählte schließlich nahezu 500 Mitglieder. Bei Kriegsende erlosch jegliche Tätigkeit der Gesellschaft.

„Gesellschaft für Weltraumforschung e. V." Stuttgart

Aus einer Arbeitsgemeinschaft für Weltraumfahrt ging am 29. 1. 1948 die von mir begründete neue deutsche „Gesellschaft für Weltraumforschung e. V." in Stuttgart hervor. Diese beschränkte sich zunächst auf das Gebiet um Stuttgart, erhielt aber nach Aufhebung der einschränkenden Lizensierungsbestimmungen Zuwachs aus dem gesamten Gebiet der deutschen Bundesrepublik. Der an die Mitglieder verteilte Informationsdienst wurde nach Fortfall des Lizenzzwanges für Zeitschriften zu den Blättern „Beiträge zur Weltraumforschung" ausgebaut, denen zu Beginn des Jahres 1950 die Fachzeitschrift „Weltraumfahrt" als Organ der Gesellschaft folgte.

An der Gründung beteiligten sich 51 Mitglieder. Nach vierjährigem Bestehen erreichte die Mitgliederzahl 450. Während dieser Zeit nahmen an 200 öffentlichen Vortragsabenden der Gesellschaft über 20 500 Hörer teil. Die Gesellschaft führte keine Versuche durch, sondern konzentrierte bis Ende 1951 ihre Arbeit auf theoretische Forschung. Sammlung, Sichtung und Verarbeitung des seit Jahren anfallenden Materials obliegt dem Beratenden Komitee. Eine Projektgruppe und mehrere Fachgruppen befassen sich mit Teilgebieten. Zur weiteren Förderung der Raumfahrtforschung stiftete die Gesellschaft Anfang 1950 die „Hermann-Oberth-Medaille" in Silber und Gold. In dem von Professor Dr. Ernst Heinkel gestifteten „Ehrenbuch der Astronautik" werden verdienstvolle Vertreter der Raumfahrtforschung eingetragen. Die von der Gesellschaft angeregte verstärkte internationale Zusammenarbeit auf dem Gebiet der Raumfahrtforschung führte zur Planung und Durchführung des ersten europäischen astronautischen Kongresses, der vom 30. September bis 1. Oktober in Paris stattfand, und zur Gründung der "International Astronautical Federation" am 4. September 1951 in London.

Weitere deutsche Gruppen

Die Zonenteilung Deutschlands ließ ursprünglich die Begründung nur einer Gesellschaft für Weltraumforschung nicht zu. So bildete sich an der Archenhold-Sternwarte in Berlin-Treptow eine „Arbeitsgemeinschaft für Weltraumfahrt". Bereits im Mai 1947 begründete Dr. J. Goethe in Frankfurt eine „Südwestdeutsche Gesellschaft für Weltraumforschung", die seit 1948 ihre Arbeit eingestellt hat. Eine „Nordwestdeutsche Gesellschaft für Weltraumforschung" wurde schließlich Ende 1949 von Hans K. Kaiser, der sich von der Gesellschaft in Stuttgart trennte, in Friedrichstadt gebildet. In der sowjetischen Zone vereinigten sich 1948 die älteren Arbeitsgemeinschaften in Sachsen und Thüringen zu den „Vereinigten Astronautischen Arbeitsgemeinschaften" mit dem Sitz in Leipzig. Die Tätigkeit dieser Gruppe fand durch ein Verbot im April 1951 ihr vorläufiges Ende.

Bestrebungen in Frankreich

Die Bemühungen um die Raumfahrtforschung in Frankreich sind, soweit es sich um die Vereinsbildung handelt, durch drei Versuche zur Gründung entsprechender Gesellschaften gekennzeichnet. Bis zum Ausbruch des zweiten Weltkrieges existierte eine „Section Astronautique" in der „Société Astronomique de France". An ihrer Gründung war A. Hirsch beteiligt, der 1928 zusammen mit

Robert Esnault-Pelterie den REP-Hirsch-Preis für Verdienste um die Weltraumfahrt gestiftet hatte. Nach dem Kriege entstand zunächst eine astronautische
Gruppe, die bis 1947 vier Hefte einer Zeitschrift „L' Astronef" (Das Raumschiff)
herausbrachte. Die Initiative von Alexandre Ananoff führte zur Bildung einer
astronautischen Sektion im französischen Aero-Club, welche zu Ende des Jahres
1951 als „Groupement Astronautique Français" etwa 210 Mitglieder zählte.

Die „British Interplanetary Society"

Etwa zu der Zeit, als in Deutschland auf dem Raketenflugplatz Berlin die ersten
Flüssigkeitsraketen erprobt wurden, bemühte sich in England P. E. Cleator um die
Begründung einer entsprechenden Gesellschaft. Im Oktober 1933 war endlich
das Interesse der Öffentlichkeit groß genug. Cleator begründete die „British
Interplanetary Society" in Liverpool. Bereits 1934 erschienen die ersten Hefte
des „Journals". Die Gesellschaft entwickelte sich zunächst langsam, ihre Tätigkeit erfuhr eine Belebung, als 1937 die Verlegung nach London erfolgte. Der Krieg
unterbrach auch hier die weitere Entwicklung.

Trotz mancher Schwierigkeiten setzten während des Krieges zwei andere englische Gesellschaften eine beschränkte Tätigkeit fort, die „Manchester Interplanetary Society" (später „Manchester Astronautical Association") und die 1941 ent-
standene „Astronautical Development Association". 1944 erfolgte ihre Vereinigung zu den „Combined British Astronautical Societies", die bis 1945 die Zeitschrift „Spacewards" herausgaben.

Nach dem Kriege vereinigten sich diese Gruppen zur neuen „British Interplanetary Society" in London. Ihre Zeitschrift erhielt wieder die Bezeichnung „Journal of the B.I.S.". Seitdem hat sich die Gesellschaft unter der Leitung von
A. C. Clarke und A. V. Cleaver, zu einer der bedeutendsten Vereinigungen für
die Raumfahrtforschung entwickelt. Die technische und wissenschaftliche
Arbeit nahm seit der Neugründung im Gesellschaftsprogramm stets einen breiten
Raum ein. Untersuchungen über die Verwendbarkeit von Atomenergie für Ra-
ketenantriebe, der Entwurf einer Raumstation und das Projekt einer bemannten
Höhenrakete erregten besonderes Aufsehen. Die B.I.S. hatte Ende 1951 mehr
als 1500 Mitglieder.

Die „American Rocket Society"

In den USA begann die Vereinstätigkeit 1930 mit der Begründung der „American Interplanetary Society" durch David Lasser und G. E. Pendray. Bereits
1931 begannen praktische Versuche mit Raketen. Die Zurückstellung aller Probleme der eigentlichen Raumfahrtforschung und die ausdrückliche Hinwendung
auf die Entwicklung von Raketentriebwerken führte 1933 zur Änderung des
Namens in „The American Rocket Society". Das Journal der Gesellschaft erscheint seitdem regelmäßig. Es gehört zu den zuverlässigsten Fachzeitschriften
der Raketentechnik. 1941 begründeten Mitglieder der Gesellschaft das Unternehmen „Reaction Motors Inc.", das praktische Raketentriebwerks-Entwicklung
betreibt. Ende 1951 zählte die Gesellschaft über 1500 Mitglieder. Ihre Jahres-
hauptversammlungen gewinnen in der Raketenforschung ständig an Bedeutung.

Die „Detroit Rocket Society"

Die Raketengesellschaft von Detroit war zunächst eine lokale Gruppe der „United States Rocket Society". Sie ist seit Februar 1947 selbständig und publiziert die Fachzeitschrift „Rocketscience". Die kleine Gesellschaft mit etwa 100 Mitgliedern betreibt Vorbereitungen für praktische Raketenversuche und befaßt sich mit Höhenraketen für meteorologische Zwecke.

Die „Pacific Rocket Society"

Die Gesellschaft besteht seit 1946. Sie brachte bis Anfang 1951 die Zeitschrift "Pacific Rockets" heraus und machte 1949 durch den Entwurf einer bemannten Großrakete für die Mondumfahrung von sich reden. Im Gegensatz zur Amerikanischen Raketengesellschaft betont die Pazifische Raketengesellschaft stärker die Raumfahrt. Heute konzentriert sie sich auf größere praktische Versuchsreihen und zählte Ende 1951 etwas über 210 Mitglieder.

Die „Reaction Research Society"

Die Gesellschaft wurde am 6. 1. 1934 von einem erst sechszehnjährigen Studenten gegründet. Sie trug zunächst die Bezeichnungen „Southern California Rocket Society" und „Glendale Rocket Society". Experimente mit Pulverraketen und eine großzügige Presseschau verhalfen ihr schnell zu Popularität, wozu 1948 Raketenpost-Versuche in der Mojave-Wüste wesentlich beitrugen. Weitere Postraketen, meteorologische Raketen, ein Projekt für „künstliche Satelliten" und ein Raumschiff-Entwurf gehören zu den größeren Vorhaben des Gesellschaftsprogramms. Die Gesellschaft betreibt ferner die Herstellung einer Anzahl von Lehr- und Werbefilmen und die Herausgabe der Zeitschrift „Astro-Jet". 1946 publizierte sie den sehr bekannt gewordenen „GALCIT-Report" über die Arbeiten des „Jet Propulsion Laboratory of the California Institute of Technology".

Die „United States Rocket Society"

Die „United States Rocket Society" ging 1942 aus der Amerikanischen Raketengesellschaft hervor. Sie wurde von Mitgliedern begründet, die das Ziel der Gesellschaft nicht allein in der Entwicklung von Raketentriebwerken sahen und die Betonung des Zieles „Raumfahrt" wünschten. Die Gesellschaft gab vorübergehend die Zeitschrift „Rockets" heraus.

In einer Zeit, in der viele in der Rakete nur eine neue Waffe sehen, haben die verschiedenen Gesellschaften für Raumfahrtforschung eine besondere Aufgabe. Es war der Wunsch der sog. Pioniere, mit der Rakete ein Instrument des Friedens zu schaffen. Der Mißbrauch schließt nicht aus, daß die Rakete allmählich aus dem Dunkel militärischer Programme herauswächst und mit dem Werden der eigentlichen Raumfahrtforschung Kern einer neuen Kulturaufgabe für die gesamte Menschheit wird. Die Zukunft des Weltraumfluges ist die friedliche Seite der Raketenentwicklung, wenn nur die Menschheit die richtige Wahl trifft.

Die Internationale Astronautische Föderation

Auf der Sommertagung 1949 der „Gesellschaft für Weltraumforschung e. V." in Stuttgart wurde die folgende Entschließung gefaßt und an die damals bestehenden und bekannten astronautischen Gesellschaften in England, Frankreich, Kanada und in den Vereinigten Staaten geschickt:

„Die Entwicklung der großen Flüssigkeitsrakete ist heute so weit fortgeschritten, daß die Frage, ob mit ihrer Hilfe ein Flug in das Weltall möglich ist, mit Berechtigung gestellt und bejaht werden kann.

Die Rakete ist nicht nur eine Waffe, sondern auch ein Instrument friedlicher Forschung. Die deutsche Gesellschaft für Weltraumforschung e. V. betrachtet es daher als eine ihrer wichtigsten Aufgaben, die friedlichen Möglichkeiten der Weltraumfahrt zu betonen und die Idee des Raumflugs als eines neuen Mittels der Raumforschung zu pflegen und zu fördern.

Der Vorstoß in den interplanetaren Raum und die künftige Weltraumforschung durch Weltraumfahrt ist eine internationale Aufgabe. Die Gemeinschaftsarbeit von Forschern und Ingenieuren aller Nationen hat die Erfolge der gegenwärtigen Entwicklung ermöglicht und wird einmal der Menschheit mit dem Flug nach den Sternen einen ihrer größten technischen Triumphe ermöglichen.

Die Gesellschaft für Weltraumforschung e. V. empfiehlt daher eine internationale Arbeitstagung aller Gesellschaften für Raketenentwicklung, interplanetare Verbindung und Weltraumforschung zur Förderung der freundschaftlichen Beziehungen und eines fruchtbaren Erfahrungsaustausches mit dem Ziel einer internationalen Arbeitsgemeinschaft für Astronautik."

Die Entschließung war von H. Gartmann und H. Kölle gezeichnet. Die „British Interplanetary Society" und die „Groupement Astronautique Français" äußerten sich alsbald zustimmend. Aus dem weiteren Gedankenaustausch entwickelte sich der Plan, zunächst eine europäische astronautische Tagung durchzuführen. In einer persönlichen Aussprache zwischen Heinz Gartmann und Alexandre Ananoff, dem Vorsitzenden der „Groupement Astronautique Français", wurde beschlossen, den ersten astronautischen Kongreß in Paris zu veranstalten.

Der „1. Internationale Kongreß für Astronautik" fand daraufhin vom 30. September bis 3. Oktober 1950 in Paris statt. Veranstalter und Gastgeber war die französische astronautische Gesellschaft, Präsident des Kongresses Alexandre Ananoff. Delegierte astronautischer Gesellschaften aus acht Staaten kamen überein, möglichst bald eine internationale astronautische Föderation zu begründen. Zur Vorbereitung dieser Organisation wurde ein vorläufiges internationales Büro unter dem Vorsitz von Dr.-Ing. Eugen Sänger geschaffen, dem folgende Vertreter angehörten:

Deutschland	—	Dr. Loeser—Jungklaaß
Argentinien	—	Prof. Tabanera
Österreich	—	Dr. Cap
Dänemark	—	Hansen
Spanien	—	Mur
Frankreich	—	Ananoff
Großbritannien	—	Cleaver
Schweden	—	Hjertstrand

Der von A. Ananoff ausgezeichnet organisierte Kongreß wurde zu einem großen Erfolg. Der deutsche Delegationschef Dr. Günther Loeser schrieb unter anderem darüber:

„Daß die Atmosphäre des Kongresses zwar sachlich kühl, aber persönlich doch sehr warm war, wurde schon dadurch bewiesen, daß alle Teilnehmer auch außerhalb der Sitzungen bestrebt waren, zusammenzubleiben. Die sprachlichen Schwierigkeiten wurden mit einer erfrischenden Unbekümmertheit überwunden, und im Notfall fand sich immer eine hilfsbereite Seele, die wieder einmal den Dolmetscher spielte. Für die angestrebte Zusammenarbeit kann die Verschiedenheit der Sprache kein nennenswertes Hindernis darstellen. Mag sein, daß Paris,

Abb. 1. Das Präsidium des 2. Internationalen Kongresses für Astronautik in London 1951.
Von links: Professor Hermann Oberth, Ehrenpräsident der „Gesellschaft für Weltraumforschung e.V."
Stuttgart, Dr.-Ing. Eugen Sänger, Präsident der Internationalen Astronautischen Föderation, Arthur
C. Clarke, Vorsitzender der British Interplanetary Society und A. V. Cleaver, Vorstandsmitglied
der B. I. S. Dr.-Ing. Eugen Sänger erhielt 1951 die 2. Hermann-Oberth-Medaille für seine Verdienste
um die Raumfahrtforschung.

diese internationale Hauptstadt Frankreichs, für ein solches Treffen ein besonders günstiges Klima besitzt und daher mit Recht der Ort für so viele internationale Kongresse, Tagungen und Zusammenkünfte ist; sicher ist aber auch, daß wir uns alle bewußt waren, daß die gemeinsame Arbeit uns den nötigen Rückhalt verleiht und uns die Chance gibt, das so weit gesteckte Ziel zu erreichen.

Wir danken Mr. Ananoff, der uns diese schönen und für unsere weitere Arbeit so erfolgreichen Tage ermöglichte, und wir möchten an dieser Stelle auch Herrn Gartmann, auf dessen Initiative dieser Kongreß zurückzuführen ist, nochmals unseren Dank sagen."

Der „2. Internationale Kongreß für Astronautik" fand vom 3. bis 7. September 1951 in London statt. Gastgeber und Veranstalter war die „British Interplanetary Society", deren verdienstvolle Arbeit für die Raumfahrtforschung durch die erfolgreichen Bemühungen um diese internationale Veranstaltung gekrönt wurde.

Am 3. und 4. September kamen nach einem Empfang in St. Ermins Hotel, zu dem auch die Presse zugelassen war, die Delegationsführer der nationalen astronautischen Gesellschaften in Caxton Hall zu den organisatorischen Besprechungen zusammen. Folgende Gesellschaften waren vertreten:

American Rocket Society	(ARS)	1461*)
Lt. Cdr. F. C. Durant		
Andrew G. Haley		
Associazione Italiana Razzi	(AIR)	35
Dr.-Ing. G. P. Casiragi		
Glauco Partel		
Associacion Espanola de Astronautica	(AEA)	80
Civ.-Ing. T. Mur		
British Interplanetary Society	(BIS)	1409
A. C. Clarke		
A. V. Cleaver		
Chicago Rocket Society	(ChRS)	134
Detroit Rocket Society	(DRS)	84
Vertreten durch: E. V. Sawyer		
Gesellschaft für Weltraumforsch ng	(GfW)	416
Dr. G. Loeser		
cand. ing. H. H. Kölle		
Groupement Astronautique Français	(GAF)	210
A. Ananoff		
Nordwestdeutsche Gesellschaft für Weltraumforschung	(NWGfW)	170
F. K. Jungklaaß		
Ing. A. Püllenberg		
Österreichische Gesellschaft für Weltraumforschung	(ÖGfW)	50
Prof. F. Hecht		
Pacific Rocket Society	(PRS)	205
E. V. Sawyer		

*) Mitgliederzahl der Gesellschaft zur Zeit des Kongresses.

Reaction Research Society	(RRS)	70
Vertreten durch: E. V. Sawyer		
Sociedad Argentina Interplanetaria	(SAI)	22
Prof. T. Tabanera		
Schweizerische Astronautische Arbeitsgemeinschaft	(SAA)	15
(die Gesellschaft wurde kurz nach dem Kongreß offiziell gegründet)		
Ing. J. Stemmer		
Svensk Interplanetarisk Selskap	(SIS)	60
Ing. Å. Hjertstrand		

Die Vertreter der Dansk Selskab for Rumfarts Forskning (DSRF) und der Norsk Interplanetarisk Selskap (NIS) waren im letzten Augenblick verhindert, nach London zu kommen.

Die Verhandlungen wurden unter dem Vorsitz von Dr. Eugen Sänger geführt, der auf dem 1. Internationalen Astronautischen Kongreß in Paris (1950) zum Präsidenten des Komitees zur Vorbereitung der Gründung einer Internationalen Astronautischen Föderation gewählt worden war. Auf Wunsch der Delegierten nahmen auch Frau Dr. I. Bredt und Prof. H. Oberth an den Verhandlungen teil.

Als Grundlage für die Besprechungen diente der Satzungsentwurf für eine Föderation, der im Laufe des vergangenen Jahres von der BIS unter Leitung von A. V. Cleaver durch Zusammenfassung von Vorschlägen verschiedener Gesellschaften geschaffen worden war. Das wichtigste Ergebnis der beiden Verhandlungstage war der einstimmige Beschluß zur Gründung der ,,Internationalen Astronautischen Föderation'' (IAF). Dem Präsidium der Föderation gehören an:

> Präsident: Dr. Eugen Sänger,
> Geschäftsführender Vizepräsident: Dr. Günter Loeser,
> Vizepräsident: Andrew G. Haley.

Als Ort für das permanente Sekretariat der Föderation wurde die Schweiz gewählt. Die Sekretariatsgeschäfte wurden Ing. J. Stemmer (Baden/Schweiz, Postfach) übertragen. Das Angebot der Gesellschaft für Weltraumforschung e. V., Stuttgart, den 3. Kongreß im Herbst 1952 in Deutschland durchzuführen, wurde von den Delegierten einstimmig angenommen.

Die „Hermann-Oberth-Medaille"

Als Auszeichnung für Verdienste um die Weltraumfahrt und die Raumfahrtforschung hat die „Gesellschaft für Weltraumforschung e. V." in Stuttgart auf
ihrer 3. Jahreshauptversammlung am 26. Januar 1950 die „Hermann-Oberth-
Medaille" in Silber und Gold gestiftet. Die Gedenkmünze zeigt auf der Vorderseite das Bild eines historischen Raketenentwurfs von Professor Hermann Oberth
und die Worte: Hermann-Oberth-Medaille für Verdienste um die Raumfahrtforschung, auf der Rückseite den Namen der Gesellschaft und die jeweilige
Jahreszahl der Verleihung. Die Auszeichnung wird jährlich einmal an einen
verdienten Vertreter der astronautischen Forschung vergeben. Der Entwurf
stammt von H. u. B. v. Römer, München.

Die erste Hermann-Oberth-Medaille empfing am 28. Januar 1950 Alexandre
Ananoff, der Vorsitzende der Groupement Astronautique Français (Stiftung des
Verlags R. Oldenbourg, München). Die zweite Hermann-Oberth-Medaille wurde
am 27. Januar 1951 im Rahmen eines Festakts dem verdienstvollen deutschen
Raketenforscher Dr.-Ing. Eugen Sänger verliehen (Stiftung des Verlags C. E.
Schwab, Stuttgart).

Bibliographie der Raumfahrt

Das Literaturverzeichnis wurde nach Jahreszahlen geordnet, um das Heraussuchen der neueren Werke zu erleichtern. Diese Form der Darstellung ermöglicht außerdem Rückschlüsse auf die Intensität der Entwicklung und Forschung, wenigstens soweit sie ihren Niederschlag in Büchern und Broschüren fand. Das Fehlen von bekannteren Werken ab 1937 bis Kriegsende (mit ganz wenigen Ausnahmen) dürfte auf die mit der Kriegsraketenentwicklung beginnende Geheimhaltung zurückzuführen sein. Die älteren Werke, besonders in russischer Sprache, sind nicht vollständig angegeben.

1919

Goddard, Robert Hutchins: „A Method of Reaching Extreme Altitudes" (Smithsonian Miscellaneous Collections), USA.

1923

Oberth, Hermann: „Die Rakete zu den Planetenräumen", München.

1924

Perelman, Jakow Isidorowitsch: „Flug zum Mond" (Russisch).
Valier, Max: „Der Vorstoß in den Weltenraum", München.
Ziolkoswky, Konstantin Eduardowitsch: „Eine Rakete in den kosmischen Raum" (Russisch).

1925

Hohmann, Walter: „Die Erreichbarkeit der Himmelskörper", München.

1926

Ley, Willy: „Die Fahrt ins Weltall", Leipzig.
Ziolkowsky, K. E.: „Erforschung der Welträume mit Reaktionsgeräten", Kaluga.

1927

Ziolkowsky, K. E.: „Die kosmische Rakete" (Russisch).

1928

Gail, Otto Willi: „Mit Raketenkraft ins Weltall", Stuttgart.
Ley, Willy: „Die Möglichkeit der Weltraumfahrt", Leipzig.
Linke, Felix: „Das Raketen-Weltraumschiff", Hamburg.
Noordung, Hermann: „Das Problem der Befahrung des Weltraums", Berlin.
Esnault-Pelterie, Robert: „L'exploration par fusées de la très haute atmosphère et la possibilité des voyages interplanétaires", Paris.
Scherschewsky, Alexander: „Die Rakete für Fahrt und Flug", Berlin.

1929

Oberth, Hermann: „Wege zur Raumschiffahrt" (erweiterte 3. Auflage von „Rakete zu den Planetenräumen"), München.
Rynin, Nikolai: „Raketen" und „Theorie des Reaktionsflugs", Leningrad (Russisch).
Ziokowsky, K. E.: „Reaktionsfahrzeug für kosmische Reisen" (Russisch).

1930

Esnault-Pelterie, Robert: „L'Astronautique", Paris.
Perelman, Jakow: „Die Rakete zum Mond" (Russisch).
Valier, Max: „Raketenfahrt", München.

1931

Biermann, Gerd: „Weltraumschiffahrt", Bremen.
Lasser, David: „The Conquest of Space", New York.
Ley, Willy: „Grundriß einer Geschichte der Rakete", Leipzig.

1932

Mandl, Vladimir: „Das Weltraum-Recht", Mannheim.
Nebel, Rudolf: „Raketenflug", Berlin.
Rynin, Nikolai: „Theorie der Raumschiffahrt" (Russisch).
Zander, Friedrich Arturowitsch: „Das Problem des Fluges mit Reaktionsgeräten", Moskau (Russisch).

1933

Brügel, Werner: „Männer der Rakete", Leipzig.
Perelman, Jakow: „Mit Raketenkraft zu den Sternen" (Russisch).
Sänger, Eugen: „Raketenflugtechnik", München.

1934

Ananoff, Alexandre: „Le problème des voyages interplanétaires", Paris.
Mandl, Vladimir: „Die Rakete zur Höhenforschung", Leipzig.
Sänger, Eugen: „Neuere Ergebnisse der Raketenflugtechnik" (Sonderheft von „Der Flug").

1935

Ananoff, Alexandre: „La navigation interplanétaire", Paris.
Esnault-Pelterie, Robert: „L'Astronautique, Complément", Paris.

1936

Cleator, Philip: „Rockets Through Space", London und New York.
Goddard, Robert Hutchins: „Liquid-Propellant Rocket Development" (Smithsonian Miscellaneous Collections).

1944

Ley, Willy: „Rockets", New York.
Murphy, A. L.: „Rockets and Jet Motors", Los Angeles.
Stemmer, Josef: „Die Entwicklung des Raketenantriebs in allgemeinverständlicher Darstellung I, II und III", Zürich.

1945

Ananoff, Alexandre: „Expériences et Analyse du moteur à réaction", Paris.
Pendray, Gawain Edward: „The Coming Age of Rocket Power", New York.
Sawyer, R. Tom: „The Modern Gas Turbines and Jet Propulsion", New York.
Zim, Herbert: „Rockets and Jets", New York.

1946

Ananoff, Alexandre: „Navigation Interplanétaire", Paris.
Harper, Harry: „Dawn of the Space Age", London.
Kooy, J. M. J. und Uytenbogaart, J. W. H.: „Ballistics of the Future", Haarlem (Holland), (Englisch).
Maluquer, Juan: „A La Conquista Del Espacio", Barcelona.
Peril, B.: „Rocket to the Moon", London.
Wilcox, Arthur: „Moon Rocket", London.

1947

Ananoff, Alexandre: „Des premières fusées au V 2", Paris.
Goddard, Robert H.: „Rockets" (Nachdruck der beiden Smithsonian-Berichte), New York.
Ley, Willy: „Rockets and Space Travel" (4. erweiterte Auflage von „Rockets"), New York.

Richard-Foy, Robert: „Voyages interplanétaires et énergie atomique“, Paris.
Rosser, J. Barkley: „Mathematical Theory of Rocket Flight“, New York.
Zucrow, M. J.: „Jet Propulsion and Gas Turbines“, New York.

1948

Burchard, John E.: „Rockets, Guns and Targets“, Boston.
— „Weltraumfahrt-Utopie?“ (Sammelband), Wien.

1949

Gail, Otto Willi: „Physik der Weltraumfahrt“, München.
Gartmann, Heinz: „Raketen von Stern zu Stern“, Worms.
Kaiser, Hans K.: „Kleine Raketenkunde“, Stuttgart.
Ley, Willy: „Vorstoß ins Weltall“ (Deutsche Ausgabe von „Rockets and Space Travel“), Wien.
Ley, Willy und Bonestell, Chesley: „The Conquest of Space“, New York.
Schaub, Werner: „Weltraumflug, astronomische und physikalische Grundlagen“, Bonn.
Sutton, George: „Rocket Propulsion Elements“, New York.
Weyl, A. R.: „Guided Missiles“, London.

1950

Ananoff, Alexandre: „L'Astronautique“, Paris.
Clarke, Arthur C.: „Interplanetary Flight“, London.
Proell, W. und Bowman, N.: „A Handbook of Space Flight“, Chikago.

1951

Clarke, Arthur, C.: „The Exploration of Space“, London.
Ley, Willy: „Rockets, Missiles and Space Travel“, New York.
Marbarger, John P.: „Space Medicine; The Human Factor in Flights Beyond The Earth“, Urbana, Ill.
Merten, R.: „Hochfrequenztechnik und Weltraumfahrt“, Stuttgart.

1952

Braun, Wernher v.: „Das Marsprojekt; Studie einer interplanetarischen Expedition“, Sonderheft der Zeitschrift „Weltraumfahrt“, Frankfurt.
Carter, L. I.: „The Artificial Satellite“; Proceedings of the Second International Congress on Astronautics, London.

Register *)

---

*) Namen, die nur in der Bibliographie erscheinen, sind im Register nicht aufgeführt.

www.ingramcontent.com/pod-product-compliance
Lightning Source LLC
Chambersburg PA
CBHW081543190326
41458CB00015B/5630